国家科技支撑计划项目(2006BAD16B10)
草原畜牧业与生态建设协调发展综合技术集成研究

草原持续利用经营模式与产业组织优化研究

张立中　辛国昌　陈建成　著

中国农业出版社

目　　录

1 草原资源利用及产业组织发展现状与评价

　　我国的草原主要分布在大兴安岭—阴山—贺兰山—青藏高原东缘一线的北部和西部的高海拔高纬度地区，主要集中在内蒙古、新疆、西藏、青海、四川、甘肃等六省区。我国是草资源大国，草原面积占国土总面积的 41.7％以上，是耕地面积的 3.2 倍，森林面积的 2.3 倍。草原是我国黄河、长江、澜沧江、怒江、雅鲁藏布江、辽河和黑龙江等水系的发源地，黄河水量的 80％、长江水量的 30％、东北河流 50％以上的水量直接来自草原。草原涵养着大江大河的水源，承担着生态安全的重任的同时，还有储碳固氮、保持水土、清新空气、净化土壤以及维护生物多样性等多重功能。

　　全国有近 4 亿人口生活在草原分布区，其中天然草原区的人口超过 2 亿人。我国 1.2 亿少数民族人口中，70％以上集中生活在草原区。我国边境线长 2.2 万公里，其中草原地区 1.4 万公里。我国天然草原年载畜能力约 2.3 亿羊单位，在牧区县，草原畜牧业是主导产业和优势产业。因此，草原承载着少数民族的生产和生活，是维系边疆各民族的纽带，关系到各少数民族的生存和发展，对于维护边疆稳定、社会和谐、民族团结具有重要意义。

　　但是，由于自然和人为因素影响，目前全国 90％的可利用天然草原不同程度退化，其中，盖度降低、沙化、盐碱化等中度以上明显退化的面积占 50％[①]。中国科学院遥感监测显示，近年来，我国草原每年约减少 150 万公顷。草原超载过牧严重，平均产草量较 20 世纪 60 年代初下降 1/3～2/3，草畜矛盾十分突出；草原水土流失面积 1 300 万公顷，水土流失加剧；草原灾害频繁。草原"三化"现象仍在持续，草原生态总体恶化的趋势虽有所减缓，但还没有得到根本遏制。

　　草原科学地利用就是最有效的保护。因此，通过草原保护和建设、利用与休整，在时间和空间上的科学组合，结合放牧强度和放牧频率的调整，转变传统经营制度，使牧草生长与家畜营养之间达到数量上的平衡，草畜配置优化，产业组织协调，提高草原生产效益，实现草原生态平衡，进而使草原资源得以永续利用。

---

　　① 人民日报，2010 年 2 月 21 日，第 6 版，"数"说草原.

1.1 草原资源利用及产业组织发展现状分析

1.1.1 游牧与定居放牧

游牧畜牧业或称游牧业，简言之牧人"逐水草而居"即带畜群逐水草而游动放牧的形式。传统游牧制度的核心是根据水、草、畜的自然变化轮换使用草原，使大面积草原得到均衡利用。一般认为，游牧方式是在公元前 9 世纪到 10 世纪，也就是说大约 3000 年前在欧亚草原地带和非洲干草原地区逐渐形成的。它的出现不但晚于采集渔猎经济，也比原始农业和原始定居畜牧业还要晚[①]。自北极圈以南至长城以北北亚草原、欧亚草原、北美草原，热带草原和温带高原山区以及同它们对应的南半球，都是游牧民族和游牧社会产生发展的地域。

游牧社会，以家庭为细胞，部落为游牧单位，团体共同游牧。部落占有领地牧场，家庭负责放养。保护牧场、出售产品由部落处理，放牧生产和生活消费由家庭处置，互为依托，共同生存。依赖广阔的天然草原，一个部落的牲畜，羊以万计、马以千计、牛和骆驼以百计，形成了大规模的生产体制[②]。游牧业根据牲畜生态习性和同种恋群性，同畜种组群，专群放牧。

传统游牧的基本特征是草牧场公共所有或部落、氏族所有。另外，草原牧区的人口少，人均草原面积大，只有这样，才适合大范围、长距离的游牧。元世祖至元十二年（1275）夏，意大利旅行家马可·波罗在上都（今内蒙古正蓝旗东北）谒见元世祖忽必烈，他在其《游记》里，叙述所见的游牧情况说：鞑靼人（西方人通常将蒙古泛称鞑靼）永不定居在一处地方。每逢冬季降临，他们就移居到一个比较温暖的平原，以便为他们的牲畜找一个水草丰盛的草甸；一到夏季，他们迁到山里较凉爽的地方，那里水草充裕，又可避免马蝇和其他各种吸血害虫侵扰牲畜。他们在两三个月里不断地往山上移，寻觅新的草场。通过游牧方式不断调整放牧压力和牧草资源的时空分配，使草原得以休养生息，同时合理避灾。直至清朝，游牧的畜牧业长期继而不衰，只是由于旗（县）界的固定，远距离移牧的现象才不复存在。

新中国成立时，内蒙古草原有 50% 的牧户处于游牧业状态，其中，呼伦贝尔盟、锡林郭勒盟、乌兰察布盟牧区以及阿拉善盟大体上处于游牧状态，昭乌

---

① 额尔敦布和．2001．游牧业的变迁及草原畜牧业的可持续发展［M］．呼和浩特：内蒙古大学出版社．

② 暴庆五．2001．游牧蒙古人的生态观，游牧文明与生态文明［M］．呼和浩特：内蒙古大学出版社．

达盟、察哈尔盟、伊克昭盟牧区大体上处于定居状态①。到 2009 年，内蒙古草原牧区 98.2% 的牧户实现了定居，在草原牧区是最高的；西藏和新疆草原牧区定居牧户仅占 37.2% 和 37.5%；青海、甘肃和四川草原牧区的定居牧户达到 80% 以上（详见表 1-1）。为减轻草原载畜压力，改善草原生态环境，提高游牧民生产生活水平，2009 年，国家发展改革委牵头全面启动了游牧民定居工程，为游牧民建设定居房屋和配套的牲畜棚圈、贮草棚及饮水设施。工程在西藏、内蒙古、新疆、青海、四川、甘肃、云南等 7 省区实施，计划安排 8 万游牧户定居。

定居与游牧各有利弊，定居游牧或定牧是指牧民有固定的住所，牲畜有固定的棚圈，牲畜在固定的范围内放牧的一种方式，其中草原可以分为不同的季节营地，有条件的地方还可开辟人工草地或饲料基地；定居有利于牧民的生活，增强抗御自然灾害的能力，但对定居点周围的天然草原易造成过度放牧，使草场退化。传统游牧是逐水草而居，通过游牧方式可以不断调整放牧压力和牧草资源的时空分配，使草原得以休养生息。但牧民住所不固定，风里来雪里去，牧民生活不便，在灾害面前束手无策。

表 1-1 2009 年六大牧区定居牧户分布情况

单位：户、%

	牧区县			半牧区县			定居牧户比例合计
	牧户数	其中：定居牧户	定居牧户比例	牧户数	其中：定居牧户	定居牧户比例	
全国	1 214 562	975 637	80.3	2 567 678	2 406 484	93.7	89.4
内蒙古	375 927	360 101	95.8	552 770	551 869	99.8	98.2
新疆	121 199	40 403	33.3	51 622	24 411	47.3	37.5
青海	182 169	153 621	84.3	10 129	7 877	77.8	84.0
甘肃	57 186	52 510	91.8	169 969	136 049	80.0	83.0
四川	77 441	39 383	50.9	326 137	287 401	88.1	81.0
西藏	51 078	18 990	37.2	—	—	—	37.2

资料来源：农业部畜牧司、全国畜牧总站，中国畜牧业统计（2009）。

内蒙古是我国草原牧区推广定居或定居游牧早而且成效非常好的地区，1951 年和 1952 年在草原牧区推行定居游牧，它可以兼有游牧与定居定牧两者的有利因素，克服两者的弊端。定居大体有三种形式：一种是半农半牧区和靠近农区的牧区，历史上形成定居的，逐步实行移场放牧和建立轮牧制度；第二

---

① 内蒙古畜牧业发展史编委会.2000.内蒙古畜牧业发展史［M］.呼和浩特：内蒙古人民出版社.

种是原来的纯牧区，初步划定了冬春牧场和营地，在冬春季节实现定居，夏秋季节游牧；第三种是划分四季牧场及打草场，建立固定的冬春营地，并在冬春营地上进行基本建设，进而实现定居游牧。

在进入社会主义改造时期，草原牧区借鉴农区的做法，建立了互助合作组织，但牲畜和产品仍归各户私有，各户独立经营，自负盈亏。1958 年，草原牧区同样开始"大跃进"，1959 年部分草原牧区也基本完成了"公社化"，草原和牲畜实行公有，牧民的生产积极性严重抑制，不过，游牧制度依然存在，只是游牧的主体变为集体牧民了。

十一届三中全会以后，内蒙古草原牧区的经济体制改革走在全国草原牧区的前列，起到了示范和推动作用。首先，恢复"两定一奖"或"三定一奖"责任制。其次，推行"草畜双承包"责任制。为解决草畜分离问题，把第一性生产草业和第二性生产畜牧业有机结合起来，实现人、草、畜，责、权、利的统一，1985 年推行"牲畜作价归户"、"草场公有，承包经营"的办法，统称"草畜双承包"；再次，落实和完善草原"双权一制"。草原"双权"指草原的所有权和使用权；"一制"指承包制。主要内容是把能划分到户的草原一定划分到户，不能划分到户的，也要尽量划小经营单位，固定所有权和使用权；探索有偿承包制和合理流转机制。截止到 2009 年，全国累计草原承包面积占可利用草原面积的 66.7%，其中，新疆、内蒙古、青海、四川的累计草原承包面积在 90% 以上，草原"双权"基本落实；甘肃 76%；西藏仅为 51.1%（详见表 1－2）。草原有偿使用面积占草原承包面积的 40%。落实和完善草原承包制，是全面落实基本草原保护、草畜平衡和禁牧休牧三项基本制度的前提，是调动广大农牧民自觉保护草原和建设草原积极性的根本措施。落实草原承包经营制度，对有效保护和合理利用草原资源，促进草原地区经济发展和农牧民增收，依法保护农牧民合法权益，维护牧区和谐稳定，具有十分重要的意义。

表 1－2　2009 年全国及六大牧区草原承包统计表

单位：万公顷

	草原总面积①	其中可利用面积②	草原承包面积			
			累计	承包到户	承包到联户	其他承包形式
全国	39 283.3	33 099.5	22 061.1	16 730.0	4 175.7	1 154.4
内蒙古	7 880.4	6 359.1	5 828.2	5 498.8	329.4	—
新疆	5 450.0	4 590.2	4 547.0	2 607.5	1 549.1	390.4
青海	3 637.0	3 153.1	2 833.3	1 900.4	760.2	172.7

（续）

	草原总面积	其中可利用面积	草原承包面积			
			累计	承包到户	承包到联户	其他承包形式
甘肃	1 790.4	1 607.2	1 219.9	791.6	394.1	34.3
四川	2 038.1	1 775.4	1 634.5	903.2	506.7	224.7
西藏	8 205.2	7 084.7	3 620.0	3 620.0	—	—

资料来源：全国畜牧总站，中国草业统计（2009）。

注：①20 世纪 80 年代统计数据；②20 世纪 80 年代统计数据。

草原"双权一制"的全面落实和完善，草原的使用权逐步落实到户，共用草原将会萎缩直至灭失；另外，户均草原面积仍然偏小。由此可见，传统游牧业赖以存在的基本条件已经丧失。但是，传统游牧消失的是大规模、长距离、长时间的形式，其精髓及游牧的合理内核一直被传承下来。就是说，随着牧民定居，人们将天然草原按季节适宜性划分为季节营地，季节营地划分后采取营地轮换或在营地内分段放牧的方式利用草原。

定居游牧及定居定牧仍然是我国草原的主要利用形式。在草原宽裕的地区，根据地形、地势、水源条件及植被条件等来划分季节营地，一般为冷暖两季营地，即冬春与夏秋营地，少数地区有三季或四季营地，以便满足家畜在不同季节对放牧地的需要①。在草原面积较小、地形变化不大的区域，采用不划分季节的全年性放牧，这种利用方式必须有足够的人工饲草作补充，否则草原会因长年连续放牧而迅速退化。

"改良品种＋人工补饲＋棚圈越冬＋适时出栏"是游牧生产方式下提高生产水平的主要技术路线。但是，由于六大牧区的牧业生产条件不同，生产传统不一，目前制约各牧区牧业生产的技术难点同中有异，需要根据实践选择不同的着力点和支持环节。青藏高原牧区，主要是改良地方品种、兴建越冬棚圈，有条件的建设人工饲草料基地；内蒙古高原牧区，主要是良种扩繁、扩大人工饲草规模，调整出栏时间，提高夏季出栏率；新疆北部牧区，主要是优化畜种结构，推广依水种草和青贮饲料技术；在半牧业县区，主要是提升牧草产品质量，提高育肥综合能力。

1.1.2　禁牧、休牧与划区轮牧

20 世纪 70 年代中期，我国天然草原退化面积约为 15％，90 年代中期达到 50％，目前已达到 90％以上。从区域看，甘肃、青海退化面积在 90％以上，新

---

① 常秉文.2006.合理利用草原发展草原畜牧业［J］.中国畜牧杂志（12）：23-25.

疆在 80％以上，内蒙古、西藏分别约为 75％和 52％。由于草场退化、优质牧草减少，生产力降低，草原承载力下降，草畜矛盾更加尖锐，草原生态系统的功能受到极大破坏。进而又影响了畜群的扩繁及出栏，也影响了畜产品产出及畜牧业产业化的稳步推进，影响到牧民持续增收。2001 年、2005 年和 2009 年全国牧区和半牧区县农牧民人均纯收入分别为 1 971 元、2 616 元、4 095元，分别比同期全国农民人均纯收入低 395 元、639 元和 1 058 元，落差逐年扩大。

　　牧区人口的增长，畜群规模扩大，草原面积不断减少，过大的放牧压力使草原植被不堪重负。依据 2002 年 9 月国务院发布的《关于加强草原保护与建设的若干意见》和 2003 年 3 月 1 日重新修订的《中华人民共和国草原法》中"国家对草原实行以草定畜"、"对严重退化、沙化、盐碱化、石漠化的草原和生态脆弱区的草原，实行禁牧、休牧制度"的明确规定，在认真总结国内外、尤其是在内蒙古鄂尔多斯市的部分旗县始于 1998 年推行禁牧休牧试验和牧民群众合理利用草原经验基础上，近几年休牧、禁牧、划区轮牧作为草原生态环境保护建设的基本措施和科学利用草原的经营管理制度，在我国草原牧区大力推广。为实行禁牧、休牧制度，国家通过项目的形式，对牧户给予补助。禁牧是一种对草原实行一年以上长期禁止放牧利用的措施，适用于所有暂时或长期不适合于放牧利用的草原；休牧是一种在一年内一定时期对草原施行短期禁止放牧利用的措施，适用于所有季节分明、植被生长有明显性差异的地区；划区轮牧是把季节放牧地分成若干个小区，然后按照规定的放牧顺序、放牧周期和小区放牧天数，有计划的分小区逐区放牧，依次轮回利用。

　　结合草原生态保护和建设、畜牧业基础设施建设和产业结构调整，我国草原牧区有计划逐步地开展禁牧、休牧、划区轮牧工作。截止 2009 年底，全国禁牧、休牧、划区轮牧总面积已达 10 166.9 万公顷，是 2001 年的 7.6 倍，"三牧"面积累计占可利用草原面积的 30.7％；其中禁牧面积 4 755.3 万公顷、休牧面积 4 538.0 万公顷、划区轮牧 873.7 万公顷（详见表 1-3）。

表 1-3　2001—2009 年全国禁牧休牧轮牧草原面积

单位：万公顷

	2001	2002	2003	2004	2005	2006	2007	2008	2009
合计	1 337.9	3 798.5	5 042.3	6 859.3	7 443.7	7 960.7	8 433.1	10 493.3	10 166.9
禁牧	975.1	2 214.8	2 999.0	3 424.6	3 387.1	3 769.6	3 810.4	5 010.3	4 755.3
休牧	249.3	1 147.5	1 437.7	2 938.1	3 413.4	3 544.8	3 853.9	4 628.1	4 538.0
轮牧	113.5	436.3	605.6	496.6	643.2	646.3	761.8	855.0	873.7

　　资料来源：全国畜牧总站，草原基础数据册（2001—2008）、中国草业统计（2009）。

禁牧、休牧、划区轮牧制度在六大牧区的进展很不平衡。其中，内蒙古"三牧"面积最大，并占可利用草原面积的 80.8％；青海和西藏的"三牧"面积非常小，占可利用草原面积的比重仅为 2.2％和 4.5％（详见表 1-4）。

表 1-4　2009 年六大牧区禁牧休牧禁牧草原面积

单位：万公顷、％

	禁牧	休牧	轮牧	小计	占可利用草原比重
内蒙古	1 820.8	2 715.0	605.2	5 141.0	80.8
四川	199.7	364.3	—	564.0	31.8
西藏	158.1	158.1	—	316.2	4.5
甘肃	464.3	424.3	48.2	936.8	58.3
青海	70.0	—		70.0	2.2
新疆	334.8	569.9	53.5	958.2	20.9

资料来源：全国畜牧总站，中国草业统计（2009）。

截止 2008 年，内蒙古禁牧区涉及农牧人口 862 万人，涉及牲畜 3 409 万头只；休牧区涉及农牧人口 204 万人，涉及牲畜 2 603 万头只。其中，兴安盟、赤峰市、锡林郭勒盟及鄂尔多斯市休牧禁牧力度较大。

通过实施禁牧休牧，草原植被得到了明显恢复和改善，草原生产力也有了较大幅度的提高，成效十分显著。据测算，呼伦贝尔市休牧区，牧草高度增加了 8～10 厘米，盖度增加 20％，产草量提高 20％～40％；西部鄂尔多斯市禁牧区，植被盖度提高到 50％～70％，高度提高到 70～100 厘米，公顷产干草达到 810 千克[①]。可以说，实行禁牧休牧与舍饲圈养相结合，是保护草原生态环境最直接、最有效的手段。

1.1.3　草原保护与建设

我国天然草原生产力在不同地区、不同年份、不同季节都有很大的差异和变化，尤其是冬春季节和灾年歉收年份，饲草料短缺使草畜矛盾更加突出，成为制约草原畜牧业发展和生态安全的重要原因。只有加强草原的

---

① 翟秀 .2009.8. 加快现代草原畜牧业建设，促进牧区经济又好又快发展，在"现代化与牧区发展国际研讨会"上的讲话.

保护建设，才能改善草原生产条件，遏制草原退化，提高草原综合生产能力。

一是加强围栏建设，解决牲畜吃草原大锅饭的问题。"草场有界，放牧无界"，只有实现围栏化，才能从根本上解决牲畜混放混牧问题，解决依法对草原生态进行监测的问题。在国家退牧还草工程、京津风沙源治理工程等草原重大生态工程建设项目的示范推动和带动下，我国草原围栏建设 2001年为 1 636.9 万公顷，2005 年达到 3 772.4 万公顷，2009 年已发展到 6 633.8 万公顷，比 2001 年增长了 3.1 倍。其中，内蒙古围栏面积占全国围栏总面积的 41.7%，新疆和青海分别占 16.6% 和 10.8%，三省区合计占近 70%。二是加快了退化、沙化、盐渍化草原的治理力度，使草原生态环境有了一定的改善。封育几年的草场生产力可增加数倍，飞播种草使很多地区植被盖度增加，流动、半流动沙丘固定。浅耕松耙结合补播、施肥、带状种植饲用灌木等措施使退化草场生产力显著提高。截止 2009 年，全国飞播种草保留面积 105.7 万公顷，改良种草保留面积 814.7 万公顷，人工种草保留面积 1 143.1 万公顷，分别比 2001 年增长了 6.8%、29.7% 和 18.8%。其中，内蒙古飞播种草和人工种草面积分别占全国的 61.2% 和 26.3%，增速也远高于全国平均水平。20 世纪 80 年代后期，一批善经营、懂管理的定居牧户，其畜牧业经营规模不断扩大，经济实力增强，努力扩大饲草料来源。他们在水源条件较好的地方，建立集中连片的林草料基地；在草场条件较好的地方，建立稳产高产打草场；在条件适宜的地方，采取人工种草、飞播牧草、草原改良、围栏封育等措施，建设人工、半人工草地。在草原区，对草原进行围栏，禁止在围栏内放牧，通过草原改良、开发、建设，用来打草或种植饲料搞青贮。通过总结经验和逐步完善，对草库伦进行水、草、林、料、机"五配套"建设，有效地增加了饲草料产量。截止 2007 年，已发展到 7.3 万处，灌溉面积达到 62.3 万公顷，是人工饲草料的重要来源；截止 2008 年，内蒙古牧区人工种草保留面积 202.6 万公顷，比 2001 年增长了 84.7%。三是配合禁牧休牧制度的落实，有力地推动了我国牧区青贮饲料的发展。如 2009 年内蒙古青贮饲料达到 286 亿千克，占全国青贮量的 46%。四是退牧还草工程建设成效显著。2002 年国家启动天然草原退牧还草工程。截止到 2009 年，中央累计投入资金 176 亿元，在六大牧区和云南、宁夏等8 省区和新疆生产建设兵团，共计安排围栏建设任务 4 503.5 万公顷，其中禁牧围栏 2 216.5 万公顷，休牧围栏 2 201.4 万公顷，划区轮牧围栏 85.6 万公顷；退化草原补播改良 970.9 万公顷；岩溶地区草地治理试点 10.7 万公顷。通过对六大牧区、宁夏和新疆生产建设兵团的退牧还草工程地面监测结果显示，工程区内的平均植被盖度为 64%，比非工程区提高 12 个百分点；高度、鲜草产量和可食鲜草产量分别为 21.3 厘米、3 185 千克/公顷和 2 713.5千克/公顷，比非工程区分别提高 36.2%、75.1%和 84.1%。18 县（旗、团场）遥感监测显示，2004 年开始实施的工程区目前草原植被盖度比实施前提高了 6 个百分点；鲜草产量比实施前提高了 18.4%。尽管不同草原类型区的实施效果即植被盖度、高度、鲜草产量具有明显差别，但不同区域的工程效益均十分显著（详见图 1-1、图 1-2 和图 1-3）。五是草原鼠、虫灾害防治力度加大。

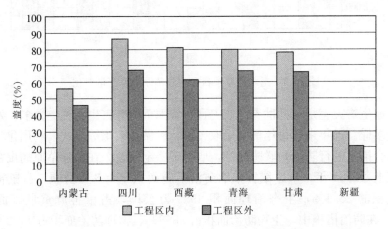

图 1-1　退牧还草项目区内外草原植被盖度对比

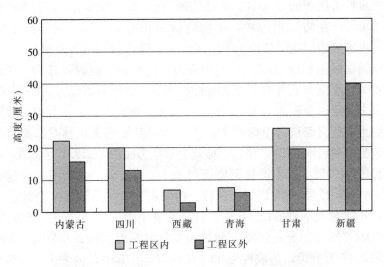

图 1-2　退牧还草项目区内外草原植被高度对比

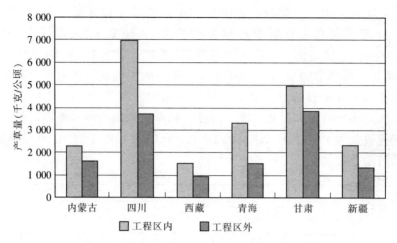

图 1-3 退牧还草项目区内外草原鲜草产量对比

　　草原生物灾害是一种世界性的灾害，我国草原有害生物种类繁多，发生规律复杂多样。近年来，每年都要采取飞机、机械、人工等方式，利用化学、生物及综合措施进行防治，联防联控，取得了一定成效。在加强草原病虫害预警的基础上，2008 年，草原鼠害采取防治措施面积 594.3 万公顷，占鼠害严重危害面积的 25.1%，生态治理面积 49.9 万公顷，占鼠害严重危害面积的 2.1%；在防治措施中，生物防治面积占 58.9%、物理防治面积占 11.2%、化学防治面积占 29.9%。2008 年，草原虫害采取防治措施面积 517.2 万公顷，占虫害严重危害面积的 39.9%，生态治理面积 26.4 万公顷，占虫害严重危害面积的 2.0%；在防治措施中，生物防治面积占 29.9%、化学防治面积占 70.1%，虫害防治以化学防治为主。2009 年，草原鼠害危害面积 4 087.2 万公顷，占全国草原面积的 10.5%，其中青海、内蒙古、西藏、甘肃、新疆、四川等六省区草原鼠害危害面积占全国的 88.2%；草原虫害危害面积 2 076.2 万公顷，占全国草原面积的 5.3%，其中内蒙古、新疆、青海、甘肃、四川等五省区草原虫害危害面积占全国的 75.5%。六是草原病害仍然对草原持续利用产生一定的不利影响。2008 年，草原毒害草危害面积 4 139.1 万公顷，占全国草原面积的 10.3%，其中严重危害面积 892.2 万公顷，仅新疆严重危害面积就占全国的 40.8%，加上四川、西藏、内蒙古和甘肃，五省区合计占全国的 90.2%；2008 年共导致 64.5 万头（只）家畜中毒、75.9 万头（只）家畜死亡，损失 44 793.4 万元。2008 年牧草病害危害面积 279.2 万公顷，其中严重危害面积 91.7 万公顷，造成损失 30 637.0 万元；其中，内蒙古、青海、甘肃和四川等四省区合计占全国严重危害面积的 81.6%。

1.1.4 区域化布局、产业化经营与合作经济发展

草原牧区在市场经济发展过程中，畜种结构逐步调整，畜牧业的优势区逐步形成。在优势区和特色区，可以推行草业和草原畜牧业的规模化、专业化和集约化生产，逐步实现传统草原畜牧业向现草原代畜牧业的转变。

经过改革开放 30 年的发展，以草原畜牧业、草种业、草产品生产及加工业、草产品贸易等为主干的我国草产业生产体系初步形成。诞生了一批肉、乳、绒毛、饲草料等主导产业及特色产业方面的加工龙头企业，绿色品牌已成为一大优势。

我国牧草产业总体分为 5 大优势区域，即东北、华北和西北草产品生产加工优势产业带，青藏高原和南方草产品生产加工优势区。2009 年，我国种植多年生牧草保留面积 1 619.8 万公顷，占耕地面积 13%，其中紫花苜蓿种植保留面积达 367 万公顷。种植的牧草（干草）年总产量 16 400 万吨（多年生牧草产量占 50%），青贮量（鲜重）6 200 多万吨（多年生牧草青贮占 7%）；2009 年，全国商品草种植面积 190 万公顷，是 2001 年的 10.5 倍，年均增长34.1%，销售量达 1 100 多万吨。2007 年，国内省区间销售在 100 万吨以上，国内市场主要为上海、广州、北京等大中城市，出口日韩等国 31 万吨。

我国草产品加工业发展虽然起步晚，但发展速度快，企业总设计生产能力超过 500 万吨，产业化格局雏形已初步形成。据不完全统计，2009 年，我国草产品加工企业 400 家左右，且 90% 以上是在近 10 年内组建的，其中设计加工能力 10 万吨以上的占 5% 左右，设计加工能力 5 万吨以上的占 10% 左右，设计生产能力 1 万吨以下的占 85% 左右，主要分布在北方省区，而且 90% 以上为民营企业，实际生产加工量占设计生产能力的 45% 左右。紫花苜蓿的加工量占生产量的 8% 左右。2009 年，全国草产品加工企业生产量 240 多万吨，是 2004 年的 2.3 倍，年均增长率为 18.1%，其中，内蒙古、甘肃、青海三省区草产品加工企业的生产量占全国的 56.5%。

在六大牧区，同时诞生了一批辐射强、带动作用明显的国家级畜产品加工龙头企业，如伊利、蒙牛、金河实业、新希望、伊犁泰康、小尾羊等数十家，延长了草产业链，加速了草业和草原畜牧业的产业化进程，有力地推动着草原牧区的发展。

草原牧区草产品基地以饲草生产基地和草种生产基地为主，规模不断扩大。2008 年，牧区和半牧区 264 个县当年打贮草总量 2 191.2 万吨，人工草地保留面积 397.2 万公顷，草籽田面积 42.1 万公顷。通过"公司＋合作经济组织＋农户"等模式，结成利益共同体，形成产业链条，利益链接机制初步

形成。

草业逐步从"平面式"向"立体式"发展，即从草原畜牧业生产为主，逐步向保护、生产、加工、经营、保障服务等综合发展，从畜产品为主向生态产品、草产品、畜产品以及其他功能性产品发展，初步形成了多层次、多功能、多领域的产业体系①②。

草业的功能从以保障畜产品供给为主，逐步向维护生态安全、促进经济发展、构建和谐社会转变。人们对草业的认识日益深化，草原是面积最大的生态屏障，是畜牧业发展的物质基础，是国家食物安全的重要保障，是草原地区农牧民赖以生存和发展的基本生产资料，是少数民族文化的基本载体，是重要的生物资源库，也是具有重要开发价值的旅游资源③

1.2 草原资源持续利用与产业组织发展评价

1.2.1 草原退化局面仍未得到根本扭转

根据农业部监测，通过加强草原资源保护、加快基础设施建设、落实科学利用制度和强化防灾减灾等措施，进入 21 世纪以来，我国草原生态状况总体开始呈现向好趋势。一是草原第一性生产力呈增加态势。2001—2009 年全国草原产草量总体处于波动上升趋势，增幅为 16.2%。2009 年全国草原鲜草产量近 9.4 亿吨，载畜能力 2.3 亿羊单位。二是草原植被覆盖度提高。截至 2009 年，已实施草原禁牧休牧面积 9 293.3 万公顷，围栏草原面积达到 6 633.8 万公顷，累计种草保留面积达 2 100 多万公顷，草原植被盖度在退牧还草工程区已经提高了 10%，风沙源治理区提高了 6%。三是优良牧草比例增加。内蒙古、新疆、甘肃、宁夏、四川等地实施退牧还草工程以来，可食草种比例增加 15% 左右，优良牧草比例提高，种群结构更加合理。四是风沙源治理区明沙面积明显减少。通过 2000—2009 年的治理，京津风沙源工程治理草原面积 342.8 万公顷，严重退化草原面积减少 20% 以上。另外，岩溶地区石漠化治理工程围栏封育种草 11.1 万公顷，工程区岩石裸露率降低 19 个百分点。

从六大牧区草原生态治理和草场恢复程度看，天然草原自西向东逐步向

---

① 徐丽君，孙启忠．2008．浅析中国草地退化的现状及其改良对策．牧区发展与草地资源可持续利用［M］．呼和浩特：内蒙古人民出版社．

② 修长柏．2002．试论牧区草原畜牧业可持续发展——以内蒙古自治区为例［J］．农业经济问题 (7)：31-35．

③ 任继周，林慧龙，2005．江河源区草地生态建设构想［J］．草业学报，14 (2)：128．

好。西藏自治区草原生态呈现总体继续恶化、局部明显好转的退化减缓阶段。全区草原退化面积约 4 000 万公顷，重度和中度退化面积占 27%。新疆维吾尔自治区草原生态呈现整体恶化趋势得到初步遏制、局部开始好转的爬坡起步阶段。工程区植被盖度平均提高 9 个百分点，高度平均提高 11.5 厘米，提高 29%；鲜草产量每公顷平均增加 991 千克；多年生植物在群落中的优势度有所提高。青海省草原生态处在整体恶化势头开始遏制、三江源和环青海湖生态加快恢复的重大转折阶段。生态治理区植被覆盖面积比 2005 年提高 23.3%，黑土滩产草量比治理前增长 6 倍，"江河源"和"气候源"的功能日益增强。甘肃省草原生态处在整体恶化势头减弱、局部明显好转的持续恢复阶段。工程区内植被盖度平均提高 12 个百分点；植被高度平均增加 6.4 厘米，提高 33%；鲜草产量每公顷平均增加 1 095 千克。四川省草原生态处在总体开始好转、局部仍然脆弱的改良攻坚阶段。工程区内植被盖度平均提高 19 个百分点；植被高度平均增加 7 厘米，提高 54.2%；鲜草产量平均增长近 1 倍。生物多样性得到有效保护。内蒙古自治区草原生态处在整体遏制退化、局部持续改善的稳步好转阶段。鄂尔多斯市禁牧区植被盖度提高 50%～70%，高度提高到 70～100 厘米，公顷产干草 810 千克；锡林郭勒西部中度沙化草原面积减少 20.4%；呼伦贝尔市休牧区牧草高度增加 8～10 厘米，盖度增加 20%，产草量提高 20%～40%；北方草原生态屏障的作用日益凸显[①]。

从主要草原牧区的生态治理效果看，我国草原生态的总体形势已发生了积极变化，全国草原生态环境加速恶化的势头得到有效遏制，局部地区生态环境明显改善。但与 20 世纪 60 年代相比，全国草原生态环境整体仍在恶化，生态形势依然十分严峻。

据联合国粮农组织发表的报告，20 世纪后 50 年中，全球约有 3 亿公顷的农业用地流失或退化，其中草原沙化、碱化和超载过牧破坏的草地面积约占 30%，目前草原退化仍在加剧，尤其以非洲、亚洲和南美洲地区最突出。

我国 95% 以上的荒漠化土地集中在草原区，新疆荒漠化土地面积最多，其次是内蒙古，再次为西藏、甘肃、青海、宁夏。目前，在北方牧区 22 400 万公顷可利用的草原中，有 1 300 多万公顷退化为沙漠，并以每年 130 万～200 万公顷的速度在不断扩大。草原生产力较之 20 世纪 50 年代普遍下降了 30%～50%，鼠害、虫害严重，毒草、不可食牧草比例增大。草原资源的破坏对人类的生存环境产生了巨大的危害。

即便是草原退化率居中的内蒙古，尽管比"风沙源治理项目"、"退牧还草

---

① 农业部，2009 年全国草原监测报告，第 53 - 54 页．

工程"等启动时草原退化草原面积减少了 8%，但仍比 20 世纪 80 年代增长了 70.9%。其中：轻度退化面积增长 11.5%，中度退化面积增长 78%，重度退化面积增长 218%，重度退化草原面积增长幅度最大（详见表 1-5）。可见，草原退化、沙化的局面仍未得到根本扭转。而国家实施的京津风沙源治理项目虽然已取得良好的生态效益、社会效益和一定的经济效益，但项目受益区小，沙化面积大，治理所需资金严重不足。

表 1-5 内蒙古自治区退化草原统计表

单位：万公顷、%

时 间	小计	轻度退化	中度退化	重度退化
20 世纪 80 年代	2 503.8	1 183.7	884.3	435.8
21 世纪 10 年代	4 278.4	1 319.7	1 573.6	1 385.1

资料来源：内蒙古农牧业厅。

草场退化，可以从数量和质量两个方面来看：从数量来看，21 世纪初，内蒙古草原面积为 7499.4 万公顷，比 20 世纪 80 年代草原资源面积总量减少 388.1 万公顷，变化率为 -4.8%；与 20 世纪 60 年代草原面积相比，40 年来草原资源面积总量减少 995.9 万公顷，变化率为 -11.7%。从 20 世纪 60 年代到 21 世纪初，内蒙古可利用草原面积减少 374.5 万公顷，比 80 年代减少 73.4 万公顷，变化率分别为 -5.6% 和 -1.2%。草地各大类面积较 80 年代除荒漠草原类、荒漠类及低地草甸类外，其他草地类有不同程度的减少，尤其是典型草原类、草甸草原类及山地草甸类，减少明显。从质量上看，一是牧草的高度、盖度和单产下降，二是草群结构发生了变化，内蒙古草原牧草单产平均减少了 50%～60%。正镶白旗 1958 年抽测，草高 45～60 厘米，盖度达 90% 以上，禾本科牧草和豆科牧草占优势，每公顷产干草 1 580 千克；1972 年抽测，牧草平均高度只有 15～30 厘米，盖度约 40%，沙蒿、冷蒿等草占优势，每公顷产干草只有 300 千克了；如今牧草平均高度只有 5～10 厘米，盖度不足 20%，有些草场已经成为不毛之地[①②]。草原退化也使牧草的组成成分发生变化，优良牧草减少，杂类草、不食草、毒害草增多，牧草品质变劣。草原退化不仅给畜牧业生产造成不利影响，而且导致草原生态系统和食物链结构的变

---

① 刘爱军等．2003．内蒙古 2003 年天然草原生产力监测及载畜能力测算［J］．内蒙古草业（4）：1-3．

② 王永利等．2007．内蒙古典型草原区植被格局变化及退化导因探讨［J］．干旱区资源与环境（10）：144-149．

化，鼠害和蝗灾发生面积和强度上升，2003—2009 年，内蒙古草原鼠、虫害发生面积在 1 500 万 ~ 2 100 万公顷之间，占可有效利用草原面积的 23.6% ~ 33.0%。

据内蒙古农牧业厅最新统计显示，2010 年，内蒙古草原总面积为 7 587 万公顷，可利用草原面积为 6 380 万公顷，分别比 2000 年增加了 87 万公顷和 93 万公顷，改变了 20 世纪 50 年代至 21 世纪初草原面积持续减少的局面。除了面积增加外，内蒙古草原的产量和盖度较 2001 年均有所提高，其中，年产 552 亿千克干草的草原生产力，比 21 世纪初提高 4.8%；近 3 年草群盖度平均为 37%，提高近 7%，其中，内蒙古中西部地区草量持续增加，草群盖度增速明显。内蒙古草原生态呈现出退化趋缓、局部好转的态势，但与 20 世纪 80 年代相比，内蒙古草原的质量有所下降，草原生态保护与恢复形势依然严峻。

由于草原退化，草地生产力持续下降，这对畜牧业进一步持续稳定发展造成了威胁。中国草原和北美草原处于同一纬度，水热条件和草原生产力基本相似，由于草原退化，每公顷草原生产力仅为 10.7 个畜产品单位，其单位面积草原产肉量为世界平均的 30%，单位面积草原产值只相当于澳大利亚的 1/10，相当于美国的 1/20，荷兰的 1/50[①]。

1.2.2 草原建设投入不足

草原和牧草是畜牧业的物质基础，只有加强草原建设，才能实现草原畜牧业持续稳定发展。当前我国草原畜牧业生产水平低下的一个重要原因，就是草原退化，饲草的数量和质量制约了畜牧业的进一步发展。草原退化的原因是多方面的，但主要原因仍是草原利用过度，草原生态系统中的能量和物质输出太多，输入太少，因而导致生态失调。

我国生态建设、环境保护投资占 GDP 的比重，相当于发达国家的 1/3 ~ 1/2，与某些发展中国家也有相当的差距。有关国际金融组织规定，第一产业贷款的 50%、第二产业贷款的 20%，要用于生态建设，而这一比例在我国均在 10% 以下。

国外草原畜牧业发达的重要原因是对草原进行科学管理，同时投入大量资金，这是草原提高生产力的根本措施。美国从 30 年代起，政府通过法令采取了一系列草原建设措施，经过半个世纪的努力，投资百亿美元以上，改良了退化草原，实现了草原围栏化，建立人工草地 2 466.7 万公顷。许多国家对草原

---

① 张立中，辛国昌 . 2008. 澳大利亚、新西兰畜牧业发展经验借鉴 [J] . 世界农业 (4)：22 - 24.

施肥也十分普遍，每公顷草原的施氮量高达几百千克。如丹麦的草原，除每公顷施 100 吨优质厩肥外，每年还喷施氮肥 250 千克。

多年以来，我国虽然对草原建设投入了一定资金，但投资总量少，草原牧区基础设施差，效益未能发挥。就草原基本建设而言，至 20 世纪 80 年代中期，国家对内蒙古、新疆、青海、西藏等北方草原的投资约 47 亿元，平均每公顷草原投资仅 15 元，若以 37 年平均分配，每年每公顷草原平均 0.30～0.45 元。90 年代初，典型草原每公顷年投资只有 0.75 元，而产出是 28.5 元，投入产出之比为 1：38。截止到 2000 年，我国对草原的投入累计为 7.5 元/公顷。草原的投入与产出不成比例，造成资源消耗过重，基础设施的修建与维修都跟不上生产的需要。长期以来，草原重利用、轻保护，重索取、轻投入，导致草原牧区的植被遭受破坏，生态条件恶化，自然灾害频繁，"黑灾、白灾"交替发生，周期有缩短的趋势。

2000 年以来，国家不断加大草原投入，但由于草原发展底子薄，历史欠账多，与草原保护建设的客观要求和牧民的期盼相比差距很大。国家《西部大开发"十一五"规划》提出 2006—2010 年完成退牧还草任务 5 000 万公顷，截至目前仅安排 2 600 万公顷。国务院批准的《全国草原保护建设利用总体规划》中提出的 9 大草原生态保护建设工程，目前大部分未启动。已实施的工程项目也存在着投入少、建设内容单一和覆盖面小等问题。从投入量看，近十年我国用于生态环境保护建设的资金近 1 万亿元，草原累计投入约 240 亿元，仅占 2.4%，每公顷草原平均投入 60 元。从建设内容看，目前中央用于草原保护建设方面的投入主要集中在几个重大生态建设工程，并以实施草原围栏等生态保护措施为主，内容单一，而与牧民生产息息相关的人工种草、牲畜棚圈和青贮窖建设等投资较少，已推行的舍饲半舍饲生产方式，受基础建设薄弱的严重制约，面临着饲草料短缺和饲养成本增加的不利影响。从工程范围看，目前的退牧还草工程在 152 县（旗）实施，占 264 个牧区半牧区县（旗）的 58%；即使同一个县（旗），相同条件的牧户也不能完全覆盖，但都要执行同样的草畜平衡、禁牧休牧等草原保护制度，造成干群矛盾加剧，一些制度难以有效落实，直接影响着生态建设成果的巩固。

不过，国家实施的西部大开发战略，是草原建设投资最多的时期，有利地促进了草原建设，缓解了枯草期的草畜矛盾。草原畜牧业发达国家的经验是人工草地面积占天然草原面积的 10%，其畜牧业生产力比完全依靠天然草原的畜牧业生产力增加 1 倍以上。目前，美国的人工草地占天然草原的 15%，俄罗斯占 10%，荷兰、丹麦、英国、德国、新西兰等国占 60%～70%。据估算，我国草原牧区需建 2 000 万～3 500 万公顷的人工草地，才能满足现有冬春家畜和育肥家畜对草料的需求。除草原投入不足外，畜种改良、棚圈建设、水利建设、科技投入、基础设施建设等等同样不足。可见，草原建设投资的缺口依然很大。

1.2.3 超载过牧形势严峻

我国北方牧区载畜量长期处于超负荷状况，特别是枯草期，北方广大牧区冬季已超载 50%，少数地区已超载 1~1.5 倍；南方草地也有大约 30% 利用过度。另据对中国传统畜牧业基地的 11 个重点牧区的草原资源及畜草矛盾现状的调查分析，1949—1988 年的 39 年中，牲畜数量增长率高达 202.8%，造成 58.1% 的超载率，导致了 41.8% 的草原退化，牛羊胴体重量每 10 年下降 9.8%。到 20 世纪 90 年代，我国纯牧区天然草原理论载畜量比 80 年代的 1 亿羊单位/年下降了 7.1%。2003—2007 年实际平均载畜量为 1.35 亿羊单位/年，超载 30%~40%。2005—2009 年六大牧区及全国重点天然草原超载率详见表 1-6。

表 1-6　2005—2009 年六大牧区及全国重点天然草原超载率情况

单位：%

省区	2009	2008	2007	2006	2005
西藏	39	38	40	38	
内蒙古	25	18	20	22	40 以上
新疆	35	40	39	39	40 以上
青海	26	37	38	39	
四川	38	39	39	40	40 以上
甘肃	38	39	38	40	40 以上
全国	31.2	32	33	34	35

资料来源：农业部，全国草原监测报告（2009）。

据内蒙古草原勘查设计院（2001—2003 年）的调查监测，21 世纪初内蒙古各盟市草原牧草产量及理论载畜量与 20 世纪 60 年代和 80 年代相比，都有不同程度的降低。与 20 世纪 80 年代相比，内蒙古天然牧草总量降低幅度为 21.6%，载畜率降低幅度为 38.0%；与 20 世纪 60 年代相比，内蒙古天然牧草总量降低幅度为 55.2%，载畜率降低幅度为 63.5%；2010 年，载畜率比 2001 年提高了 4.8%，虽有所转变，但草原超载率下降明显。内蒙古天然草原饲草总贮量为 626.8 亿千克干草，暖季载畜量为 4 181.4 万个羊单位，冷季为 2 966.7 万个羊单位，全年为 3 392.7 万个羊单位。内蒙古草原理论载畜量比 20 世纪 80 年代同期减少 2 082.4 万个羊单位，比 20 世纪 60 年代同期减少

5 911.5万个羊单位①。各类型草原单位面积产草量均有不同程度的下降，其中，温性草甸草原类、温性荒漠草原、温性荒漠类单产降幅比较低，降幅为11.4%～15.7%，温性典型草原类下降21.1%，温性草原化荒漠类降幅最大，达到28.1%。

草原退化是一个长期的历史过程，原因也很复杂，如气候的变化、水资源开发利用不尽合理、人为破坏、蝗虫鼠害、对草原资源的不合理利用等。但事实证明，草原超载过牧是造成草原退化的最直接的原因。而超载过牧的一个重要原因又是草原牧区人口的膨胀和对短期经济利益的追逐。截至目前，牧区人口增长率在12.81%～40.9%之间，远远高于其他地区。按照联合国人口承载力标准，森林草原区人口承载力为10～12人/平方公里，典型草原区为5～7人/平方公里，荒漠草原区为2～2.5人/平方公里。我国北方干旱草原区人口密度已是国际公认的干旱草原区容量的2.3倍，远远超出草原人口承载力。草原牧区人口的快速增长，一方面需要生产更多的粮食与畜产品，以满足不断增长的人口的需要；另一方面，其他各种生活支出和发展支出增加，牧民增收愿望强烈，如前所述，牧民来自草原畜牧业的收入占到75%以上，有的牧区高达90%，因此，采用盲目垦荒和盲目扩大牲畜的饲养规模是最简单、有效的渠道。人口膨胀，人们的生存压力必然要转嫁到土地、草场上。因而，引起牧区耕地的扩大，引起滥采滥伐的加剧，引起超载过牧的现象。如作为典型牧区的内蒙古呼伦贝尔市、锡林郭勒盟和阿拉善盟，1949—1998年期间，耕地面积分别由15.1万公顷增加到112.9万公顷、由14.1万公顷增加到29.4万公顷、由0.03万公顷增加到1.7万公顷。其中，呼伦贝尔4个牧业旗鄂温克族自治旗、新巴尔虎右旗、新巴尔虎左旗、陈巴尔虎旗1998年人均耕地分别为3.2、0.3、2.1、7.9公顷，而同期内蒙古人均耕地面积为0.5公顷。在牧区开垦的草原（不是荒地），大都是水草丰美的土地，但表土层薄，有机质养分含量少，而且是数千年的自然演化过程中才形成的②。这样的地区，一旦失去植被保护，数年内就会变成赤地千迢、寸草不生的荒漠地带。牧区人口的高增长率与草地日益下降的生产力间的矛盾无疑加速草原生态环境恶化，与此同时，草原资源的不合理利用又严重地破坏了畜牧业再生产的条件，制约了畜牧业的发展。

1.2.4 规模化生产和企业化管理薄弱

任何产品的生产只有达到一定的规模才会产生效益，即通常所说的规模效

---

① 邢旗，高娃.2008.内蒙古草原资源现状及其变化分析.牧区发展与草地资源可持续利用［M］.呼和浩特：内蒙古人民出版社.

② 苏和.2005.刘桂香，何涛.草原开垦及其危害［J］.中国草地，(6)：61-63.

益。2008—2009 年，我国牧区县（旗）户均牛的饲养量为 16.6 头，绵羊 32.6 只，山羊 14.8 只。与 2002 年相比，牛的饲养量增加，绵羊的饲养量减少，山羊的饲养量持平（详见表 1-7）。表明随着经营方式的变化，畜种结构不断调整，大畜饲养量增加。表 1-7 显示，青藏高寒草原牧区牧户平均的牲畜饲养规模高于温性草原牧区。2008 年，全国牧区和半牧区县牧户平均拥有可利用草原面积为 49.2 公顷，内蒙古、新疆、甘肃、四川、青海和西藏户均规模分别为 69.3 公顷、199.8 公顷、38.3 公顷、40.5 公顷、185.5 公顷和 748.1 公顷，同样是高寒草原区高于温性草原区。

表 1-7 2008—2009 年全国及六大牧区牧业县户均牲畜饲养量

项目	单位	全国	内蒙古	四川	西藏	甘肃	青海	新疆
牛	头	16.6	11.3	42.5	55.6	19.5	24.0	19.3
绵羊	只	32.6	37.2	16.3	24.4	51.8	58.4	67.5
山羊	只	14.8	30.0	3.7	49.5	7.4	9.2	12.8
合计	羊单位	130.4	123.7	232.7	352.0	156.8	187.5	176.9

资料来源：根据《中国畜牧业统计》整理。

从草原牧区农牧户牲畜饲养规模的分布情况表看，年出栏羊 29 只以下的农牧户比重，四川高达 97.6%，甘肃也超过 90%，其他牧区在 80%～88% 之间；年出栏肉牛 9 头以下的农牧户的比重，内蒙古为 87%，其他牧区均在 90% 以上；奶牛的饲养规模在 4 头以下的农牧户的比重青海和新疆均在 85% 以上，内蒙古、西藏、甘肃、四川在 74%～79% 之间；奶牛的饲养规模在 9 头以下的农牧户，六大牧区的比重均在 90% 以上。就是说，主要草原牧区的绝大多数农牧户牲畜的饲养规模比较小（详见表 1-8）。

表 1-8 2009 年全国及六大牧区农牧户饲养规模分布情况

单位:%

地区	年出栏羊 29 只以下	年出栏肉牛 9 头以下	年存栏奶牛 4 头以下	年存栏奶牛 9 头以下
全国	91.1	95.9	75.6	91.2
内蒙古	78.8	87.0	73.7	92.4
四川	97.6	98.7	78.2	91.8
西藏	87.7	91.4	75.2	95.1
甘肃	92.2	95.8	78.0	93.2
青海	82.6	94.8	98.1	99.6
新疆	80.4	93.1	84.9	95.5

资料来源：根据《中国畜牧业统计》整理。

与畜牧业发达国家相比，我国草原畜牧业生产规模明显偏小。加拿大牧场主的经营规模非常大，一般饲养 300 头基础母畜，草场面积可达 0.7 万～1.4 万公顷。约 2 万个纯种牛繁育牧户，饲养纯种牛 100 万头，平均每户的饲养规模为 50 头纯种牛；其余 12 万个牧户肉牛的饲养量为 1 200 多万头，平均每户的饲养规模在 100 头以上，有的超大规模的育肥公司，年出栏育肥牛 25 万多头。随着规模的不断扩大，从事畜牧业生产的人员越来越少，劳动生产率愈来愈高，规模效益显著。目前，畜牧业已成为英国农业的重要产业，牧场面积接近全国总面积的一半，以饲养牛、羊、猪为主。为了发挥规模效益，引导规模经营，20 世纪 50 年代英国政府就制定了鼓励农牧场向大型化、规模化发展的政策，并提倡每个农场以 100 公顷土地（包括耕地、草地、林地、水面等）为适宜规模，对愿意合并的小农场，政府提供 50％ 的所需费用；对愿意放弃经营的小农牧场主，可获得政府 2 000 英镑以下的补贴，或领取终身养老金。在这种政策的引导下，英国的规模化畜牧业迅速发展。据统计，英国有 3.4 万个专业奶牛饲养者，户均奶牛头数为 72 头，超过 100 头奶牛的饲养户占 24.1％，饲养了全国 50.5％ 的奶牛；肉牛专业饲养者 12.4 万户，户均肉牛 91 头，超过 100 头的饲养户占 32.35％，饲养量占全国肉牛的 72.2％。法国规模化生产方面与英国相似，政府鼓励农牧业经营方式从家庭的小农经济模式向现代化的公司式经营模式转变。目前，农牧场总数已由 1979 年的 99.3 万个减少到 68 万个，减少了 46％①。同时，农牧业经营企业得到明显发展，目前已占到法国农牧业经营单位总数的 16％。规模化生产的重要效应是促使生产者选择品质优良的牲畜品种。目前，法国 440 万头存栏奶牛中，荷斯坦、蒙贝利和诺曼底三种优质奶牛占 95％，个体平均产奶 5.2 吨，脂肪含量达到每升 42 克。

国外的农牧场主基本按经济规模组织生产。我国草原区的牧户很少进行详细的成本核算，只是有个粗账，即按照收付实现制的思路进行算账，很少坚持权责发生制的原则，进行详细的成本核算，不但每个经营周期的经济效益计算有误，经济规模的确定当然非常困难。

扩大畜牧业经营规模与超载过牧不是自相矛盾吗？我们所说的扩大草原畜牧业规模，不是片面增加牲畜头数，而是向部分畜牧业经营者集中，一部分牧民从草原牧区转移出来，实现一个家庭牧场的草原规模和牲畜饲养规模的同时扩大。

发达国家的牧户十分注重选择优良品种，同时根据不同品种的牲畜进行科

---

① 郝益东.2002.国外畜牧业考察文集［M］.呼和浩特：内蒙古人民出版社.

学饲养。如加拿大肉牛养殖户均根据季节安排配种和产犊期。一般母牛在 3～4 月份产犊，6 月底至 7 月初开始配种，配种期控制在 60 天。通过集中产犊，便于饲养管理和集中出栏。在天然草场上放牧，牧场主非常注重春夏秋冬草场的轮牧和管理，注重犊牛的越冬、怀胎母牛的补饲、精料配比和矿物质的补充。因而，母牛基本能够保证一年一犊，18 个月之内全部出栏。大型育肥牛场更注重饲料的配比和价格，注重科学的饲养管理。同时，农牧业生产基本实现机械化、自动化，畜牧业生产从饲草料播种机械、打贮草机械、饲料加工机械，到自动供料、自动供水、自动清粪，处处体现出了机械化。我国的草原畜牧业基本处于传统的畜牧业向现代畜牧业转变阶段。

1.2.5　组织化程度和社会化服务体系急需完善

草原区地域广阔，交通不便，信息不畅，牧民合作经济组织发育迟缓，组织化程度低。从行业上比较，草原畜牧业组织化程度要远远低于种植业和农区畜牧业；从区域上比较，草原区比沿海和中部省份组织化程度要更低一些。与此同时，社会化服务体系不完善，导致生产经营粗放，资金积累水平低，也限制了牧民进行草原建设的能力。另外，在良种繁育和生产体系中也存在着极大的障碍。生产规模上不去，科学化饲养水平低，畜产品不能按市场要求均衡出栏，仍未摆脱"靠天养畜"的境地。新疆、西藏在畜产品加工方面的龙头企业缺乏，与畜牧业生产本身的组织化程度低是互为因果的，没有持续、均衡的原料供应基础，草业和畜牧龙头企业难以发展。

服务社会化是英法畜牧业的另一个特点。肉牛协会、养羊协会等各类各级协会遍布英法各地。这些协会的成员除少量专职工作人员外，大都是专业生产者。协会向生产者收取一定费用作为活动经费，向生产者提供科技、资金、项目、信息、培训、市场行情等有关专业生产的各类咨询服务，还同各级政府保持密切联系，向政府反映生产者的意见和要求。各类饲料厂规模都不太大，均有各自的服务区域和配送网络。牧场主需要哪种饲料，电话或网上通知，饲料就会及时配送。奶制品加工厂和肉类加工厂也同样有自身的服务区域和体系。这种产前产后的社会化服务，有效地解除了畜产品生产者的后顾之忧，保证了规模化生产的正常进行。

1.2.6　草业和草原畜牧业支持政策需要创新

草业和草原畜牧业是弱质产业，制定有效的农业支持政策，保护草业和草原畜牧业的稳定发展是国际上的通常做法。

借鉴国外经验，我们认为主要在以下几个方面予以支持：一是对草业、畜牧业和牧民的支持，以稳定牧民的收入和从事草业和畜牧业人员队伍。自2003年启动农业补贴政策以来，用于农民的补贴政策框架体系已日臻完善，用于牧民生产生活的补贴政策不仅种类少，且不成体系。目前中央财政在内蒙古自治区实施的涉及农牧民的补助补贴政策共有16项，牧民可享受的只有其中的7项，据自治区农牧厅测算，自治区安排给牧区的各种补助补贴资金是农区的1/10，牧民与农民平均获得的补贴比例为1：12；在补贴金额比较低的同时，补贴标准相差悬殊，如2009年中央财政安排的退牧还草等草原保护与建设资金42亿元，折合每公顷不到15元，目前实施的退牧还草工程，非青藏高原地区禁牧草原每公顷补助74.25元，休牧草原每公顷补助18.60元，青藏高原补助标准减半等。由于补偿低，远远不足以弥补舍饲圈养增加的成本，偷牧、超载放牧屡禁不止。政府可设立最低收入保障制度，凡是低于前5年收入平均水平的牧民，可申请政府补齐其收入达到5年的平均水平。二是加大科学研究和开发创新等方面的投入，推动农业走可持续发展之路。政府应鼓励争取私营企业、公司的科研投入，并给予1：0.5～1：1的资金匹配。同时，中央政府和自治区政府负责草业和畜牧业科研开发，而县（旗）政府负责畜牧业技术推广和服务。三是信贷方面的优惠。凡金融部门贷给牧民从事草业、草原畜牧业经营的贷款，可以低息、无息或政府贴息。四是鼓励农牧民采用先进技术。所有用于农牧业生产的先进技术一概免税；对农用物资实行免税。五是在生态恢复建设上，对生态环境恶化的草原，政府可以购买下来，进行治理，生态恢复后再出租给牧民作为牧场。六是推动草原畜牧业规模扩大的农业政策。实现草原畜牧业经营规模的扩大，从事畜牧业的众多人口必须转移出来，这是一项十分艰巨的工作。对于退出草原牧区的牧民在非牧领域创办实体或接纳牧民的数量达到一定比例的企业，要给予优惠和税收减免；调整政府的投资战略，改变对具体的生产性畜牧业项目的无偿支持，把资金变为退出草原的牧户的补偿金等等。七是尽快建立畜牧业灾害险。畜牧业保险是农牧民抗御自然风险的重要途径，对稳定农民收入起到积极作用。所以，我国要尽快设立畜牧业灾害险。八是加大草原牧区的基础设施投入，尤其是水利基础设施的投入。受综合经济实力弱的影响，政府为牧区提供的公共产品明显低于农区水平。从全国264个牧区和半牧区县（旗）看，以每百平方公里为单位，2008年全国牧业县（旗）有公路8公里、医院0.13个、中小学0.5个、通电话村83.1%和自来水受益村47.9%，分别比全国县域平均水平低75.6%、76%、86.7%和14.1个百分点、15.6个百分点。由于基础设施落后及短缺，严重制约了牧区社会经济的又好又快发展。2008年全国牧区和半牧区县（旗）乡村从业人员中从事农林牧渔业的人员比例高达77.1%，比全国平均水平高20.6个百分点；工业产值占地区生产总值的比重为 39.9％，比全国平均水平低 6.7 个百分点，其中，内蒙古牧区和半牧区旗（县）为 47％、新疆牧区和半牧区县为 25％、西藏牧区和半牧区县为 4.5％、青海牧区和半牧区县为 44％、甘肃牧区和半牧区县为 41.6％。2001 年水利部组织牧区有关省（区）和牧区水科所等单位，编制了全国牧区水利发展规划，在内蒙古、新疆、青海、甘肃、四川等省区启动了 9 片牧区水利试点工程，内蒙古、青海等地在牧区水利试点工作中积累了不少经验，其中有三种模式值得总结推广：第一种是以农补牧式；第二种是家庭牧场式；第三种是生态移民式。这三种治理模式的关键是要解决水的问题，实行小建设，大保护。建设饲草料基地，实现舍饲半舍饲，保证大面积草原围封休牧和轮牧，恢复草原生态。

2 草原退化的影响因子及治理措施测度

草原退化是指以草为主要植被类型的生态系统出现逆向演替的变化过程，其中包含两种演替，即"草"的演替和"地"的演替。演替的原因是大气候或人为干扰超过了草地生态系统自我调节能力的阈值，自身难以恢复而向相反方向发展的现象，这种现象在草地生态系统中被理解为退化。

我们以锡林郭勒草原为例，测度部分因子对草原退化的影响程度以及有效的治理措施。也为草原资源持续利用经营模式的设计和产业组织优化奠定基础。

2.1 研究区草原退化的演进

锡林郭勒草原位于内蒙古高原的中部，自西南向东北倾斜，海拔高度900～1 300米，平均在1 000米以上，最高达1 900米，是内蒙古高原草原区的主体部分，是中国最主要的草原牧区之一。天然草原总面积为1 930.5万公顷，占内蒙古草原总面积的24.7%，占中国草原面积的4.8%。锡林郭勒草原植被是温带半湿润—半干旱和干旱气候条件下发育起来的耐寒旱生多年生草本植被类型，包括草甸草原、典型草原和荒漠草原3个主要草原植被亚型，其中，典型草原面积最大，占锡林郭勒可利用天然草原面积46.6%。

在干旱、大风、鼠虫害等自然因素和开垦、过牧、利用不合理等人为因素的交互作用下，锡林郭勒草原退化严重。据内蒙古锡林郭勒盟畜牧业志记载，1926年元世祖忽必烈建上都（锡林郭勒草原南部的内蒙古正蓝旗、多伦县一带）时，其所在地为"龙岗绿树成荫，古树参天，郁郁葱葱，……，河谷平坦宽广水草丰美，为最好的天然牧场"；到清光绪二十七年，实行"新政""开放蒙荒"之后，锡林郭勒草原的南部被开垦，使农牧交错带北推至少200千米；直至中华人民共和国成立初期，锡林郭勒草原北部未受开垦之殃及，仍保持着江天辽阔、大野茫茫、水草丰美的景象。20世纪80年代，退化面积占草原总面积的48.6%，主要以轻度退化为主；到20世纪末，退化草原面积达到1 450.6万公顷，2/3的草原发生退化，其中重度退化面积占草原总面积的13.8%，比80年代上升8.9个百分点（见表2-1）。

表 2-1 锡林郭勒草原退化面积及其占草原总面积的比重

单位：万公顷、%

年份	草原总面积	退化草地		轻度退化		中度退化		重度退化	
		面积	比重	面积	比重	面积	比重	面积	比重
1981—1986①	1 969.1	957.6	48.6	463.8	23.6	397.9	20.2	95.9	4.9
2001—2003②	1 930.5	1 450.6	75.1	644.7	33.4	539.3	27.9	266.6	13.8

注：①1981—1986 年全国北方重点牧区草地资源调查数据，也是锡林郭勒草原第一次比较系统、比较全面地对草地退化的调查。

②1998—2002 年内蒙古第三次草资源普查，在此基础上，2001—2003 年内蒙古草原勘查设计院结合运用"3G 技术"，对锡林郭勒草原退化的监测数据。

资料来源：锡林郭勒盟畜牧业志，内蒙古人民出版社，2002：308-309；内蒙古草原资源遥感调查与监测统计册，2005。

进入 21 世纪以来，随着综合国力的提升和生态理念的升华，从锡林郭勒草原牧区实际出发，在退耕还林还草工程、退牧还草工程、京津风沙源治理工程等项目推动下，草原建设取得了一定的成效，对草原的利用方式和放牧强度也采取了一定的措施，主要以春季休牧为主，辅助全年禁牧和划区轮牧的方式实施禁牧舍饲。草地利用方式的改进，使锡林郭勒草原恶化的势头得到遏制，草原生态环境局部好转，但整体退化的局面仍未根本扭转。锡林郭勒草原各地区草原退化情况见表 2-2。

表 2-2 锡林郭勒盟草地退化、沙化、盐渍化调查表

单位：万公顷

旗（县）	草地面积	退化草地面积	占草地总面积（%）
合计	1 930.5	1 450.6	75.1
二连浩特市	39.5	38.8	98.4
锡林浩特市	150.1	126.6	84.4
阿巴嘎旗	270.1	230.8	85.5
苏尼特左旗	340.8	279.0	81.9
苏尼特右旗	220.3	195.1	88.6
乌拉盖	47.6	9.9	20.7
东乌珠穆沁旗	393.9	229.5	58.3
西乌珠穆沁旗	223.8	118.9	53.1
太仆寺旗	16.4	15.8	96.3
镶黄旗	50.6	47.7	94.3
正镶白旗	54.0	49.4	91.6
正蓝旗	95.0	83.4	87.8
多伦县	28.5	25.6	89.8

资料来源：内蒙古草原勘察设计院。

草原退化主要表现在单位面积产草量减少，植被覆盖率下降，草原植被结构品质下降和牧草高度降低，同时伴生草原荒漠化。

2.1.1 产草量下降

20 世纪 50 年代初，据王栋等专家调查，锡林郭勒草原的平原草场干草单产为 2 515.5 千克/公顷、山地与丘陵草场为 2 260.1 千克/公顷、沙窝和戈壁草场为 1 309.5 千克/公顷[①]；20 世纪 80 年代，锡林郭勒草原干草平均单产为 623.1 千克/公顷，同时，出现了五等草场（劣等牧草＞60％），面积 12.3 万公顷。至此，80 年代初草原合理载畜量比 60 年代初下降 1 000 万羊单位[②]。到 20 世纪末，锡林郭勒草原的可食干草年均单产为 472.5 千克/公顷，牧草单产较 80 年代下降 24.1％，合理载畜量比 80 年代初又下降了 350 万羊单位。20 世纪 60 年代，锡林郭勒草原亩产鲜草均在 50 千克以上，而 80 年代，每公顷产鲜草 50 千克以下的草原面积达到 43.5 万公顷。

2.1.2 优质牧草减少

20 世纪 60 年代的牧草等级均在四等（低等牧草占 60％或中、劣等牧草占 40％）以上，80 年代出现了五等草场（劣等牧草＞60％），面积达 12.3 万公顷；90 年代与 60 年代相比，退化草地可食性牧草减少 33.9％，优良牧草下降了 37.3％～90％，牧草高度降低 40.3％～76.7％，盖度降低 35％～85％。另外，退化草原毒害草孳生，草原质量明显降低。草地质量的降低，严重影响草原畜牧业的经营质量和产品质量，20 世纪末与 60 年代相比，羊的胴体重降低 20％～40％[③]。

2.1.3 草原荒漠化加剧

锡林郭勒草原风蚀沙化面积已达 1 100 万公顷，占草地总面积的 57％，其中，轻度风蚀沙化面积 527 万公顷，占风蚀沙化面积的 47.7％；中度风蚀沙化面积 430 万公顷，占 38.9％；强度风蚀沙化面积 148 万公顷，占 13.4％。浑善达克沙地是中国的四大沙地之一，总面积 580 万公

① 1952 年 6～8 月，中央人民政府和内蒙古自治区人民政府邀请有关专家联合组织了锡林郭勒盟调查团，该团设有草场组，由我国著名草地专家王栋领导，在系统考察和认真研究讨论基础上，1955 年王栋教授发表了《内蒙古锡林郭勒盟草场概况及其主要牧草介绍》。这是解放后第一次对锡林郭勒盟草地资源较大规模的调查。

② 依据 1961—1964 年中国科学院内蒙古宁夏综合考察队的调查结果推算。

③ 齐伯益 . 2002. 锡林郭勒盟畜牧志，内蒙古人民出版社：311。

顷，占锡林郭勒草原面积的 30%，1995 年其沙漠化面积为 304.5 万公顷，比 1949 年的 257 万公顷增加了 47.5 万公顷，平均每年增长 1 万多公顷。20 世纪 60 年代普查时，固定沙地达 95%，林草植被盖度多在 25% 以上，流动沙地仅 1.7 万公顷，1995 年增加到 29.7 万公顷，增加 16.5 倍。目前，南距首都北京的直线距离 90 千米，东距科尔沁沙地不足 100 千米，若持续荒漠化，后果严重。

2.2 草原退化影响因子评析

导致草原退化因素，归纳起来，主要包括自然因素和人为因素两大类。其中，自然因素主要包括长期气候干旱、风蚀、鼠虫害等，特别是全球气候变暖引发的北方干旱化是促使草地退化的重要因素；人为因素则主要包括草原开垦（滥垦）、超载过牧、生产经营方式落后、投入不足、乱采滥挖等等。但是，自然因素和人为因素对草原退化的影响程度，受研究视角和方法、历史沿革、草原类型不同等多重影响，观点不一，仁者见仁。

2.2.1 自然因素

锡林郭勒草原位于中纬度地带，属于中温带半干旱大陆性气候，年均气温 2.5℃，降水量 273 毫米，日照时数 3 024.7 小时，气候生长期 100～150 天，历年≥10℃积温为 2 290℃。春季风大少雨，蒸发旺盛；夏季温暖，雨热同季；秋季短促，气温骤降；冬季寒冷漫长。土壤以风沙土为主，部分地区有栗钙土、棕钙土和草甸土等。总的特点是：寒冷、风大、雨不均。四季气候特点是：春季多风干旱，夏季温热雨不均，秋高气爽霜雪早，冬寒持续时间长。

2.2.1.1 气温升高

锡林郭勒地区 15 个气象站 1960—2009 年基本气象观测资料显示，20 世纪 60 年代平均气温为 1.9℃、70 年代为 2.1℃、80 年代为 2.3℃、90 年代为 3.0℃、2001—2009 年为 3.5℃，气温呈显著的上升趋势。增温速率为 0.43℃/10 年，高于中国增温速率（0.25℃/10 年），且增温主要是从 20 世纪 80 年代后期开始，上升速率还在不断加快[①]，平均气温上升约 1.6℃。年平均气温最低值出现在 1969 年，为 0.7℃，最高值出现在 2007 年，达到 4.5℃。与全球、北

---

① 丁一汇，任国玉.2008.中国气候变化科学概论［M］.北京：气象出版社：71-72.

半球、中国变化趋势基本一致①②③，气温变化幅度大于全球。四季平均气温均呈上升趋势，其中冬季和春季上升趋势最为明显，秋季次之，夏季变化最小。气候生长期变长，变化速率为 2.2 天/10 年，平均增加了 7.1 天，长于中国（6.6 天）和中国北方地区（6.5 天）的气候生长期④。气候生长期 60、70、90 年代低于平均状态（128 天），80 年代和 21 世纪初高于平均状态⑤。

由此可见，锡林郭勒草原自 1986 年以后温度呈现出明显的偏暖趋势。热量资源有效利用率也明显高于 1986 年以前。若热量资源与光、水配合好，并采取科学的农业技术措施，则锡林郭勒地区热量资源的潜力会得到更大的发挥。锡林郭勒地区热量资源不如光能资源丰富，但夏季温度较适宜牧草的生长，也有利于牲畜放牧和抓膘。当然，必须是水分条件较好的情况下，否则，在干旱的情况下，气温的升高，加速蒸发，加速牧草枯黄，会推波助澜，加速草原退化。这也从另一方面表明，由于气候变暖，使土壤水分损失增加，导致区域干旱化，进而加速草原退化的过程。

2.2.1.2　降雨量减少

降水是影响草原植被的主要气候因素，决定了植被的空间分布格局。50 年来，锡林郭勒草原降水量年际变化不显著，呈波动变化趋势，其中二项式滑动曲线呈先上升后下降趋势⑥。从降水的年代际变化上看，20 世纪 70 年代和 90 年代降水量偏多，60 年代变化不大，80 年代和 21 世纪初以来降水量偏少，变化速率为－3.5 毫米/10 年。

锡林郭勒草原降水多集中在牧草生长季内，4—9 月降水量为 126～352 毫米，占年降水量的 89%～91%，其中，夏季最多，6—8 月降水量为 97～265 毫米，占全年降水量的 68%～69%，由此可见，水热同期是对农牧业生产非常有利的一面。但正因为降水量集中在夏季，春季降水偏少，只占全年降水总量的 12.4%，形成十年七春旱的气候特点，严重影响牧草生长。根据锡林郭

① Ding Yihui, Ren Guoyu, Zhao Zongci, 2007 . et al. Detection, causes and projection of climate change over China: An overview of re-cent progress [J]. Adv Atmos Sci, 24 (6)：954 - 971.

② 任国玉, 徐铭志, 初子莹等. 2005, 近 54 年来中国地面气温变化 [J]. 气候与环境研究, 10 (4)：717 - 727.

③ 于淑秋, 林学椿, 徐祥得. 2003, 中国西北地区近 50 年降水和温度的变化 [J]. 气候与环境研究, 8 (1)：9 - 18.

④ 徐铭志, 任国玉. 2004, 40 年中国气候生长期的变化 [J]. 应用气象学报, 15 (3)：306 - 312.

⑤ 史激光等. 2010. 锡林郭勒地区近 50 年气候变化分析 [J]. 中国农学通报, 26 (21)：318 - 233.

⑥ 陈韶华等. 2009. 浅谈锡林郭勒盟地区气候变化特征 [J]. 内蒙古科技与经济 (12)：27.

勒盟牧业气象研究所的研究成果，降水量对天然牧草产量的影响以6月下旬最大，而在天然牧草返青至5月下旬、8月上旬至天然牧草黄枯这两个时期的降水量对天然牧草产量影响较小。因此，旬降水量对天然牧草生长所产生的效应从5月上旬到6月下旬可近似看作为线性递增，而从7月上旬开始可看作为线性递减。3、4月牧草处于萌动、返青期，对水分条件要求不高。通过上述牧草长势与气候因子的关系分析，得到以下结论：①影响5月份牧草长势的气候因子主要是前一年11月至当年4月的月平均气温；②影响青草期中后期牧草长势的气候因子主要是降水量，尤其7、8月份的降水量[1]。

锡林郭勒草原不同区域降水差异明显，自东南向西北减少，东北部和偏南部地区年降水量为300～390毫米，其余大部地区为140～300毫米，与草甸草原到干草原、再到荒漠草原的分布基本一致。另外，降水量年际间波动较大，1998年降水量最大为383.9毫米，而2005年降水量最少仅188.2毫米；像锡林浩特市1974年年降水量达481毫米，而2005年只有93毫米，两者相差5倍多。天然降水比较少，保证率又低，而且年变率大，对天然草原的牧草生长和繁衍极其不利，也导致锡林郭勒草原的承载力剧烈波动，草畜平衡矛盾突出。

21世纪以来，锡林郭勒草原呈现干燥程度加大的趋势，对应的干燥度等级区的空间位置有明显的东移倾向，气候暖干化特征明显[2]。水热条件无论在时间上还是空间上都分布不均，不同年份和季节，草地生产力差距很大。草原这种不稳定的气候条件是引起草原植被及生产力变化的重要自然因素，气候变化是引起草地生态系统恶化的重要自然原因。

2.2.1.3 鼠虫害

鼠害多发生在草场植被稀疏、群落低矮、地面裸露之地，草原退化是草原鼠害形成的主要原因；反过来，鼠害又加剧了草原退化。锡林郭勒草原能形成危害的鼠种主要是布氏田鼠和长爪沙鼠。一是鼠类与牲畜争食牧草。一只老鼠每日采食的草量相当于体重的1/10～1/5，当每公顷草原达到100只老鼠时，其活动范围内可使产草量减少50%。二是引起草原退化。鼠类挖洞破坏地表，使土壤蒸发增大，严重失水，影响植物生长；食草根，破坏牧草根系，导致牧草成片死亡；害鼠挖的土被推出洞外形成许多洞穴和土丘，土压草地植被，也引起牧草死亡成为次生裸地。一只长爪沙鼠能破坏草地3.6平方米，1只布氏

① 石瑞香，唐华俊.2006.锡林郭勒盟牧草长势监测及其与气候的关系［J］.中国农业资源与区划（1）：35－39.

② 王海梅等.2010.锡林郭勒盟气候干燥度的时空变化规律［J］.生态学报，30（23）：6538－6545.

田鼠能破坏草地10.8平方米。三是降低饲草贮备量。老鼠除食草外，平日絮窝及过冬盗存大量饲草。据太仆寺旗调查，2.5平方米的草地面积内挖出老鼠盗贮草约50 000千克。①

伴随着草地资源的退化，草地鼠虫害发生此起彼伏，愈演愈烈，直接加剧了草原退化。20世纪80年代中期以后，锡林郭勒草原鼠害频繁暴发。仅1986年，锡林郭勒草原北部布氏田鼠成灾面积就达167万公顷。到2006年，根据本年的春季调查，全面草原鼠害成灾面积64.7万公顷，平均有效洞口数为370个/公顷，最高达764个/公顷。

锡林郭勒草原虫害主要是蝗虫和草地螟。草原虫害形成的主要原因是气候干旱和蒸发量大与草原退化的叠加，造成的土壤裸露和板结，非常适宜蝗虫的产卵、孵化和成活，造成蝗虫大面积发生和成灾。另外，有益野生动物和天敌昆虫的减少，对蝗虫的控制作用明显下降，也是引发蝗虫大面积发生的重要原因。

从20世纪70年代开始，锡林郭勒草原的南部，曾发生蝗虫危害，但发生面积小、多是偶发。进入20世纪90年代，蝗虫发生面积呈明显的上升趋势；特别是从2000年开始，伴随着干旱，草原蝗虫灾害严重，呈现持续发生态势。目前，锡林郭勒草原1/3面积面临蝗虫的危害，其中，严重成灾面积占草原总面积的10%左右，虫口密度一般10～30头/平方米，严重发生的地区31～50头/平方米，最高可达320头/平方米。猖獗的草原害虫、害鼠大量啃食牧草，严重时导致地表裸露，草地资源进一步退化，形成恶性循环。

大的气象灾害以及病虫鼠害与生态环境的好坏是相辅相成的。环境条件好时，灾害会轻一些，系统的抗灾能力也会强一些。反之，各种灾害会以相互加强的方式连锁发生。例如，植被稀疏低矮使水土流失发生，土壤截水能力下降，造成干旱；干旱又易引起蝗灾和鼠害等；鼠虫害进一步引起植被稀疏低矮，加剧水土流失以及干旱的程度。在一定程度上，灾害的发生与生态环境的劣变是互为因果的。

2.2.2 人为因素

2.2.2.1 人口激增

人口增长过快、规模过大，主要体现在人口增长超过了自然资源尤其是草原资源的增殖，即资源的可承载能力，超过了环境容量与生态极限。这样就使自然资源的恢复、更新能力下降，资源的数量减少、质量变劣，从而导致生态资源环境的总体恶化。

---

① 齐伯益．2002. 锡林郭勒盟畜牧志［M］．呼和浩特：内蒙古人民出版社．

1949 年，锡林郭勒草原的牧民人均占有草原面积 253 公顷/人；20 世纪 50 年代末和 60 年代初，草原牧区人口快速增加，牧民人均占有草原面积下降到 114 公顷/人；进入 70 年代，进一步降到 85 公顷/人；从 70 年代中期，一直到 20 世纪末，维持在 70 公顷/人的水平。进入 21 世纪，牧区人口转移速度加快，牧民人均占有草原又增加到 100 公顷/人以上，接近 20 世纪 60 年代初的水平（见表 2-3）。

表 2-3　锡林郭勒草原牧民人均占有草原面积

单位：公顷/人

年份	1949	1959	1960	1970	1980	1990	2000	2010
面积	253	165	114	85	71	72	71	105

由于中国内地的人口密度高，于是便出现了数次向边疆地区的机械式的大量移民，使草原牧区人口也超过其生态环境资源的承纳量。人口的机械增长，大片的垦草种粮及大量的毁林开荒等，使得中国西北部，特别是草原牧区的荒漠化面积以惊人的速度扩展。草原牧区既是生态脆弱地带、敏感地带，也是生态屏障带，其人口的承纳能力比内地和沿海低得多；过高地估计草原地区的环境容量、资源承载量，采取大量移民的政策，无疑是自然资源和环境破坏的主要原因之一。

半个世纪以来，内蒙古牧区实行宽松的人口政策，以致大量外来人口涌入牧区，使得牧区人口由解放初的 26.3 万人，增加到 2000 年的 191.5 万人，增加了 6.3 倍（按原有 24 个牧区旗计算），年均增长率高达 39.7‰，远远高于牧区人口的自然增长率。同期，锡林郭勒盟由 20.5 万人增加到 99.3 万人，年均增长率为 31.4‰。

2.2.2.2　超载过牧

据测定，目前锡林郭勒草原大多数牧区超载率一般都在 50% 以上，超载过牧相当严重。畜均占有天然草场面积逐年减少。1949 年食草家畜的畜均（绵羊单位）占有天然草地 5.1 公顷/羊单位，1959 年下降到 1.8 公顷/羊单位；随后的 20 年，变化不显著，1979 年为 1.6 公顷/羊单位。改革开放以后，牧民养畜的积极性高涨，牲畜饲养量快速增长，到 1999 年 6 月末（牧业年度）牛羊存栏量达到峰值，高达 1 811.0 头（只），折合 2 446.1 万羊单位；年末食草家畜存栏量达 1 178.6 万头只，折合 1 682.5 万羊单位，年末食草家畜存栏量比 1978 年增加 1.62 倍。导致畜均天然草原面积进一步下降，1989 年降到 1.0 公顷/羊单位，1999 年仅为 0.8 公顷/羊单位。世纪之交，国家实施西部大开发战略，草原生态环境保护建设成为重要的战略任务之一，全面推行"草畜平衡"制度、退牧还草工程、京津风沙源治理工程、"三北防护林"续建工程等，草原建设加强，食草家畜的存栏量开始下降。2009 年 6 月末，牲畜存栏量为 1 275.6 万头只，比 1999 年减少 29.6%，同时，畜均天然草场占有量回升到 1.1 公顷/羊单位（详见表 2-4、表 2-5）。尽管畜均占有的天然草场面积有所回升，但超载率仍在 50% 以上，处于严重超载状态。季节性（尤其是）春季的草畜矛盾和区域性的超载过牧是草地退化的主要影响因素。

表 2-4　锡林郭勒草原畜均占有草原面积

单位：公顷/羊单位

年份	1949	1959	1969	1979	1989	1999	2009
面积	5.1	1.8	1.6	1.6	1.0	0.9	1.1

另外，由于牧民对短期经济利益的追逐，绒山羊存栏量快速增长，1978 年牧业年度绒山羊存栏数为 48.8 万只，在 2003 年达到历史最高，存栏量为 484.9 万只，增长 9 倍，到 2009 年 6 月，存栏量仍为 257.6 万只，比 1978 年增长 4.3 倍。绒山羊的过快发展，给草地植被带来严重的破坏。同期，锡林郭勒草原可利用草场面积却因开垦、沙化等原因减少了 40 万公顷，又进一步加剧了草原超载。

表 2-5　锡林郭勒地区牧业年度（6 月末）牲畜存栏变化情况

单位：万头（只）

年度	合计	大牲畜	绵羊	山羊
1978	508.0	110.7	348.5	48.8
1980	716.5	134.7	485.6	96.2
1985	839.3	152.3	597.7	89.3
1990	1 076.2	156.1	734.8	185.3
1995	1 341.3	161.8	867.6	311.9
2000	1 797.0	155.5	1 228.7	412.8
2001	1 610.7	104.4	1 081.5	424.8
2002	1 521.7	73.2	1 007.5	441
2003	1 711.7	81.9	1 144.9	484.9
2004	1 664.3	87.6	1 154.3	422.2
2005	1 577.3	91.1	1 140.7	345.5
2006	1 454.2	87.2	1 073.8	293.2
2007	1 432.3	102.6	1 003.0	326.7
2008	1 324.8	111.9	873.1	339.8
2009	1 275.6	123.5	894.5	257.6

近年来，锡林郭勒盟在"增大畜，压小畜，压缩牲畜总规模"的前提下，

因地制宜地引进、繁育西门塔尔牛、荷斯坦奶牛等大畜，畜牧业结构调整效果明显，锡林郭勒地区牧业年度牲畜饲养量由 2003 年 1 711.7 万头（只）压减到 2007 年的 1 437.3 万头（只），牛头数由 2003 年 68.6 万头发展到 2007 年的 92 万头，其中荷斯坦奶牛发展迅速，由 2003 年的 2.1 万头发展到 2007 年的 10.8 万头；山羊由 2003 年的 484.9 万只减少到 2007 年的 326.6 万只。但超载过牧状态仍未得到根本扭转。

保持生态平衡的核心是适宜的载畜量，据国内外试验，一般牲畜采食量超过地上可利用产草量的 50% 左右就会引起产量下降，草质变坏，从而收入下降。如锡林郭勒草原的西乌珠穆沁旗天然草地适宜载畜量已由 20 世纪 60 年代初的 0.54 公顷可养一个羊单位，下降到 1982 年的 1.09 公顷；苏尼特右旗天然草地的适宜载畜量则 1.18 公顷，下降到 1981 年的 2.56 公顷。

2.2.2.3 草原利用粗放

一是居民点、饮水点附近草场践踏严重，引起草原退化。以居住地或公共水源地为中心的 5 千米外的产草量为 100%，则半径 3.5 千米以内降为 73%；1.5 千米以内降为 30%；0.5 千米以内降为 7%；百米以内完全退化。它的特征是以居住地或水源地为中心，出现向四周辐射状的多条羊肠小道和裸露的土壤。

二是河流沿岸的草场普遍作为夏秋营地长期利用。如西乌珠穆沁旗草原工作站对大吉林河两岸不同距离的样方，进行产草量测定，距 1.3 千米处群平均高度 10 厘米，每亩产鲜草 116.6 千克；3.6 千米处草群平均高度 14 厘米，每亩产鲜草 119.9 千克；5 千米处草群平均高度 22 厘米，每亩产鲜草 168.2 千克。由此可见，距河愈近的草场退化程度愈严重。

三是放牧场的退化。由于牲畜长期在某一固定的区域内放牧引起。这种退化首先是植被高度的退化，其次是适口性好的优质牧草种类减少或消失，相反，有毒有害牧草代替生长

四是饲草贮备不足，休牧禁牧困难。锡林郭勒天然草地的生产量集中于 5—8 月的夏季，但冬季以及来年的春季面临着严重的缺草问题，尤以春季缺草最为严重。绝大多数牧户资金紧张，每年只在自己的打草场上收获一些牧草，以解决牲畜过冬问题；当遇到雪灾等灾害时，包括采用举债、赊购等多种途径外购牧草，以渡过牧草短缺危机，只有很少的牧户能够贮备足够的牧草。至此，由于春季可食牧草很少，加之补饲困难，偷牧和夜牧常有发生，政府采取的春季休牧政策执行起来大打折扣。我们知道，春季土地解冻后松软，刚返青的牧草又处于贮藏营养危机期，春季放牧最易对草地植被产生严重的破坏。

五是草畜矛盾突出，轮牧效果不理想。采用轮牧制度，循环使用草原，可

以使草原休养生息，实现持续利用。但目前的主要矛盾是牲畜的饲养量过大，若实行轮牧，是在更小的空间重度放牧，不但解决不了自由放牧给草原带来问题，反而使问题恶化。所以，在增草困境面前，唯一的有效途径就是把牲畜饲养量减下来，以草定畜，实现草畜平衡，再采用科学的放牧方式，恢复草原生态环境，避免草原生态灾难。

另外，锡林郭勒草原的公共草场被掠夺式利用，退化也相当严重。公共草场的保护由各个部门共同管理，最后就造成人人都管，人人都不管的局面，同时牧民们对待公共草场也不像对待自己承包的草场同样的保护①。

农区的养殖户也经常到草原牧区租赁草原，过牧非常严重。同时，也存在农区到牧区偷牧的现象。

2.2.2.4　资金投入不足

草原退化的原因是多方面的，但主要原因之一是草地过度利用，草地生态系统中的能量和物质输入少，输出多，因而导致生态失调。根据李青丰等人的研究报道②，按锡林郭勒草原产出的畜产品计算，输入与输出量相比，每年平均损失的氮达 1.3 千克/化顷；按 1.8：16 的产品磷氮比推算，每年锡林郭勒草地系统中磷的产出损失为 835 吨，平均损失 0.042 千克/公顷。由于目前的草地生产中无投肥的习惯，这一部分的产出损失完全为系统的净损失，生物固氮是目前草原上主要的氮输入途径。在连续的强度牧压下，草地的土壤有机质含量下降近 50%③。由此也可以看出，草原生态系统中物流的出、入失衡是系统劣变的重要原因之一。

随着牧区经济体制改革的展开，草场承包到户，草场的集体所有权与其使用权和经营权分离，牲畜作价或无偿归户、牲畜户有户养实现后，逐步形成了以户营经济为主体的草原畜牧业基本经营制度，调动了广大牧民发展畜牧业生产、增加牲畜牧养量的积极性，牲畜头数与畜产品产量的增长幅度很大；牧户自身的投入极其有限，而国家和集体对草原及畜牧业的投入不足，因此，草原生态经济系统的经济输入与输出很不协调，草原生态经济系统开始出现恶性循环的态势。锡林郭勒盟用于草场恢复治理的资金远远不足。1978—1999 年，锡林郭勒盟平均每年草原建设投资 1 亿元；进入新世纪，借助退牧还草工程、

---

①　丁佩秋.2010.锡林郭勒草原保护存在的问题及对策研究 [J].内蒙古草业 (3)：26-28.

②　李青丰，胡春元，王明玖.2003.锡林郭勒草原生态环境劣化原因诊断及治理对策 [J].内蒙古大学学报（自然科学版）(2)：166-172。

③　关世英，齐沛钦，康师安等.1997.不同牧压强度对草原土壤养分含量的营养初析 [A]．见：中国科学院内蒙古草原生态系统定位研究站编．草原生态系统研究 [C]．第 5 集．北京：科学出版社，17-22.

京津风沙源治理工程、浑善达克沙地综合治理工程和天然草原植被恢复建设与保护工程等重点生态建设项目，国家加大了草原建设的投入力度，2000—2002年，平均每年投资 6.7 亿元；2002—2006 年，平均每年投资 5 亿元。草原建设投资尽管有明显增长，但与锡林郭勒盟草原恢复的理论投资额 18.1 亿元/年[①]，相差甚远，草原恢复速度远远低于草原退化速度。草原的恢复需要时间，在目前草场建设投入不足、草场继续退化的情况下，由于草场退化造成的损失继续增加，草原的恢复费用累计增加，同时，草场退化造成的产业影响呈现级联放大状态，最终势必对锡林郭勒草原区的经济、社会和生态和谐发展构成威胁。

2.2.2.5　草原开垦

据考证，察哈尔草原[②]的开垦最早可以追溯到战国时期，到元代商都人口达 22 万余，农业生产一度兴盛[③]。从清代中期草原开垦泛滥兴起，由小片草场开垦到大片草场开垦，农田连片；在清朝雍正年初至中华民国末年总计 200余年，今河北省与内蒙古交界的农牧交错带向北延伸 200 千米，即锡林郭勒草原的南缘被北推了 200 千米。1932 年民国时期锡林郭勒草原南部地区耕地达11.3 万公顷，1937 年达 12.0 万公顷，1947 年内蒙古自治区成立后到 1949 年锡林郭勒地区耕地面积达 13.5 万公顷。

受"大跃进"、"人民公社"运动的影响，在"粮食自给"、"牧区大办饲料基地"的思路指导下，开垦草原 12.5 万公顷；1960 年以后，撂荒数超过开荒数，使统计的总耕地呈下降趋势，到 1962 年，锡林郭勒草原的耕地面积仍然达到 31.9 万公顷；三年困难时期，牧区撂荒 5 万公顷；"文化大革命"军管时期，不顾"禁止开荒保护牧场"的政策，特别是"牧民不吃亏心粮"的指导思想和生产建设兵团的出现，又新开垦草原 6.7 万公顷，大面积的肥美草原被开垦种粮，同时又有近 6.7 万公顷被撂荒；"文化大革命"结束后，开荒数量减少，退耕数量增大，到 1980 年，退耕面积达 8.1 万公顷。

改革开放后，在粮食价格上涨等经济利益驱动下，促使一些人开荒种地，使草原再一次被开垦，20 世纪末的耕地面积比 80 年代增加了 1/3。21 世纪以来，西部大开发战略的实施，采取了一系列草原保护、建设措施，特别是退耕还林还草工程的实施，使草原开垦得到禁止，并且大面积退耕还草，截止到2009 年，锡林郭勒草原的耕地面积降低到 19 万公顷。存在的主要问题是大面积的撂荒耕地，如果得不到及时的治理，将进一步加剧草原的退化。

①　杨光梅，闵庆文等.2007.锡林郭勒草原退化的经济损失估算及启示 [J].中国草地学报（1）.

②　注：锡林郭勒草原的南半部。

③　齐伯益.2002.锡林郭勒盟畜牧志 [M].呼和浩特：内蒙古人民出版社，926.

被开垦的草原退耕后，原来的腐殖质积累的生草层，由原来的 30～50cm 厚，风蚀较轻的地段变为 10～25 厘米厚，风蚀严重地段钙积层裸露，堆积形成片状流沙或灌丛沙堆。到目前，封育后草场草群高度只有原来的 33%，盖度不足原来的一半，产草量下降 60%，严重地段还是流沙片片①。有关资料表明，被开垦草场的生草层，要恢复到原来状态，至少也得 50～100 年的时间。

锡林郭勒典型草原开垦 35 年后，地下 0～40 厘米土壤碳截存比围封样地降低了 37.9%②，这与前人在北美大平原及美国中西部地区的研究结论一致，即草地开垦为农田后会损失掉原来土壤中碳素总量的 30%～50%③④⑤。

2.2.2.6　其他人为活动

（1）滥伐乱采。 草原地区由于索取薪柴、挖药材、搂发菜等也使草原遭到大面积破坏。在锡林郭勒草原的大部分地区，大量挖药材、搂发菜，对植被造成尤其严重的破坏，仅搂发菜就破坏草原达 30 万公顷之多，其中 20 万公顷严重沙化。干旱、半干旱地区牧区的能源缺乏，大量的林木、草根等可燃物被作为生活燃料，致使地表面裸露，加剧了水土流失。

（2）挖沙、采石。 建筑业的发展，引发挖沙、取土、采石、烧制砖瓦，砍伐割榆、桦、柳灌丛、芨芨草、沙蒿等一系列活动，也使草原受到一定程度的破坏。浑善达克沙地的基质为厚重的湖泊沉积物，因该地区缺乏建筑材料，而沙地中的黏土层和沙地表层大约 20 厘米厚的草皮层就成为人们重要的建筑材料。取土不仅破坏了地表植被和土壤，造成土壤营养物质的流失，也导致瞬间的局部系统崩溃，后果十分严重。遭到破坏的草地没有任何保护措施，成为裸露沙地，抵抗风蚀的能力也随之降低。在干燥多风的条件下，不出几年在取土地点就会形成大的风蚀坑。在调研过程中，我们发现风蚀坑的深度一般在 3 米左右，有的深达 5 米。风蚀坑造成地貌破碎，同时被风吹起的沙土会掩埋下风方向的大面积优质草地，形成恶性循环。

（3）矿产资源开采及工业生产。 锡林郭勒地区拥有丰富的矿产资源，资源的不断开发利用成为草原退化的重要原因之一。石油开采造成的环境破坏是双重的，

---

① 齐伯益 . 2002. 锡林郭勒盟畜牧志［M］. 呼和浩特：内蒙古人民出版社，926 - 927。

② 闫玉春等 . 2008. 长期开垦与放牧对内蒙古典型草原地下碳截存的影响［J］. 环境科学，29（5）：1388 - 1393.

③ Lal R. 2002. Soil carbon dynamics in cropland and rangeland［J］. Environmental Pollution，116：3532362.

④ Aguilar R，kelly E F，Heil R D. 1988. Effects of cultivation on soils in northern Great Plains rangeland［J］. Soil Science Society of America Journal，52：108121085.

⑤ Davidson E A，Ackerman I L. 1993Changes in soil carbon inventories following cultivation of previously untilled soils［J］. Biogeochemistry，20：1612193.

既有生态破坏，又有环境污染。石油开采中施工作业及车辆碾压对草原植被有极大的破坏性；石油开采过程中，原油漏出污染草原的植被、土壤；锡林郭勒地区煤炭资源的不断开发利用，也将成为未来锡林郭勒草原退化重要的原因之一；还有建筑与生活垃圾的堆放。又如二连油田，开发后草地产草量下降了 94.8%；盖度由原来的 45%～55%，下降为 28%～38%，严重破坏地段甚至降为零。工业制碱业、皮革业、造纸业"三废"的排放也对草原造成了局部危害。

2.3　影响因素及治理措施测度

在草原退化主要影响因子定性分析基础上，运用层次分析法，将草原生态管理的复杂问题分解为若干层次和因素；通过各因素之间的比较和判断，得出不同因素对草原退化程度影响的强弱，并计算出不同治理措施的效果，为草原持续利用奠定基础。

2.3.1　研究方法

层次分析法（AHP）是美国匹茨堡大学运筹学家托马斯·萨蒂[①]教授提出，并于 20 世纪 80 年代介绍到中国。它是基于系统论中的系统层次性原理建立起来的、定性与定量分析相结合的多目标决策分析方法。其特点是将复杂的问题分解成若干有序的、条理化的层次，利用较少的定量信息使决策的思维过程数学化，克服许多定性问题不可量化的缺陷，尤其适合于对决策结果难于直接准确计量的问题。

天然草原退化与治理的评价过程也是一个定性与定量相结合的过程，存在决策结果难于直接准确计量的问题，所以，运用层次分析法将天然草原退化与治理分解成目标、原因、对策等层次，对所选取的天然草原进行综合研究。

2.3.1.1　建立递阶层次结构

草原退化与治理的目标在于保护草原植被、维持生态平衡，达到草原可持续利用的目的，以此为总目标，形成目标层（C）即第一层次。为了实现总目标，首先需要探索导致草原退化的原因，明确主要影响因子，确定成因层（Y）即第二层次（准则层）；其次，围绕引发草原退化的主要影响因子，评析和选择各种恢复治理措施，产生对策层（X）即第三层次（指标层），据此，建立草原退化与治理系统的递阶层次结构。

根据大量专家学者的实地调研及对草地退化原因和驱动力的分析研究、退

---

① Saaty T L. 1980. The Analytic Hierarchy Process [M] . USA：McGraw -Hill Company.

化草地恢复治理的实践经验，通过综合分析后，认为锡林郭勒草原退化原因层次包括以下5个因素：Y_1为长期超载过牧；Y_2为草原利用方式不合理；Y_3为草原开垦及采挖行为；Y_4为鼠虫害；Y_5为气候暖干化。

恢复治理措施层次包括以下7个因素：X_1为减少牲畜头数以降低放牧强度；X_2为禁牧封育；X_3休牧和划区轮牧；X_4为退耕还草和建立人工草地；X_5为鼠虫害控制；X_6为禁止和控制不合理人类行为（滥垦滥伐、搂发菜、挖药、开矿等）；X_7为完善草原生态补偿机制和强化草原生态监管。锡林郭勒草原退化与治理系统的递阶层次结构如图2-1，建立递阶层次结构后，上下层之间指标的隶属关系也就被确定了。

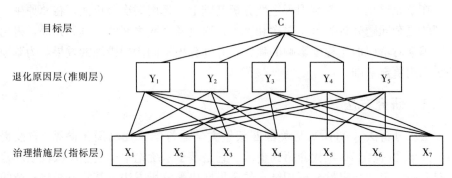

图2-1　锡林郭勒草原退化与治理系统层次结构

2.3.1.2　逐次确定判断矩阵

根据受访名专家及其他受邀者的答复，对各层次中的各指标逐对进行重要性比较，按1，3，5，7，9的判断标度值（见表2-6），建立判断矩阵。另外，2，4，6，8为相邻判断的中值。

表2-6　比例标度值

标度值	相比重要程度
1	同样重要
3	稍微重要
5	明显重要
7	非常重要
9	绝对重要

根据统计资料、专家意见和分析研究者的认识，对于准则层 Y_k 逐对比较草原退化主要影响因子 Y_i 和 Y_j 对目标（C）的贡献大小，得出它们之间的相对比值 A_{ij}。加权平均后得出判断矩阵的数值 a_{ij}（$a_{ij} = \lambda_k \times A_{ij}$，$\lambda_q$ 为第 q 位专家的权数）；若指标 i 与 j 比较得 a_{ij}，则指标 j 与指标 i 相比得 $1/a_{ij}$。得到判断矩阵见表2-7：

表 2-7　判断矩阵

Y	Y$_1$	Y$_2$	Y$_3$	……	Y$_n$	权重
Y$_1$	a$_{11}$	a$_{12}$	a$_{13}$	……	a$_{1n}$	a$_1$
Y$_2$	a$_{21}$	a$_{22}$	a$_{23}$	……	a$_{2n}$	a$_2$
Y$_3$	a$_{31}$	a$_{32}$	a$_{33}$	……	a$_{3n}$	a$_3$
……	……	……	……	……	……	……
Y$_n$	a$_{n1}$	a$_{n2}$	a$_{n3}$	……	a$_{nn}$	a$_n$

a$_i$ 是因素 Y$_i$ 对目标 C 的权重，它表示诸因素中 Y$_i$ 对目标贡献的相对大小，计算公式如下：

$$b_i = \sqrt{\prod_{k=1}^{n} a_{ik}}$$

$$a_i = \frac{b_i}{\sum_{i=1}^{n} b_i}$$

$$i = 1, 2, \cdots, n$$

向量 $\vec{V} = [a_1, a_2, \cdots a_n]^T$ 称为权重向量，即为草原退化的影响因子 Y$_1$、Y$_2$、…、Y$_n$ 对 C 的层次单排序，即对 C 的权重。

2.3.1.3　计算组合权重

在逐层计算中，若系统的 L 层次有元素 n 个，第（L+1）层次有元素 m 个。第（L+1）层次元素对于第 L 层次 n 个元素的相对权重向量分别为：$\vec{V}_1$，$\vec{V}_2 \cdots$，$\vec{V}_n$，其中 i = (V$_{i1}$, V$_{i2}$, …, V$_{im}$)^T，第 L 层次元素的组合权重为 $\vec{U}^L$ = (u$_1^L$, u$_2^L \cdots$, u$_n^L$)^T，那么，第（L+1）层次元素的组合权重向量 $\vec{U}^{L+1}$ = (u$_1^{L+1}$, u$_2^{L+1}$, …, u$_m^{L+1}$)^T 为：

$$\vec{U}^{L+1} = \sum_{i=1}^{n} U_i^l \cdot \times \vec{V}_i$$

在实例中，该计算过程从第二层次开始，递阶层次逐层向下计算，直到算得最下层元素的组合权重，即系统最下层次各个因素对总目标的贡献[①]。

2.3.2　草原退化影响因子的强弱测定

从 20 世纪 80 年代以来，锡林郭勒草原退化、生态环境恶化的问题，引起了国家和地方政府部门和科研机构的高度重视。农业、畜牧、草原、国土资源、科技等有关政府部门、大专院校、科研院所等，对退化草地的形成与综合

---

① 周华坤等．2005．层次分析法在江河源区高寒草地退化研究中的应用［J］．资源科学（7）：63-68.

治理进行了大量研究和恢复治理工作，开展了一系列国家"十五"、"十一五"科技攻关项目和内蒙古自治区"九五"、"十五"、"十一五"重点科技攻关项目等一批重要研究工作，实施了"草畜平衡"、"退耕还草"、"京津风沙源治理"等较大规模的恢复治理工程以及调查和咨询工作；在锡林郭勒草原进行了各类退化草地植物群落调查、生物量测定、鼠害调查、土样养分测定等详细的调查研究。在这些研究成果和草原生态治理实践基础上，我们通过锡林郭勒盟和所属旗（县）的相关部门、内蒙古草原勘察设计院、内蒙古农牧业厅和内蒙古气象局等收集了草地退化面积和退化程度、草原开垦、食草家畜饲养量、畜群结构、草原围栏及人工草地等草原建设进展、草原禁牧及休牧和划区轮牧等草原利用情况、草原鼠害、退化草地恢复治理效果、历年的气象参数等一系列资料；在锡林郭勒草原的锡林浩特市、镶黄旗、西乌珠穆沁旗和苏尼特右旗等不同草原类型区调查了若干牧户的草场面积和质量、牲畜存栏数量和周转情况、草原建设的投入水平和主要利用方式、鼠虫和毒杂草对草地的危害状况、气候变化情况、对草地退化原因的认识、牧户的收入和支出等等。为了对草地退化各因素权重值的确定更具有权威性和科学合理性，除了咨询牧民外，同时咨询了长期从事草原退化成因、恢复治理研究工作的专家和当地草原、畜牧、水利、气象等部门的行政管理人员与技术人员（共76人）。这些被咨询人员来自于中国农科院草原研究所、内蒙古农业大学、内蒙古草原勘查设计院、内蒙古草原站、锡盟畜牧局、锡盟草原站、锡盟气象局、锡林浩特市、西乌珠穆沁旗和苏尼特右旗草原站等，专业背景涉及草地生态、恢复生态、草地保护、气象和畜牧等。许多被咨询人员都对长期超载过牧这一草地退化影响因子赋予了较大的权重值，气象部门的专家对暖干化气候赋予了较大的权重值，但他们认为长期超载过牧在退化草地的形成中的贡献也不容忽视，权重值也较高。

根据上述锡林郭勒草原退化情况的实际调查和专家意见，通过综合分析，根据层次分析法计量模型计算得到退化原因的判断矩阵及有关权重见表2-8。

表2-8　锡林郭勒盟草原退化影响因子的判断矩阵与权重

退化原因	F_1	F_2	F_3	F_4	F_5	权重（α_i）
F_1	1	3	5	7	3	0.435 3
F_2	1/3	1	5	7	1/3	0.180 8
F_3	1/5	1/5	1	5	1/5	0.072 4
F_4	1/7	1/7	1/5	1	1/7	0.031 1
F_5	1/3	3	5	7	1	0.280 5

a_i 表示退化原因 Y_i 对目标 C 的权重（$i=1，2，3，4，5$)，各权重计算过

程和结果如下：$b_1 = \sqrt[5]{1*3*5*7*3} = 3.159\ 8$，同理，$b_2 = 1.312\ 1$，$b_3 = 0.525\ 3$，$b_4 = 0.225\ 5$，$b_5 = 2.036\ 2$；利用公式 $a_i = \dfrac{b^1}{\sum\limits_{i=1}^{5} b_i}$ 计算得：$a_1 = 0.435\ 3$，$a_2 = 0.180\ 8$，$a_3 = 0.072\ 4$，$a_4 = 0.031\ 1$，$a_5 = 0.280\ 5$。得到权重向量 $\vec{V} = (0.435\ 3, 0.180\ 8, 0.072\ 4, 0.031\ 1, 0.280\ 5)^{\mathrm{T}}$。

上述锡盟草原退化原因的权重大小次序为：$a_1 > a_5 > a_2 > a_3 > a_4$，表明长期超载过牧是导致锡盟草原退化的最主要因素，贡献率为43.5%，其次为暖干化气候，在导致气温上升的同时，近10年降雨量下降明显，并且年际间和月际间降雨量波动大，导致草原退化的作用份额占28.1%；目前的草原利用方式，仍然以自由放牧为主，真正意义上的以草定畜、划区轮牧、科学饲养、适时出栏等远未建立起来，草原无法休养生息，贡献率为18.7%，必须引起高度关注；人类不合理干扰，尤其是历史上草原的开垦、近年快速推进工业化使工业工程项目日益增多，造成锡林郭勒草原的退化不容忽视，贡献率为7.2%，也应引起足够重视；另外，伴随草原初始退化出现的鼠虫害对草原退化的助推作用明显，但随着草原生态的恢复，鼠虫害自然会削弱。

2.3.3 恢复治理措施的评价和选择

通过计算不同的草原退化影响因子下各项恢复治理措施的判断矩阵及权重，对各项恢复治理措施的功效分别进行排序，判断各项恢复治理措施对不同草原退化影响因子的有效性。

(1) 草原退化影响因子 Y_1（长期超载过牧）下，各措施的判断矩阵及权重：其中 β_{j1} 表示退化原因 Y_1 下治理措施 X_j（$j = 1, 2, \cdots, 7$）的权重，即第 j 项治理措施对退化原因 Y_1 的有效程度。

表 2-9 超载过牧条件下各项恢复治理措施矩阵与权重

	X_1	X_2	X_3	X_4	X_5	X_6	X_7	措施权重（β_{j1}）
X_1	1	2	4	3	7	5	3	0.330 5
X_2	1/2	1	3	2	4	4	1/4	0.153 9
X_3	1/4	1/3	1	1/2	3	4	1/5	0.077 7
X_4	1/3	1/2	2	1	4	5	2	0.156 3
X_5	1/7 ·	1/4	1/3	1/4	1	1/2	1/6	0.033 0
X_6	1/5	1/4	1/4	1/5	2	1	1/5	0.040 2
X_7	1/3	4	5	1/2	6	5	1	0.208 4

表 2-9 显示，针对长期超载过牧（Y_1）这一草原退化原因，最有效的治

理措施为减畜以控制和降低放牧强度（X_1）。锡林郭勒草原的广大牧户，年人均纯收入 5 800 元/人，扣除生活消费支出，可用于外购牧草进行贮备的资金很少，天然草原提供的可供贮备的牧草又十分有限，所以，在严重超载过牧的情况下，只有靠在天然草场上放牧，再辅以少量的补饲，现代的草原利用方式很难推行，草原无法得到有效地休养生息。因此，减畜是现阶段和今后一定时期内控制和降低放牧强度最现实、也最有效的途径，它对草原退化治理的贡献率为达 33.1%。近年来，为了落实草畜平衡战略，保护草原生态环境，锡林郭勒草原的实际载牲畜有所下降，但超载率仍在 50% 以上，处于严重超载状态。借助国家实施的草原生态补偿机制和草畜平衡补助奖励机制，并不断转变牲畜饲养方式，加快出栏周转，把牲畜在冬季的存栏量减下来，刻不容缓。

其次，建立草原生态补偿机制和强化草原生态监管（X_7）也是治理长期超载过牧的非常有效的措施。草原生态环境的保护和建设，其效益有很强的外部性，是一项宏大的准公共事业，国家财政予以支持责无旁贷，所以，必须加大草原生态补偿机制推进的强度，并与减畜以缓解草原压力和推进草畜平衡挂钩，实现事半功倍的效果。与此同时，必须强化草原生态监管力度，建立举报和责任追究制，发现超载、偷牧等违规、违法行为，迅速制止并严格处罚。该治理措施的贡献率为 20.8%。对严重退化草原，实施禁牧封育（X_2）是杜绝牲畜干扰草原简单而有效的措施，符合牧民的长远利益；退耕还草和建立人工草地（X_4）实现增草是控制和降低草原放牧强度的最积极的途径，所以，二者的治理效果也较好，贡献率都在 15% 以上。

（2）草原退化影响因子 Y_4（草原利用方式不合理）下，各措施的判断矩阵及权重：其中 β_{j2} 表示草原退化原因 Y_2 下恢复治理措施 X_j（$j = 1, 2, \cdots, 7$）的权重，即第 j 项恢复治理措施对退化原因 Y_2 的有效程度。

表 2-10　草原利用方式不合理条件下各项恢复治理措施矩阵与权重

	X_1	X_2	X_3	X_4	X_5	X_6	X_7	措施权重（β_{j2}）
X_1	1	3	1	1	5	3	1/2	0.180 7
X_2	1/3	1	1/3	1/3	3	4	1/2	0.093 4
X_3	1	3	1	2	7	5	3	0.290 9
X_4	1	3	1/2	1	5	3	1/3	0.154 5
X_5	1/5	1/3	1/7	1/5	1	1/2	1/2	0.038 8
X_6	1/3	1/4	1/4	1/3	2	1	1/4	0.051 6
X_7	2	2	1/3	3	2	4	1	0.190 0

表 2-10 显示，针对草原利用方式不合理（Y_2）这一草原退化原因，最有效的治理措施为休牧和划区轮牧（X_3），贡献率为 29.1%。2002 年以来，通

过对锡林郭勒盟禁牧、休牧区 100 余个随机抽样样地的调查，锡林郭勒草原休牧区与非休牧区样点加权平均水平相比，休牧草原比非休牧草原的植被高度平均增加 7.2 厘米，盖度增加 22.0 个百分点，鲜草重增加 786.8 千克/公顷（详见表 2-11）。草原禁牧期限不同，草群的优势种、盖度及产草量发生明显变化（见表 2-12），禁牧样点加权平均后，禁牧 1～2 年内，草原植被草群平均高度为 5.5cm，平均盖度为 14.3%，鲜草平均产量为 560.0 千克/公顷；禁牧 3～5 年以上，草群平均高度增加到 13.8 厘米，平均盖度增加到 31.7%，鲜草平均产量增加到 1 530.8 千克/公顷，其中，荒漠草原增幅最显著。

表 2-11　锡林郭勒草原休牧区与非休牧区牧草长势对照表

项　目	优　势　种		草群平均高度（厘米）		草群总盖度（%）		鲜草产量（千克/公顷）	
	休牧区	非休牧区	休牧区	非休牧区	休牧区	非休牧区	休牧区	非休牧区
正镶白旗	羊草、针茅、苔草	克氏针茅、隐子草	12	2	50	12	1 760.0	441.0
镶黄旗	克氏针茅、羊草、冷蒿	克氏针茅、羊草	9	2	30	10	1 080.0	360.0
正蓝旗		冷蒿、羊草	12	4	40	20	1 233.3	889.7
东乌珠穆沁旗		大针茅、羊草	11	8	43	16	1 176.6	649.4
西乌珠穆沁旗	羊草、针茅、隐子草	羊草、苔草、针茅	19	10	50	10	666.6	410.0
锡林浩特	大针茅、羊草	羊草针茅	18	13	20	10	970.1	440.0
阿巴嘎旗	冷蒿、冰草	糙隐子草、沙葱	9	3	25	10	1 348.4	381.3
苏尼特右旗	小叶锦鸡儿、沙鞭	小叶锦鸡儿、小针茅	20	7	23	15	1 556.7	643.4
苏尼特左旗	冷蒿、沙生冰草	小针茅、杂草	9	7	37	18	1 503.3	1 033.4

表 2-12　锡林郭勒草原禁牧区牧草长势对照表

项　目	优　势　种		草群平均高度（厘米）		草群总盖度（%）		鲜草产量（千克/公顷）	
	禁牧 3～5 年	禁牧 1～2 年	禁牧 3～5 年	禁牧 1～2 年	禁牧 3～5 年	禁牧 1～2 年	禁牧 3～5 年	禁牧 1～2 年
正镶白旗	针茅、苔草	苔草、一年生	9	3	40	17	1 155.0	595.5
镶黄旗	驼绒黎、冰草、葱	克氏针茅、羊草	16	7	40	20	3 010.5	1 020.0
正蓝旗	冰草、羊草	冷蒿、杂类	20	9	50	20	1 999.5	889.5
锡林浩特	针茅、苔草	苔草、一年生	9	2	12	4	690.0	195.0
苏尼特右旗	小叶锦鸡儿、沙鞭	小针、多根葱、一年生	20	6	23	15	1 498.1	660.0
苏尼特左旗	木地肤、隐子草	小针茅、葱、杂草	9	6	25	10	831.0	300.0

其次为建立草原生态补偿机制和强化草原生态监管（X_7）以及减畜以控制和降低放牧强度（X_1）贡献率分别为 19.0% 和 18.1%；退耕还草和建立人工草地（X_4）贡献率为 15.1%；其余因素均影响较小。

（3）草原退化影响因子 Y_3（草原开垦及采挖等行为）下，各措施的判断矩阵及权重：其中 β_{j3} 表示退化原因 Y_3 下治理措施 X_j（$j=1$，2，…，7）的权重，即第 j 项恢复治理措施对退化原因 Y_3 的有效程度。

表 2-13　开垦及采挖条件下各项恢复治理措施矩阵与权重

	X_1	X_2	X_3	X_4	X_5	X_6	X_7	措施权重（β_{j3}）
X_1	1	1/2	3	1/5	5	1/6	1/2	0.078 3
X_2	2	1	3	1/3	7	1/5	1/3	0.104 3
X_3	1/3	1/3	1	1/3	5	1/4	1/5	0.054 0
X_4	5	3	3	1	6	1	1/5	0.186 3
X_5	1/5	1/7	1/5	1/6	1	1/7	1/6	0.022 9
X_6	6	5	4	1	7	1	1	0.275 7
X_7	2	3	5	5	6	1	1	0.278 5

表 2-13 显示，针对不合理人类行为（Y_3）这一草原退化原因，最有效的治理措施为禁止和控制不合理人类行为（X_6）及其建立草原生态补偿机制和强化草原生态监管（X_7），两项措施的贡献率均在 27% 以上。目前，草原开垦得到了有效控制，但搂发菜、挖采药材、开矿、建工厂等人类不合理行为仍很严重，除直接破坏草原外，污染草原现象时常发生。通过禁止和控制不合理行为的同时，疏堵结合，即增加对草原牧区的财政转移支付额度，解决当地政府的财政困难，减少扩大财源的冲动，对民族自治地方具有多重功效；对牧民的草原生态补偿和草畜平衡奖励机制，激发他们保护草原的动力，主动制止外来人口对草原的破坏。建立有效的草原生态补偿机制，还要完善农牧民社会保障机制，减缓草原上不合理的人类行为。其次，有效落实退耕还草和建立人工草地（X_4），除具有示范带动作用以外，使水源条件和比较肥沃的退耕地发展人工种草；条件较差的退耕地采取补播、封育等手段，使其逐步恢复，切忌弃耕，否则，退化会加重。该治理措施的贡献率为 18.6%。禁牧封育（X_2）也能有效防止和控制不合理的人类行为，贡献率为 10.4%。

（4）草原退化影响因子 Y_4（鼠虫害）下，各措施的判断矩阵及权重：其中 β_{j4} 表示对退化影响因子 Y_4 的恢复治理措施 X_j（$j=1$，2，…，7）的权重，即第 j 项恢复治理措施对退化原因 Y_4 的有效程度。

表 2-12　鼠虫害条件下各项恢复治理措施矩阵与权重

	X_1	X_2	X_3	X_4	X_5	X_6	X_7	措施权重 (β_{j4})
X_1	1	2	3	3	1/3	5	2	0.193 6
X_2	2	1	3	3	1/2	4	2	0.198 7
X_3	1/3	1/3	1	3	1/3	4	1	0.096 1
X_4	1/3	1/3	1/3	1	1/5	3	1/3	0.053 5
X_5	3	2	3	5	1	7	3	0.317 0
X_6	1/5	1/4	1/4	1/3	1/7	1	1/5	0.029 7
X_7	1/2	1/2	1	3	1/3	5	1	0.111 4

表 2-14 显示，针对鼠虫害（Y_4）这一草原退化原因，最有效的治理措施为鼠虫害控制（X_5），贡献率为 31.7%。其次，禁牧封育（X_2）以及减畜以控制和降低放牧强度（X_1），均有良好的治理效果，贡献率分别为 19.9% 和 19.4%。完善草原生态补偿机制和强化草原生态监管（X_7）、休牧和划区轮牧（X_3）也有一定的治理效果。

（5）草原退化影响因子 Y_5（气候暖干化）下，各措施的判断矩阵及权重：其中 β_{j5} 表示对退化影响因子 Y_5 的恢复治理措施 X_j（$j = 1, 2, \cdots, 7$）的权重，即第 j 项恢复治理措施对退化原因 Y_5 的有效程度。

表 2-15　气候暖干化条件下各项恢复治理措施矩阵与权重

	X_1	X_2	X_3	X_4	X_5	X_6	X_7	措施权重 (β_{j5})
X_1	1	2	4	4	6	4	3	0.347 5
X_2	1/2	1	5	3	2	6	2	0.241 5
X_3	1/4	1/5	1	1/3	3	2	1/4	0.067 9
X_4	1/4	1/3	3	1	1/2	3	2	0.110 4
X_5	1/6	1/2	1/3	2	1	1/3	1/3	0.055 6
X_6	1/4	1/6	1/2	1/3	3	1	2	0.073 0
X_7	1/3	1/2	4	1/2	3	1/2	1	0.104 1

表 2-15 显示，针对气候暖干化（Y_5）这一草原退化原因，最有效的治理措施为减畜以控制和降低放牧强度（X_1），贡献率分别为 34.8%。主要功效表现在两个方面：一方面，减畜可以降低放牧强度进而使草原植被有效恢复，改善草原生态环境，涵养水源，调节气候；过度放牧可使草地初级生产固定碳素

的能力降低，并且由于家畜的采食而减少了碳素由植物凋落物向土壤中的输入；过度放牧通过促进草地土壤的呼吸作用从而加速碳素由土壤向大气的释放①。另一方面，更为重要的是减畜可以减少碳（主要是甲烷）排放，据测定，食草家畜的碳排放占世界碳总排放量的15%。可见，本项治理措施对气候暖干化具有双重功效。草原禁牧封育（X_2）对草原生态环境的保护和恢复被证明是最卓有成效的方法之一，其贡献率达24.2%。退耕还草和建立人工草地（X_4）、建立草原生态补偿机制和强化草原生态监管（X_7）的贡献率分别为11.0%和10.4%；其余因素均影响较小。

上述各措施权重反映了诸措施对某一特定草原退化影响因子的有效性。为分析某项治理措施（X_j）对总目标（C）的综合效应，需要计算各项恢复治理措施的组合权重。

组合权重向量为：

$$\vec{U} = \begin{Bmatrix} u_1 \\ u_2 \\ \cdot \\ \cdot \\ \cdot \\ u_7 \end{Bmatrix} = \sum_{i=1}^{5} a_i \begin{Bmatrix} \beta_{1i} \\ \beta_{2i} \\ \cdot \\ \cdot \\ \cdot \\ \beta_{7i} \end{Bmatrix}$$

将以上各表权重数据代入计算得：

$$\vec{U} = \begin{Bmatrix} u_1 \\ u_2 \\ \cdot \\ \cdot \\ \cdot \\ u_7 \end{Bmatrix} = \begin{Bmatrix} 0.285\ 7 \\ 0.165\ 4 \\ 0.112\ 3 \\ 0.142\ 1 \\ 0.048\ 5 \\ 0.068\ 2 \\ 0.177\ 9 \end{Bmatrix}$$

$\vec{U}$ 的分量 U_j 表示第 j 项治理措施 X_j 的组合权重。如果组合权重大，则表明其恢复治理的综合效应好。显然，$U_1 > U_7 > U_2 > U_4 > U_3 > U_6 > U_5$，除了 U_1 比较大以外，U_7、U_2、U_4、U_3 较为接近，U_6 和 U_5 较小。这说明，减畜以控制和降低放牧强度（X_1）具有最好的治理效果，尽管面临牧户收入减少和国家需要政府更多的财力、投入更多的行政力量加强监管的压力，仍然是最

---

① 李凌浩等 . 1998. 内蒙古锡林河流域羊草草原生态系统碳素循环研究［J］. 植物学报，40（10）：955 - 2961.

现实、有效的办法；通过完善草原生态补偿机制和强化草原生态监管（X_7），除为减畜以控制和降低放牧强度（X_1）提供必要的物质支持外，还可以保障禁牧封育、季节休牧、划区轮牧等基础设施的投入，同时，通过强化草原生态监管，避免不合理人类行为的发生，确保建设成果，可见，本项治理措施的治理效益很大；禁牧封育（X_2）、实退耕还草和建立人工草地（X_4）、休牧和划区轮牧（X_3）的治理效益也比较好；禁止和控制不合理人类行为（X_6）、鼠虫害控制（X_5）在治理退化草地方面的效益和贡献相对较低，这和各种措施在实际中实施的结果是一致的，没有一种治理措施能够完全替代其他。

总之，计算结果表明：长期超载过牧是导致锡林郭勒草原退化的主导因素，其次为暖干化气候；传统的草原利用方式是加速草原退化的重要因素；其余原因影响相对较小。气候的变化在较大尺度上人类是无法改变的，但可以通过减少温室气体的排放，延缓或阻止气候温暖化。超载过牧和不合理草原利用方式导致草原退化的作用份额占 62.2%，所以退化草原的恢复治理应以此为切入点，重点通过减轻放牧压力、控制载畜量、改善放牧制度。

各项治理措施对特定退化影响因子有不同的治理效应，也反映了它们对特定退化影响因子的有效性。措施组合权重反映了不同措施对草原退化恢复治理的综合效应。结果表明：减畜以控制和降低放牧强度具有最好的治理效果；通过完善草原生态补偿机制和强化草原生态监管，实施禁牧封育、退耕还草和建立人工草地、休牧和划区轮牧的治理效益也较高；禁止和控制不合理人类行为、鼠虫害控制在治理退化草地方面的效益和贡献相对较低。

3　草原资源持续利用及产业
组织发展国际经验借鉴

3.1　世界草原资源分布及利用变迁

3.1.1　草原资源分布及特征

全球草原总面积约 67.57 亿公顷，占陆地总面积的 50%。这里所述的草原是指以草本植物为主体的植被类型，也包括一些可作为放牧利用的灌木地和疏林地。目前，全球最为完整的统计是由联合国粮农组织（FAO）按照放牧地原则计算的。据估计全球 67.57 亿公顷草原，其中，永久放牧地面积 32.11 亿公顷、疏林草原 17.70 亿公顷、其他草原 17.76 亿公顷。世界范围内，大洋洲约 72% 的土地是草原，绝大多数为干旱和半干旱土地；美洲约一半的土地为草原，有肥沃的美国普列利群落和阿根廷的潘帕斯群落，也有荒漠和疏林地；欧洲的草原面积约占土地总面积的 1/3 强，主要由永久牧地和疏林、湿润的草原构成；亚洲的土地面积中约有 48% 为草原，其中绝大多数为宽阔的干草原、山地草原和荒漠。全球草原分布状况见表 3-1。

表 3-1　世界草原资源分布

单位：亿公顷、%

地　区	永久牧地	疏林草原和其他草原	草原总面积	占土地总面积
北美洲	2.74	6.44	9.18	50
欧洲	0.83	0.69	1.52	32
独联体国家	3.72	4.80	8.52	38
中美洲	0.94	0.50	1.44	38
南美洲	4.78	3.67	8.45	48
非洲	7.93	11.55	19.48	66
亚洲	6.78	6.15	12.93	48
大洋洲	4.39	1.66	6.05	72
世界	32.11	35.46	67.57	50

资料来源：《FAO生产年鉴》第 43 期 1989 年，罗马。

根据草原的组成特点与地理分布，全球天然草原可分为温带草原和热带草原。温带草原分布在南北两半球的中纬度地带，如欧亚大陆草原、北美大陆草原、南美草原等。欧亚大陆草原东西绵延近 110 个经度，构成地球上最为宽广的草原地带，它西起欧洲多瑙河下游，呈连续性带状分布，向东延伸经罗马尼亚、乌克兰、俄罗斯、哈萨克、土库曼和乌兹别克，横跨蒙古达我国的东北，构成了世界草原的主体。热带草原分布在低纬度地区，如热带非洲、大洋洲、南美洲以及东南亚的热带半干旱地区。热带草原类型多样，生产力差异大，是与温带草原相对应的一类天然草原。

世界上拥有永久草原达 1 千万公顷以上的国家共 42 个，其中非洲 19 个国家，南美洲 9 个国家，亚洲 5 个国家，欧洲 4 个国家，北美洲和大洋洲各两个国家，中美洲 1 个国家。全世界有 7 个国家永久草原达 1 亿公顷以上，按草原面积排序：澳大利亚、独联体、中国、美国、巴西、阿根廷、蒙古。由于苏联解体，现在独联体各国草原面积暂不清楚，但各独联体国家草原面积必然小于苏联的草原面积；再者中国通过 80 年代全国草原资源调查获得草原面积新的可靠数据，拥有 3.9 亿多公顷，超过苏联（3.73 亿公顷）为世界第二大草原资源国家。

世界上天然草原面积最大的国家是澳大利亚，达 4.58 亿公顷，以气候和植被来划分，澳大利亚的草原分为：湿润热带草原、亚湿润热带草原、干燥热带草原、干旱草原、干燥温带草原、亚湿润温带草原、湿润温带草原、亚高山草原。澳大利亚全境有 40％属于干旱地带，32％属于半干旱地带，15％属温带地区，13％处于亚热带至热带地区。澳大利亚干旱区面积仅次于北非和中东。南部有 4 千多万公顷草原可以改良，其中有 43％以上的面积种了优良牧草。北部有少量的改良草原。内地的干旱群落中，几乎完全是原生植被。南澳大利亚所有播种的牧草种都来自海外，因为土生土长的饲用植物产量低，质量差。

前苏联拥有广阔的天然草原，面积达 3.73 亿公顷，占前苏联国土面积的 16.6％，其中刈割草原为 0.41 亿公顷，牧场为 3.33 亿公顷，两者合计占农业用地的 61.6％，总草原面积居世界第三位。此外，前苏联北方和高山地区还有 3.58 亿公顷苔原，可用于放牧驯鹿。前苏联丰富的草原资源为发展不同类型的畜牧业提供了条件，但草原资源的地理分布不均衡，草质普遍较差，南部荒漠、半荒漠带的天然草原占全部草原面积的 1/2 强，其次是草原带草原，约占总草原面积的 1/6，森林草原面积最小，约占 1/8。据有关资料显示，到 70 年代中期，前苏联人工草原面积已达 0.38 亿公顷，相当于天然草原的 1/10。

前苏联的草原和畜牧业在世界占有重要地位。目前草原面积最大的独联体国家是哈萨克，约占独联体总草原面积的一半。其次是俄罗斯，约占 26%，土库曼占 9%，乌兹别克占 6.8%。上述四国的草原占独联体的天然草原总面积的90% 以上。

美国和加拿大草原为北美大陆温带草原。美国是世界上草原资源十分丰富的国家，全国草原总面积约为 3.73 亿公顷，主要集中在西部 17 个洲，其草原面积占总草原面积的 80% 以上。美国草原可分为两种类型。东部的草原降水较多，年平均降水量为 500～1 000 毫米，这里禾本科植物长得较高、较密，可以覆盖全部地面，一般株高 40～100 厘米，须芒草属比较突出，称为"普列利"（Prairie）草原。西部的草原，降水逐渐减少，由于比较干旱，草短而稀疏，密度较小，称为"斯太蒲"（Steppe）草原。美国中西部的草原初级生产力都不高，最高的是山地湿润型，一级草原干草产量可达 3 188～4 245 千克/公顷，但这一类型面积很小，只在若干山间森林隙地有所分布。最丰产的草原，其天然牧草干草产量为 3 000 千克/公顷。得克萨斯稀树草原（TexasSavanna）分布于南部面积不大的少数地区，绝大多数草原的每公顷产量不过几百千克。长期以来，美国中西部地区的草原畜牧业稳定发展，不仅保存了远比农田大的草原面积，而且通过草原畜牧业的科学管理，保持了土壤肥力和草原的良好生态环境。

新西兰原来是一片茂密的热带常绿森林，他们为发展草原畜牧业而砍伐森林，将树根拔除进行改土种草，进行农田式耕作种草。目前，新西兰已有66% 的国土成为人工草地。一般农场都力求建立人工草原，以便在 10～25年，甚至 50 年内利用而不翻耕，这是由于新西兰具有有利的气候条件，牧草适宜生长，黑麦草和三叶草是主要栽培牧草。新西兰草原可分为人工草原、补播草原和天然草原三大类。人工草原多分布北岛平坦而肥沃的地方。补播草原多分布在北岛的低山丘陵地带，其牧草的生长不如人工草原。天然草原多分布在丘陵高地，这里夏干、冬冷有大雪，野草生长繁茂，但利用价值不高。

蒙古是一个比较典型的草原畜牧业国家。畜牧业是蒙古国民经济的重要组成部分，草原是蒙古发展畜牧业最基本的物质条件。蒙古草原总面积约 1.20亿公顷，可供放的牧草场约 1.00 亿公顷，打草场约 0.15 亿公顷，但由于缺水，目前还有 38% 的草原未开发利用。虽然蒙古在保护草原方面没有什么特殊措施，也没有什么草原建设，但草原保护的比较好，退化现象不明显，看不到大片裸地和沙化、水土流失现象，植被都比较好。蒙古的草原类型为温带草原，生产力水平不高。

3.1.2 草原资源利用变迁

草是人类生存和发展的重要资源。从生态效益来看，草地既能够保持水土，又能够防沙治沙；从经济效益来看，由草地资源的利用与开发而衍生出来的许多下游产业，目前已经成为了许多国家的重要创汇产业，尤其是在畜牧业发达国家。然而自20世纪以来，由于人类对草地资源的过度掠夺，世界大部分地区的草地开始退化，严重地区甚至出现半荒漠化、荒漠化的现象，不仅降低了草地的经济效益，还威胁到了人类生存环境。由于人类认识自然和改造自然的能力是在逐步提高的，因此各国在草地资源的利用过程中总是以先掠夺丰富的草地资源为开端，然后逐渐注重草地的改良和治理，以提高草地的生产力，最后才开始施行以重视草地生态为目的的草地资源可持续利用。

北美草原都经历过利用—滥用—逐渐改良的相似过程。美国、加拿大等北美国家在20世纪30年代以前，对草地资源利用上表现出以过载过牧为特征，忽视其改良和保护，处于掠夺式利用阶段；20世纪30年代由于全区域大范围干旱，发生"黑风暴"，牧场大量被摧毁，使人们认识到草地改良对草产业发展的重要性，开始采取措施提高草地生产力，此时处于草地治理改良阶段；到20世纪80年代，随着全球对生态环境的日益重视，加上草地治理、改良对畜牧产业的作用逐渐弱化，基于生态效益和经济效益协调发展的可持续管理模式在北美国家逐渐兴起，面的草场退化已经停止，草原生态明显改善。

澳大利亚的草原也经历了大体相似的发展历程。18世纪以来的长期掠夺式放牧，到20世纪初，大部分草原已满负荷或过度放牧，使澳洲草原生态逐渐脆弱，加上1885—1905年长时间的干旱和野兔泛滥导致了澳洲广泛的草场退化，严重影响了澳大利亚的羊毛业，迫使当局开始关注畜牧资源的改善。近几十年来澳大利亚经多方努力，特别是政府组织设立了全国性的草原研究机构，对草原经营管理展开研究并付诸行动，使草原退化逐渐得到控制，草原生产力恢复或显著提高。现在大部分州都运用了草原监测系统，对草原生态状况进行监控，配合市场体系，指导草原可持续利用。

在欧洲，草原的生产力水平较高，大部分放牧地的集约经营状况与农田类似。这些改良的草原或人工创建的人工草原，牧草产量是世界其他天然草原牧草产量的数倍。目前欧洲草原利用非常均衡，人工草原规模也很稳定。

亚洲的印度、巴基斯坦等发展中国家，都试图通过改良草原，建立稳产、高产、优质的人工草原来提高草原生产能力。进行草原改良提高草原生产力，防止草原退化，维护草原生态平衡已成为人们的共识，各国都在根据自己的情况，试图通过改良等措施提高草原生产力，防止草原退化。

欧洲国家草原利用较早，草原给欧洲带来了文明，由黑麦、土豆的社会带入黄油面包的社会，草原耕作业由欧洲走向世界。美国在 20 世纪 30 年代初期，由于过度开垦天然草原引起"黑风暴"，从中吸取教训，才在全国发展种植牧草，现已形成发达的草产业。现在，无论发达国家还是发展中国家，在草原利用方面都十分重视建设优质高产的人工草原，发展栽培草原。草原利用中人为因素的作用越来越大，并愈来愈具有决定性意义，可以说已由传统的单纯索取逐步演变为投入产出型。这主要表现在科技作用的迅速增长及人工草原受到极大的关注等方面。在不少国家，牧草已作为重要的农作物精心栽培，如荷兰全国草原都已建成人工草原；英国的草原几乎都已改良；新西兰人工草原及改良草原占草原总面积的 66%；美国人工草原为天然草原的 10%，加上耕地种草，人工草原达到 28.6%。在发达国家，有减少栽培草原面积，提高单产和总产的方向发展趋势。栽培草种及其组合朝着集约化、单纯化、专业化方向发展。

3.2 典型国家草原持续利用的主要经验

3.2.1 澳大利亚、新西兰的草原持续利用

世界上草地资源利用比较合理、草地畜牧业发展水平较高的国家首推新西兰和澳大利亚。澳、新两国同处大洋洲，位于太平洋西南部与印度洋之间，地跨亚热带、温带两个气候带。气候温和，土地辽阔，人口稀少，他们在近 200 年的发展历史中，有着相似的经历和特点。

3.2.1.1 澳大利亚

澳大利亚是世界上人均占有土地资源最为丰富的国家，人均农牧业用地 27 公顷，人均耕地 2.75 公顷，人均森林和林业用地 6 公顷。牧场面积占世界牧场总面积的 12.4%，天然草地占国土面积中占 55%。澳大利亚东南沿海地区草地畜牧业较发达，中部和北部干旱半干旱地区自然条件较差，放牧仍是主要的草地利用方式。该国对天然草地的利用非常重视，同时，加强人工、半人工草地建设，保持了草原的持续利用。

(1) 建立人工草地和进行草地改良。人工草地和改良草地所占草原面积的比重，是一个国家畜牧业发达程度的重要指标之一。建立人工草地可以大幅度提高草地生产能力，改善草地质量，产草量一般比天然草原高 2~5 倍。澳大利亚重视人工草地和草地改良，拥有人工草地 2 667 万公顷，占全国草原总面积的 58%，在全世界处于领先地位。种植的牧草主要品种有紫花苜蓿、豌豆、三叶草、细叶冰草、猫尾草等，其中，紫花苜蓿、豌豆、猫尾草主要用于调制

青干草和饲料，亩产均在 1 000 千克以上；三叶草和细叶冰草混播草地用作放牧场，草质细嫩，适口性好，耐践踏，耐牧，具有良好的再生能力。澳大利亚在草原改良方面，主要采取补播、施肥、灌溉等措施。由于草原改良和建立人工草地，牧草产量高，草质好。在放牧条件下（不补饲），奶牛年产鲜奶 5 吨以上，肉牛 18 月龄体重可达 350 千克以上，大大降低了饲养成本，提高了牧场的经济效益。

（2）制定适宜载畜量。澳大利亚在加强草原建设同时，合理载畜，防治荒漠化。载畜量主要是由草原的产草量和再生能力决定的，产草量又取决于降水的多少。澳大利亚的牧场主根据拥有草原的产草量，确定牲畜的合理饲养规模，此规模一般比最大的理论载畜量要小一些。澳大利亚的牧草夏季枯黄，秋冬春为绿色，各家庭牧场几乎都有人工饲草料基地，贮有充足的优质青干草和精饲料，灾年防灾，丰年把精饲料卖掉，青干草可贮存数年。总之，饲草料的供给大于需求，载畜量合理，保证了草原资源的永续利用。

同时澳大利亚还将草地划分为畜群专业牧场，一般不搞马、牛、羊混合的牧场，大部分牧场是专业牧场，其中分肉牛场、奶牛场、种牛场以及毛用和肉用羊场等。另外也很少见到大畜群，羊群大都百只左右，牛群大都四五十头左右。

（3）划区轮牧。划区轮牧是先进、合理的一种放牧制度，也是对天然放牧场采取的最适宜的放牧方式。一般牧场将草地划分为两部分，一部分是放牧场，另一部分是人工草地。划区轮牧就是将放牧场分成若干季节牧场，再在一个季节牧场内分成若干轮牧小区，然后按一定次序逐区放牧轮回利用。一般在一个牛栏放牧半月至一个月，使牧草得到充分恢复和发育，草地得到充分间歇和利用。澳州还有配套的法规以保持畜牧业的可持续发展。总之，划区轮牧既能保证草原资源的合理利用，又能提高草原载畜量。一般实行划区轮牧提高载畜量 20%，畜产品增加 30%。

（4）季节休牧。草原作为一个完整的生态系统，有自己独特的演变规律。人类的开发利用，大大加速了草原的演化过程。合理的、有节制的利用，草原发生顺向演替，不合理、无节制的利用，草原发生逆向演替。根据这一自然规律，澳大利亚的牧场在牧草返青到生长旺盛时期，仅用 20% 左右的小区放牧，其他小区全部禁牧，给牧草提供一个充分的生长发育机会，使其达到最大生物量，待牧草停止生长时，实行轮牧。每年进行一次轮换，5～6 年为一个轮回周期。这样，既发挥了草原资源的最大生物量，又给牧草提供了休养生息的机会，保证了草原资源的永续利用。

（5）清除杂草和污草。天然草原上，除了可供家畜利用的饲用植物以外，往往还混生一些家畜不食或不愿食的，甚至对家畜有毒有害的植物。这些杂草占据着草地面积，排挤优良牧草的生长，使草原生产能力和品质下降，有时造成家畜误食中毒死亡。澳大利亚对清除杂草非常重视，采取人工或机械清除杂草，有的草原经过耕翻改良，把杂草彻底清除干净。对放牧场的污草清理也非常重视。进入青草期，尤其是牛采食青草排出的粪尿，造成牧草污染，影响采食率。当小区轮休时，采用割草机将上面的污草除掉，待到下一个轮牧周期时，再生牧草鲜嫩干净，提高了牧草利用率。

(6) 合理利用水资源。澳大利亚是一个水资源缺乏的国家。沿海地区的降雨量平均 1 000 毫米以上，在广大的内陆沙漠，降雨量在 200 毫米以下。不管雨水的多少，他们对水资源的利用是极为重视，主要利用方式：一是修建小塘坝。小塘坝是充分利用地上水的一项集雨工程。在划区轮牧草地，每个小区内基本都有一个小塘坝坑，在没有积水坑的小区内，安置了自动饮水槽。二是保护水源工程。澳大利亚灌溉草原，大多数利用地上水，有的是较大的水泡或水库，有的是人工或天然河流作为水源。大多数水源的四周或两侧栽植十几米到几十米宽的灌木或乔木，并在外围加上围栏保护，防止牲畜践踏和污染。更重要的是涵养水源，净化水源，防止泥沙淤积，保证水资源的永续利用。三是集雨工程。除了修建小塘坝、截伏流工程以外，还修建天然降水集雨工程。

3.2.1.2 新西兰

新西兰农业人口占总人口的 15％左右，人均农牧用地 4.86 公顷。从草原利用水平来看，新西兰草原利用与开发达到目前相当高的水平。综观新西兰的草原利用，他们走的是一条改良的道路。

(1) 草场的建设与改良。新西兰的草原过去是一片森林，新西兰的政府和人民认为草原畜牧业是他们将来的发展道路，他们将大片的树林连根拔起建设成草原。新西兰人比较注重牧草品种的选育，他们根据当地土壤状况以及气候条件选育最好的牧草品种。经过一百多年的努力，新西兰已建成人工草地 910 多万公顷，约占全国草地总面积的 70％，几乎覆盖了整个平原和丘陵。人工草地一般是以 70％的黑麦草籽和 30％的红、白三叶草籽混播。三叶草喜温暖气候，夏季生长量大，起固氮作用，而黑麦草则在冷凉、潮湿的冬、春、秋季节都能生长。这种科学的结合能使全年草量比较均衡。人工草地每半月即可轮牧一次，每公顷可养羊 15～20 只，高的可达 20 只以上，比植被好的天然草地提高 5～6 倍。同时人工草地播种一次可使用多年。新西兰尽管人工草地比重很大，但对天然草地也很重视，采取了一些有力保护措施如根据国家专设的研究机构应用遥感监测和实地调查取得的数据，对不同地区分别确定牲畜头数。

(2) 经营管理水平高。新西兰对牧场经营者实行严格的行业准入制，经营者必须具备专业知识，才能获准经营。高素质的牧场主能够科学合理地利用草地。牧场主重视草地建设，牧场内的围栏、牧道、林网、水渠等都可以做到统一设计，合理分布，科学利用。围栏内实行划区轮牧；严格限制草场载畜量；限制化肥、除草剂用量，限制畜产品的粗加工以防止畜牧业带来的环境污染。另外，牧场经营实行成本收益核算。

（3）社会化服务体系健全。新西兰的教学、科研、推广等服务机构是按经济区划来设置，他们分工明确，与牧场保持着密切联系。该国畜产品的加工、储运、销售系统也很完备。政府通过大规模的市场推介活动来进行市场开发与培育，保障了畜产品销售渠道畅通。新西兰有干草及青贮饲料的储备体系，在灾害年份，也保证有充足的饲草料储备。

（4）草原投资机制合理。新西兰的草原利用达到今天的水平，与当地的气候条件、土壤特性关系比较密切。但是他们在草地的建设管理以及畜产品产业链条如何延伸方面值得我们进一步思考。新西兰政府为了充分发展畜牧业，对不同地区的草场实行不同的所有制形式和投资办法。一是自然条件比较好的地方，草场均为牧场主私人所有，投资建设草场由私人负责，草场可以自由转卖。二是干旱、半干旱地区的荒漠草场多为国家所有，牧场主要通过合同租用，每公顷草场每年约付草场使用费58新元，或者由国家土地开发公司建成可利用的草场后，再卖给牧场主。为了鼓励牧场主对草场进行开发和建设，国家曾经对大面积围栏、平整土地、大型水利工程等项目给予一定的投资补助，并发给低息和无息贷款。新西兰政府的这种做法改善了草原的整体状况，草原的载畜能力提高。随着市场的逐步完善，近年来逐步减少或停止了对私人草场建设的优惠，实行市场化原则，除保留少量的化肥补贴外，投资全部由私人负担。

从澳大利亚和新西兰两个国家的草地利用过程中我们深刻感受到，保护和合理利用草地资源，注重草地改良和兴建人工草场，注重家畜良种化和饲养管理科学化，注重专业化生产和规模化经营，才能提高劳动生产率，使草原利用走上可持续之路。

3.2.2　美国、加拿大的草原持续利用

3.2.2.1　美国

美国有永久性草地 2.4 亿公顷，40％为国家所有，60％为私有草地。美国十分重视天然草原保护，天然草原基本不放牧，一半以上草地为休闲用地。家庭牧场通过人工草地和一年生饲草基地进行畜牧业生产。美国农牧生产结合紧密，谷物饲料充足，鼓励人工种草，不断增加优质牧草的播种面积。

（1）依法进行草原利用管理。1934 年美国就颁布了泰勒放牧法，规定放牧范围，限定放牧量，控制草原退化，减少水土流失，保护环境。之后，又颁布多部涉及草地利用管理的法律。美国对土地进行分类管理，公共土地归内政部土地管理局管理；私有土地归农业部自然资源保护局协调管理。内政部负有保护、管理和改善放牧区的责任。政府着重对公共土地的开发、利用进行规划和统一管理，国家有权对其进行转让、出租、抵押和买卖等，有权改变土地用途。私营牧场的经营政府不能干涉，但牧场必须遵守环境保护和保护公众利益方面的法规。对那些退化的私人草场，美国政府采用购买的办法，将牧场使用权转移给更适合经营的人。其次，采用保护地权交换的方式保护草场，如草地开发时要在另一个地区建立相当于被开发土地 1/5 面积的保护区，同时建立草场管理信托基金，委托农业专业机构来管理草场。

（2）草原自然保护区管理。美国的草地保护区肩负着保护湿地生态系统、丛生禾草草原和几种独特的橡树和保护区内的杂交鹿、山狮、獾、美洲猫、龟和金雕等野生动物的任务。负责对保护区内的动植物、土壤微生物等因素的影响及动态变化进行长期定点观测和研究。在自然保护区内，围绕着保护对象也可以对草地进行适度放牧利用，如放牧以降低草的高度使被保护鼠类视野开阔，活动方便。保护区内的放牧许可由国家公园管理局发放。

（3）放牧保护措施。一是合理放牧。这是美国保护天然草地的一项基本措施。二是通过围栏把草地围成一定面积的放牧区域，家畜按一定区域和时间轮牧，设立可移动饮水设施或是在轮牧分区中设相对固定的水池，用微量元素和盐分补充槽来管理草地，防止草地过度利用。三是利用畜种配置，大、小畜搭配，充分利用不同层次的植物以管理草地。四是利用火烧来严格控制外来物种，保护本地物种。

（4）利用草地健康评价体系来监测和控制草地利用。美国公共草场都建立草场监测系统。由联邦政府认证的草地评价师根据草地健康评价体系对某一区域的草地进行健康评价，根据评分确定草地健康程度，并确定不同的利用方式和程度。美国的《国家生态系统状况报告》可以对境内的农田、森林、草地、淡水、域内和海洋等生态系统的服务功能进行全面评估，在引导政府和公众对生态系统的认识方面发挥巨大作用[①]。

（5）充分发挥非政府组织在草地保护方面的作用。除了政府机构外，一些行业协会和非营利环保组织也积极参与到草地保护工作中。在提高公众认知、推动政府立法、监督政府执法和公民守法方面，这些非政府组织发挥着不可替

---

① 陈洁. 2007. 典型国家的草地生态系统管理经验 [J]. 世界农业（5）：48 - 51.

代的作用。

3.2.2.2　加拿大

加拿大草原属于北美大草原的一部分。加拿大气候寒冷，降水分布不均，土壤条件较差，但草地资源丰富，草原面积 316.8 万 km²，约占国土面积的 32%。加拿大草原权属分 3 种类型：国有、私有、联户所有（按股份确定放牧牲畜数量），其中国有草原约占 6%。加拿大天然草原主要用于放牧，人工草地大部分用于发展草地家畜农业，生产干草和饲料作物，少部分用于放牧及用作牧草种子生产。由于资源利用科学合理，加拿大成为草地畜牧业发达国家，草业也十分发达，是牧草种子生产和出口大国。

（1）完善的草原监督管理制度。1935 年加拿大成立了草原区农场恢复局，负责草原生态保护建设、畜牧业、林地、水利及草原野生动植物等方面的事务，由财政负担人员工资和工作经费。加拿大规定，天然草场利用率不得超过产草量的 50%～60%，人工草场利用率不得超过产草量的 80%。牧场放牧从 5 月 1 日至 10 月 31 日结束。加拿大各地规定的草地载畜量均较低，严格按照规定进行放牧的牧场一般不会对草原造成破坏。一旦牧场载畜量和放牧强度超过规定标准，国家有权进行干预或收回草场。在南部草原，加拿大还设置骑警，负责执法和其他工作。加拿大很重视围栏、草地治理、牧区水利、移民搬迁等方面的建设。该国 90% 以上的草场都有围栏和牲畜饮水设施，为推行轮牧提供了保障。此外，加拿大草原省份已建立草地健康评价体系，对草原进行监测和实施健康评估。

（2）强化草原科研和技术推广工作。加拿大对全国的农业研究所实行统一规划，在重点地区设立监督管理、科研、技术推广等机构。政府注重调动企业进行科研投资的积极性，科研机构从企业获得经费，国家给予 1∶1 的配套资金。加拿大有完备的草原技术推广系统。技术推广站为非赢利机构，人员工资和办公经费由国家支付。研究中心一般都有规模不等的实验牧场或牧场，人员也不多，设施很完善。一般来说，联邦政府负责农业科研开发，而省政府负责农业技术推广和服务。此外，越来越多的公司的农学专家也直接把技术推广到农民手中。

（3）增加草原生态和基础设施的投入。在生态恢复建设上，对一些不适宜耕种的土地，一方面是政策出资把不适宜耕种的土地买下来，退耕后出租给牧民作为牧场。另一方面，政府对农户进行补贴，鼓励退耕种植永久性植被。在农村牧区基础设施建设上，通路、通电及大型水利工程由国家、省、地区三级政府承担；社会供水管道建设有些省 PFRA（草原牧场恢复管理局）给予全部费用 1/3～1/2 的扶持；打农用井，政府给予全部费用 1/3 扶持，最高每眼井可得到 2 500 加元的资助。

3.2.3 英国、法国的草原持续利用

英国总面积 24.4 万平方公里，人口密度在西欧国家中仅次于德国，平均每平方公里 240 人，城市人口约占全国总人口的 3/4。由于处在北半球的温带，受北大西洋暖流的影响，英国全境属温带海洋性气候，冬季温暖，夏季凉爽，温差变幅为 10～15℃。年平均降雨量 1 000 毫米左右。英国的农业用地约 1 800 万公顷，占国土面积的 76%，其中，草地面积占国土面积的 47.9%，畜牧业产值占农业总产值的 56%。

法国总面积 54.7 万平方千米。总人口 6 000 多万人，与英国的人口相当，城市人口占全国人口总数的 78%。法国的地形是东南高西北低，大陆部分平均海拔 342 米。法国属于地中海亚热带，也属于西北欧温带，大部分地区冬暖夏凉，年降水量 760～1 000 毫米，由西到东逐步减少。法国是欧盟最大的农业生产国，全国 61% 的土地是农业用地，农业劳动力约占总劳动力的 5%，是世界主要农产品和农业食品的出口国。法国畜牧业产值约占农业总产值的 40%。

英国、法国（以下简称英法）与美、加、澳等拥有大面积草原的国家相比，欧洲农牧场以中小型为主，选择了自己的草原利用模式。

(1) 草场改良。 法国也是通过改良草场来实现草地利用管理的。在法国，凡是符合本国和欧盟有关规定，符合每公顷载畜量指标的牧场，按不同海拔高度及草地类型给予补贴，以进一步促进人工草地建设和天然草场改良。目前，法国草地面积占国土面积的 1/3，而且已建成永久性高产改良人工草场。人工草场面积大、质量好。合理的载畜量既保证了牲畜有足够的饲草满足营养需要，又使草地得到有效保护。

(2) 大面积种植青贮饲草饲料。 英法畜牧业最显著的特点，就是在生产过程中高度重视满足牲畜的营养需要。为了保证牲畜有充足的优质饲草料，经营畜牧业的农牧场无论规模大小，都在划区轮牧和种植牧草、饲料作物的基础上，把青贮饲草料作为牲畜的主要营养来源。特别是养牛业和养羊业，不仅饲草制作青贮，而且饲料籽实也是通过青贮来贮存和利用的。草地的一部分作为夏季牧场，一部分作为打草场，夏、秋两季共刈割 3～5 次青草，制作青贮。耕地则主要种植饲用玉米、甜菜和大麦，除留部分大麦秸秆用作棚圈的垫草外，包括玉米、大麦籽实在内的饲草饲料都被用来制作青贮。青贮成为主要的舍饲饲料，一般牲畜只喂青贮就可满足营养需要，而对育肥牛和高产奶牛需再补充少量的高能量、高蛋白和微量元素组成的颗粒饲料。英法两国畜牧业生产

中以青贮代替干草是近十几年才大面积推广的，其青贮的方法也比较简单，一种是平台青贮，将切碎的青草、青贮玉米用拖拉机镇压排气，用塑料布盖严，上面压上废旧轮胎，促其发酵；另一种是用裹包机将牧草或全株玉米段用塑料布裹包，这样的青贮不易变质，也便于运输。牧草青贮在英法两国的农场中占的比例很大，牧草被刈割后晾晒一天就切碎青贮，既可提高牲畜的适口性，又能保存牧草营养。大规模使用青贮饲料使种植玉米、制作青贮和饲喂就近布局，既便于大规模机械化作业，又降低了生产成本。

（3）实施生产与环保并重的农业政策。英国和法国分别是欧盟（EU）成员国和创始国，也是西方七国集团（GT）、北约（NATO）和经济发展与合作组织（OECD）的成员国。两国的GDP总量在欧盟15国中位居第二和第三。

英国作为欧盟的一员，多年来政府一方面鼓励实行集约化农业和工厂化生产，同时也一直对农业实行补贴政策。结果在给农业生产带来一场革命的同时，其缺陷也日益突出：一是农民遇到灾难时完全依靠救助，二是行业内部缺少竞争压力，三是抑制了商业创新精神。面对这种情况，英国政府首先从部门的职能上进行了改革，把原来的农业部改成了现在的环境、食品和农村事务部，从制度上把农业生产和环境保护统一起来。这样，农牧场主不仅仅是食品的生产者，也是环境的保护者。政府衡量农牧场主贡献的标准不再是最小的成本创造最大的产值，而是要看他们在处理环境保护和生产高质量产品方面做得怎样，如果达不到最低的环境保护标准，政府就取消对其补贴。目前，英国政府把4％~5％的共同农业政策基金用于环境保护补贴。

法国于1999年7月再次颁布的新农业指导法，特别强调控制农业对环境的污染，提倡理性农业和采取环保扶持措施，除对农场主给予产品销售上的价格补贴外，还以环保奖励等方式发放奖金，使农牧户的收入与土地使用、放牧密度等与环境保护相关的因素紧密联系在一起。生产与环保并重的政策，促进了土地使用结构的调整。据法国农业部公布的数字，全国耕种土地从1990年的3 061万公顷下降到2000年的2 988万公顷，非农用地面积则从1990年的654万公顷增加到2000年的697万公顷。

英法两国实施的生产与环保并重的政策，实质是着眼于可持续发展。

3.3 对经营模式选择及产业组织优化的启示

与草业发达国家相比，我国的草原牧区的自然条件比较恶劣，气候寒冷，风大沙多，无霜期短，即冬季严寒而漫长，夏季短暂而酷热；草原面积广阔，但草原生产能力低，退化严重，人的生活条件和牲畜的生存条件均十分恶劣，同时，草原水资源极其匮乏；与国外相比，草原牧区人口众多，人均资源量少；草业基础设施建设非常滞后，草产品、畜产品流通受阻；牧民的受教育程度低，生产经营方式的转变困难；草业生产实用技术缺乏，仍没有摆脱靠天养畜的局面；我们的市场环境、制度环境、政策环境缺失很多，急需要优化。总之，我国草地资源管理还相当落后，现有的管理方式、目标和措施还不能适应草地资源可持续利用的要求，同发达国家相比还存在很大差距。为了选择和确定科学的草原持续利用经营模式，必须借鉴发达国家先进的草业管理思想、理念和发展模式，使先进的经验转化为有针对性和可操作性的方案。

3.3.1　明晰草原产权，进行制度创新

按产权理论，草原产权包括草原的所有权、使用权、收益权和处置权。发达国家草原产权非常清晰，经营者的草原要么购买获得，要么继承获得，或者来自政府的租赁，所以，草原可以买卖、继承、转让、租赁、投资等等。

目前，我国草原牧区实施的"双权一制"是指落实草原的所有权和使用权，实施牧户承包制。这里"所有权"的主体指的是集体，外延包括村（嘎查）、乡（苏木）、县、市（州），甚至包括省（自治区），也就是说，要把集体所有的草原在各集体单位之间划分清楚；落实使用权，把草原的使用权落实到户或村（嘎查）。完成落实"双权"工作，十分重要。当前，亟待解决的问题是，在草牧场所有权和使用权相互分离的前提条件下，明晰草牧场使用权的内涵、范围和行使权利的方式，使之具有规范化的法律和制度保障以及相应的操作规程。

我们知道，产权清，责利明。落实草原的使用权只是明晰草原产权主体的一种初级形式。草原产权制度变革的核心内容是建立草牧场的明确产权主体，这种产权主体的具体表现形式，可以"户"为单位，也可以联户为单位。只有这样，草原的流转制度才能建立起来，为草业经营规模的扩大提供制度保障，还可以从源头解决对草原的掠夺式利用的问题。草原产权制度改革，可以先试点，总结经验，然后，推而广之。总的原则是，草原所有权清晰，使用权明确，界线清楚，不存在纠纷，对草原做出准确评估，落实所有权时，草原数量与质量相结合，从村（嘎查）开始，逐户落实。

3.3.2　以草定畜，科学利用

（1）以草定畜，实现畜草平衡。即确定草原的合理载畜量。目前，我国多数草原牧区的超载率在30％以上，个别地区超过50％，过度式、掠夺式的草原利用，是草原退化最直接原因。无论选择什么样的草原畜牧业发展模式，都

必须学习国外的草原畜牧业发展理念，即永续利用，稳定发展，以草定畜，绝不能寅吃卯粮。我们也知道其中的道理，就是解决不了超载过牧问题，到底是什么原因？我们认为，其根源：一是草原的产权的主体界定不彻底；二是牧民对经济利益的追求；三是牧民的生存方式及观念急需转变；四是法律法规如《草原法》等的执行不到位。因此，要进一步深化草原牧区改革，把牲畜头数控制住；另一方面，加强草原建设和饲草料基地建设，扩大饲草料来源和提高其产量，尤其要借鉴欧洲大量使用青贮饲草料的做法，草原牧区传统的饲喂方法是冬季补饲干草，从气候条件和青贮方法看，很多地区搞牧草青贮应该是可行的，为了稳妥，不妨先搞试验，技术成熟后再大面积推广，实现畜草平衡。就是说，在选择草原畜牧业发展模式时，要根据不同的草原类型，确定不同的合理载畜量。

（2）推广科学的放牧制度。草原牧区在实施划区轮牧、季节休牧、围封禁牧等方面作了有益的尝试，不过，需要进一步总结和完善。尤其是划区轮牧，在普遍超载过牧的情况下，划区轮牧是小范围的超强度放牧，只能加速草原的退化，所以，只有在草畜平衡的前提下才能实施划区轮牧。

积极推广季节休牧和围封禁牧制度。但是，配套的措施要跟上。季节休牧的主要条件是有充足的饲草料和棚圈，否则，牧民的牲畜无法存续；围封禁牧要解决牧民的生活问题，至少保证牧民的生活水平不下降。

3.3.3 增加投入，建设草原

（1）建立人工草地。草地畜牧业发达国家的经验是人工草地面积占天然草地面积的10%，畜牧业生产力比完全依靠天然草地增加1倍以上。目前，美国的人工草地占天然草地的15%，俄罗斯占10%，荷兰、丹麦、英国、德国、新西兰等国占60%～70%，而我国人工草地面积仅为天然草地面积的2%。据估算，我国牧区需建2 000万～3 500万公顷的人工草地，才能满足现有冬春家畜和育肥家畜对草料的需求，我国北方牧区约有2 000万公顷土地适宜人工种植牧草，建立人工草地和饲料基地。根据两院院士近年的考察论证，南方草地是我国亟待开发的后备食物资源，宜于近期开发利用的草地有1 200万公顷，相当于一个新西兰的生产规模，年产牛羊肉可达300万吨以上，约等于2 400万吨粮食。另外，在北方近期开发潜力较大的还有农牧交错带，即年降水量400毫米等雨线左右，呈带状分布的森林草原带，包括11个省的150多个县，总面积约为5 000万公顷，如将其中的2 000万公顷建成高产人工草地和饲料基地，将形成120万吨牛羊肉的生产能力，等于生产960万吨粮食。

从经济意义上讲，依靠原粮发展畜牧业显得既不实际又不经济。据有关资料测算，牧草蛋白质含量是粮食作物的 4 倍，具有很高的经济价值。拿"牧草之王"苜蓿来讲，它产量高，适应性强，粗蛋白质含量在 20% 以上，是最廉价的优质饲料。目前，许多发达国家草地畜牧业产值已占到农业总产值的50% 以上，有的高达 80%，我国只有 10% 左右。以美国为例，美国人均占有耕地 14 亩，具有强大的种植业生产能力，饲料加工业也是美国十大工业之一，但美国毫不轻视天然草地的开发，充分利用 30 多亿亩草地资源，建立"高效牧草饲养系统"，大力发展草食牲畜，减少饲料养畜的比重。以肉牛为例，在天然草地上放牧饲养 15～18 个月，体重达到 240 千克后，再肥育与喂养 3～4个月，出栏体重便可达到 540 千克，经济效益很高。目前，我国主要农产品的生产成本居高不下，粮食生产开始陷入"增产不增收"发展困境，加入 WTO后我国农产品将面临更为严峻的挑战。据有关资料表明，草地畜牧业单位面积产值比种植业高 1～8 倍，因此，依靠草业促进畜牧业应当成为发展效益农业的当然之选。

(2) 进行草原改良。 我国草原采取改良措施的非常少，仍处于传统草原畜牧业阶段。草原上所生产的肉类，仅占全国肉类产量的 6.8%，所生产的羊毛仅能满足毛纺工业需要量的 1/3。每百亩可利用草原所生产的畜产品产值还不及美国的同类草地产值的 1/20。草地建设投资少，基础设施差，效益未能发挥。就草地基本建设而言，新中国成立以来，国家累计对草地的投资约 67.5元/公顷，若以 60 年平均分配，每年每公顷草地平均 1.0～1.2 元，至使草地的投入与产出不成比例，资源消耗过重，基础设施的修建与维修都跟不上生产的需要。我国北方牧区载畜量长期处于超负荷状况。全国畜均占有草场已由1949 年的 6.2 公顷减少到目前的 1.3 公顷。而且草地生产力普遍下降 30%～50%，牧区退化、沙化草地面积已占可利用草地面积的 42%，并且每年以130 多万公顷的速度扩展。草原建设治理速度赶不上长期形成的退化沙化速度，逆差每年超过 67 万公顷，至使相当多的地区已陷入恶性循环。由于长期经营不善，导致北方牧区的植被遭受破坏，生态条件恶化，常见自然灾害"黑灾、白灾"交替发生，发生周期有缩短的趋势。据报导内蒙古从 1978—1986 年的 8 年间发生雪灾 4 次，间隔时间仅为二年，每次死亡牲畜均在 200万头（只）以上，最高达 460 万头（只）；青海省 1985—1988 年发生雪灾 2次，每次死亡牲畜也都在 200 万头（只）左右。草地生产力的退化，草地生态环境的恶化造成的草地资源环境质量的退化，已严重影响畜牧业的生产和人类的生存环境。因此，要加大草原的投入力度，建立国家、企业、社会和个人的全社会投资群体机制，对草原进行补播、施肥、灌溉，恢复草原生态，提高草原的生产能力。

3.3.4 规模化生产，产业化经营

我们知道，任何产品的生产只有达到一定的规模才会产生效益。当规模扩大到一定程度后，效益开始下降，即报酬递减，所以，规模必须是适度的经济规模。国外的农牧场主基本按经济规模组织生产。我国的草原牧区的牧户很少进行详细的成本核算，只是有个粗账，即按照收付实现制的思路进行算账，很少坚持权责发生制的原则，进行详细的成本核算，不但每个经营周期的经济效益计算有误，经济规模的确定当然非常困难。影响经济规模的因素很多，需要一定的基础数据，关键是寻找边际成本与边际收入相等时的经营规模。在不同草原类型区模式设计时分别确定。

粗放地利用资源只能是形成资源的浪费和破坏，而且形成的产品率不高，在有条件的地方，尽量实行集约的经营方式，以提高资源利用效益，增加产品率。相应地在环境条件严酷、生态环境比较脆弱的地方，则应降低利用强度，转移压力，在保护生态条件良好、资源正常更新、维持持续发展永续利用的前提下，把生产经营过程中生态效益、社会效益、经济效益作为资源利用的目标。在提高资源利用效益的过程中，向集约化、专业化方向发展。

发达国家草业及畜牧业的产业化经营模式与我国的产业化经营模式存在着本质区别。我国目前的产业化经营的基本模式为"公司＋农户"或者"公司＋协会＋农户"，而发达国家产业化经营的基本模式为"合作社＋公司＋农户"。这两种模式存在着本质区别。我国的"公司＋农户"模式，公司与农户之间基本是一种买卖关系，属于松散型的合作，公司与农户之间没有形成经济利益共同体，甚至有时存在经济利益纷争，彼此之间缺乏诚信与关爱。国外的"合作社＋公司＋农户"模式，合作社是公司的所有者，农户是合作社的股东，因此，农户也是公司的所有者，公司经营的好坏与农户的经济利益息息相关，年末农民可以享受分红。公司和农户之间在开拓市场、打造品牌方面存在一种互动力，形成了"品牌—市场—收益—品牌"良性循环。而"公司＋农户"很难形成这种良性循环。为此，必须优化我国的产业化组织形式。

3.3.5 建立草原生态补偿机制

为了实现草原的持续利用，对草原资源进行保护，从而达到草原生态环境的恢复，采用经济支持政策，是发达国家通用的做法。结合我国实际，建立草原生态补偿机制。①草原生态补偿与草地的利用方式的改变相结合。借鉴国际经验，若补偿不当，可能招致牧民扩大牲畜的规模，造成更大的草原生态破

坏。所以，改变过去无条件的单纯经济补偿为有要求有约束有导向的补偿，以促进对草地利用方式改变为核心，以补促改，以补促建，引导牧民把生产发展、生活富裕和生态文明有机结合起来；②以自我补偿为主，发展草原循环经济。草原的生态服务虽然与森林一样也有外部性问题，但草原的面积占到国土面积的 41.7％，显然只靠国家和社会来补偿是不现实的，这就决定了草原生态补偿应以自我补偿为主，探索新的补偿途径。为了草原的永续利用，减轻草原的承载量，给草原以休养生息的机会是近年来的牧区的主要政策目标，发展舍饲牧业、实行禁牧、休牧、轮牧是近年来为达到目标采取的普遍手段，但却由于大多牧民经济上没有投资能力，解决不了制约牧业发展的根本问题——饲草与饲料的缺乏，这些政策在现实中不但无法得到牧民真正的配合，相反还会遭到牧民的消极抵抗，如牧民偷牧等，因而这种单靠行政命令的手段已经很难实行，推行草原循环经济模式，在条件相对优势的地区发展饲料种植业、饲料加工业、技术服务业等以牧业为核心的相关配套产业，形成以农养牧、以牧带工、以工补农的自我补偿的循环经济模式；③改无偿补偿为无偿投资，注重发挥市场机制的造血功能。吸取退耕还林还草只补贴，救急救济不救贫，一旦停止补贴容易出现复耕复牧的生态反弹的教训，在草原生态补偿上应立足于经济脱贫与生态建设同步，统筹兼顾，谋求建立草原经济社会发展与生态建设的长效机制。改变过去无偿补贴的方式为国家提供草原风险投资引导基金，通过委托专业的投资机构或投资管理机构，国家只提供投资方向，具体的管理经营完全依靠企业自主投资经营的方式，通过市场行为刺激各市场主体，通过利益关系的纽带建立健全草原各市场主体，以增强草原各利益主体的造血功能。

3.3.6　完善政府调控，强化草原监督

草产业的发展状况对草地资源的利用程度有很强的约束影响，一个市场反应迟钝，资源利用低效的草产业显然会阻碍草地资源保护，从而限制草地畜牧业的可持续发展。如果提高草地资源的利用效率、提高草产业的生产能力，必然能够在不影响草产业发展的同时，更好地维护草地资源生态平衡。

在澳大利亚以及北美，政府对草产业的调控主要包括：①推行精确生产，强调产品的质量和生产效率。比如将肉类生产和羊毛生产体系根据市场规格要求进行整合，为生产者生产出的肉类产品和羊毛提供准确明了的质量规格标准，并制定出相应的价格标准。②建立广泛的信息交流和技术推广服务机制。政府机构、研发机构和商业机构联合起来对生产者提供技术支持和信息交流，使生产者有能力满足质量标准，能够了解到消费者所需产品，从而减少无市场产品的生产，提高其生产利润。③对生产者进行定期和持续的培训。这样的教

育和培训能够提高生产者的素质，使其能够认识到草原生态建设对草产业的长期影响，能够根据市场信息，适时改变生产内容和数量，提高资源的利用效率。为此，要加快牧区政府职能的转变，处理好政府调控与市场调节的关系，以经济手段和法律手段为主，行政手段为辅，实现向服务型政府的转变。

实现草地资源的持续利用，必须要有完善的监督体系和执法体系。只有通过监督评估体系，才能杜绝违规放牧、开荒等现象发生。国家颁布的《草原法》，在草原利用标准、处罚力度上都有了突破，做到了有法可依。但草原监督机构还不够完善，草原维护执法不力，因而，必须加大执法力度，一旦违规就要重罚。

4 草原资源持续利用经营模式 选择的基本思路

4.1 现有草原资源利用经营模式评价

4.1.1 现有草原资源利用模式综述

20 世纪以来，世界农牧业取得了巨大的成就，但伴随而至的人口爆炸、资源短缺、环境变化和生态失衡等显性危机，不但阻碍了农牧业本身的发展，而且还影响到人类及其后代的生存和发展。面对这些问题，世界各国和一些国际性组织都开始进行有关保护资源环境与发展持续农业的探索，特别是美国、西欧和日本，在围绕"可持续性"理论深入探讨的同时，进行了一系列可持续农牧业发展模式与技术体系的探索，积累了丰富的经验。目前，美国已形成了一套完整的农牧业持续发展的理论、目标和措施，以"低投入可持续农牧业"模式替代过去陆续推出的生物农牧业、有机农牧业、再生农牧业和绿色农牧业等运行模式。所谓低投入可持续农牧业，是指通过尽可能减少的外部合成品投入，围绕农牧业自然生产特性利用和管理农牧业内部资源，保护和改善生态环境，降低成本，以求获得理想的收益。当农牧业可持续发展浪潮到来之时，日本很快接受这一理念，推出了环保型的农牧业发展模式。西欧的综合型持续农牧业模式，要求政府积极参与，统一部署，充分调动各方面力量进行资源深度开发，并协调各方利益。美国、西欧、日本等发达国家由于具备科技水平高，工业发达，农业劳动力素质高，政府投入大等优势，所推广的模式在指导思想、组织方式、支撑技术体系等方面有很多相似之处。但又各有侧重点，它们所选择的模式都能从本国国情出发，与本国生态和资源组合特点紧密相联。

在"十五"以前及"十一五"期间，国内对草业可持续发展战略、草原资源的生态保护与建设进行了大量研究，取得了丰富的成果。这些研究涉及到了草原资源保护、草原生态建设、草业经济发展、草业科技发展、草业产业化、草原防灾减灾和保障体系等方面，对涉及战略发展的目标、指导思想、宏观布局、重点等都有阐述，并给出了相应的政策建议。

在草资源利用模式上，北方草原利用由远及近主要经历了传统游牧、定居游牧与定居定牧、自由放牧、禁牧、休牧及划区轮牧等模式。大部分学者及专家认为，传统游牧的核心是根据水、草、畜等的自然变化轮换使用草原，使大面积的草原得到均衡利用。通过游牧方式可以不断调整放牧压力和牧草资源的时空分配，使草原得以休养生息。定居游牧或定牧是指牧民有固定的住所，牲畜有固定的棚圈，牲畜在固定的范围内放牧的一种方式，其中草原可以分为不同的季节营地，有条件的地方还可开辟人工草地或饲料基地。它曾是新中国成立后内蒙古草原主要利用形式。自由放牧或无计划放牧是部分农牧交错带、农区草原的普遍利用方式，即放牧区不做分区规划，牧民可以随意驱赶畜群，在较大的草地范围内任意放牧。禁牧舍饲、阶段性休牧、划区轮牧是目前在草原牧区被主要推广的一种科学利用草原的经营管理制度①②③。禁牧要求对草地实行1年以上的长期禁止放牧利用，采取对牲畜进行舍饲喂养的措施，适用于所有暂时或长期不适合于放牧或割草利用的草原；阶段性休牧则是一种在1年内一定时期对草地实行短期禁止放牧或割草利用的措施，适用于所有季节分明，植被生长有明显性差异的地区；划区轮牧是把季节放牧地分成若干个小区，然后按照规定的放牧顺序、放牧周期和小区放牧天数，有计划的分小区，逐区放牧，依次轮回利用。在牧草生长旺盛的夏、秋两季，制定出合理的放牧次数，每次放牧的时间和放牧强度④⑤。

　　多数学者和实践工作者⑥⑦⑧⑨均认为在牧区，特别是在北方牧区积极推行禁牧舍饲、阶段性休牧、划区轮牧这三种草资源经营利用模式对草地植被的保护作用是十分明显的，草地生态也因此得到极大地改善，草地植物生产力和植被构成情况明显改善，是兼顾畜牧业发展和生态环境的一项有效措施。但是也有学者认为上述三种草地经营模式仍然存在一些问题和困难。如：常年禁牧对畜牧业的冲击巨大，牧民由此增加的生产成本在一些地区明显增加。再者从草

　　① 邢旗等.2005.内蒙古草原资源及可持续利用对策［J］.内蒙古草业，(2)：4-6.

　　② 张连义等.2005.锡林郭勒典型草原植被动态与植被恢复［J］.干旱区资源与环境，(5)：155-160.

　　③ 刘爱军等.2003.锡林郭勒盟草原禁牧休牧效果监测研究［J］.内蒙古草业，(3)：1-4.

　　④ 常秉文.2006.合理利用草原发展草原畜牧业［J］.中国畜牧杂志，(12)：23-25.

　　⑤ 张立中.2003.草原畜牧业生产成本核算中的几个问题［J］.中国农业会计，(9)：18-19.

　　⑥ 宗锦耀，李维薇.2005.转变畜牧业生产方式是草原生态保护建设的有效途径［J］.中国草地，(3)：71-74.

　　⑦ 王堃.2004.草地植被恢复与重建［M］.北京：化学工业出版社.52-68.

　　⑧ 汪诗平.2006.天然草原持续利用理论和实践的困惑－兼论中国草业发展战略［J］.草地学报，(2)：188-192.

　　⑨ 郭淑琴等.2007.保护性利用退化草牧场发展可持续草原畜牧业［J］.内蒙古草业，(4)：59-60.

地植被的生长和再生特性来讲，也没有必要全年禁牧的，利用家畜对草地牧草进行合理利用是最经济的畜牧业生产方式。同时，仅仅通过划区轮牧是不能够解决牲畜超载过牧和草原保护问题的。因为在实行划区轮牧的地方，即使是春季的草场也不能利用，仍需实施休牧措施以保护春季敏感期的草地。如没有储备的饲草料来保证牲畜在这一时期脱离草场，任何形式的在草场上的放牧行为均会对草场产生破坏①。另外，在许多地区，超载过牧已经形成面积大、时间长的特点，已没有足够的轮牧草场和时间作为缓释来实现对牧草的休养生息。此外，在一定放牧面积和一定数量牲畜的特定条件下，对一地块的轮牧养息往往是以对另一地块的加倍放牧为代价的。如没有外来饲料的投入，轮牧对缓解草地放牧压力的作用极其有限②。据此，从时间上，根据四季气候变化以及草地饲草生长模式，建立一种"舍饲—放牧—放牧加补饲"的生产模式；从空间上（也即土地面积上），安排放牧场、打草场饲料地和围栏棚圈各占一定比例，即家庭牧场草地利用模式值得示范和推广。

在南方，由于草资源分布特点与北方大不相同，草地资源利用主要采取以下三种利用模式：一是山区的大型商品畜生产基地模式，即以兴草促牧为主，大力改良天然草地，兴建大型人工草场，积极开发利用大片草地，发展大规模的肉（奶）牛和半细毛羊养殖业，建立商品畜生产基地；二是林区的适度规模家庭牧场生产模式，即在低山林区，森林覆盖率较高，以林为主，实行林草结合，兴建林间草地和林缘草地的小型人工草场，建立以养牛羊为主的小型家庭牧场，成为牛羊商品生产辅助基地。三为丘陵农区的种养结合专业养畜户生产模式，是指在丘陵农区，采用粮—草间作、轮作和果林下种草等方式，实行农牧结合，建立复合经营型的生产模式③。

4.1.2 现有草原资源利用模式评价

长4期的生产实践，使牧区积累和创造了与自然条件相协调的游牧生产方式，如，新疆北疆牧区"从沙漠到高山四季三处"转场模式、青藏高原牧区"冷季草场"和"暖季草场"分牧，以及增设必要"过渡草场"的游牧模式，内蒙古的北繁南育和青海的西繁东育模式等等，都合理地解决了人畜草的关系，但是，随着社会经济的进步，这种传统方式越来越不能适

---

① 格根图等.2006.草地休牧、禁牧期家畜饲草供给模式探讨［J］.中国草地学报，（3）：60-65.

② 李青丰.2005.草畜平衡管理：理想与现实的冲突［J］.内蒙古草业，（2）：1-3.

③ 邢廷铣.2002.我国南方草地资源开发利用模式的探讨［J］.草业科学，（5）：1-5.

应牧民扩大再生产的合理要求，需要通过现代科技进行改造，全面提高生产能力。

由于我国处于社会主义市场经济的初级阶段，生产体系还很不完善，政治环境、经济环境、社会文化环境、技术环境需要进一步的优化，生产力水平低，草原类型多样，传统的经营方式与现代畜牧业的经营思想、管理方式和手段的冲突是难免的。每一种发展模式，都是在政府的参与和推动下产生和推广开来的，由于政府目标与牧户的目标的非完全一致性，各种模式除存在合理的内容和一定的积极作用外，还存在许多的缺失，有的部分内容甚至是违背经济规律的，所以，必须对现有模式进行正确的认识，进行必要的补充、纠正、完善，同时，还要进行不断的创新，设计和选择适合草原牧区的实际和符合未来经济社会发展规律和趋势的草原持续利用经营模式。

4.1.2.1　政府的强有力参与是模式产生和推广的主动因

草原牧区的总体生产力水平和社会化、组织化的程度比较低，信息的沟通也很困难，基础设施建设滞后。另外，牧民受传统思想的影响是很深的，加上当前牧户的分散经营，都在客观上要求和需要政府的参与和指导、帮助，只有这样，草原持续利用模式才能得到科学总结和大面积的推广。不过，这里有个度和组织的程序问题，就是政府究竟参与干涉到什么程度和按什么样的原则、程序来总结、完善和推广这些模式。

我们认为，首先应该以服务者的身份参与到该项工作中去，对各种模式进行客观、公正、全面的总结，分析推广的范围、条件，关键的做法和需要完善的内容，并从政府的角度给广大牧户提供帮助，创造条件，使成功的经营模式得以推广。推广的过程中，一定要坚持因地制宜、从实际出发、充分尊重牧民的意愿，即便需要必须执行的政策，也应该因势利导，稳妥的贯彻执行，而非利用行政手段强制执行，否则，效果既差并走不远。如牧民的定居放牧问题，尽管是从牧民的角度考虑问题，力图改善他们的生活条件、提高草原畜牧业抗御自然灾害的能力、促进牧区"人旺"，但基本上是政府的意志，对游牧畜牧业持否定态度，其实，游牧业存在许多的合理内核，关键是怎样完善的问题，使牧户科学的游牧，执行的结果是牧民的意见大，效果不好，像新疆的许多牧户分得的草场3～5片，定居的话如何利用这些草原，因而，很大一部分牧户该怎么游还怎么游，搞一个简单的住所，应付政府的检查。受传统的思想和经营方式、生存方式的影响，加之草原的退化，牧民没有能力购置大量的牧草饲养牲畜，只有走场才能解决牲畜的温饱问题，政府必须从根本上帮助牧民解决人畜的生存问题，定居放牧才能实现。定居后，实行划区（季节牧场）放牧，区内轮牧。

其次，政府以经济手段为主推广草原利用模式。在牧户自愿的前提下，政府除为牧民提高必要的政策支持外，必须给予经济上的扶持，为模式的推广创造条件。

政府的目标与牧户、企业的不一致性，政府的越位干预，导致矛盾冲突加剧。政府为了加快牧区经济的发展，增加牧民收入，目的是完全正确的，为了保护畜牧业生产基地牧户的利益，要求龙头企业与牧户的风险共担，其实，牧户和企业是市场经济中的两个独立的经营主体，风险是否共担、怎么共担是企业与牧户的事，政府不应该插手干预，即便是为了提高牧户的谈判能力，保护弱势群体，可以由行业协会等民间组织来完成这项任务。

4.1.2.2 宏、中观模式为主，微观模式为辅

在草原牧区的诸多草原利用模式中，总结这些模式时，偏重对模式的宏观、中观的归纳。关注的主要是行业甚至是产业之间如何衔接和协调，如"农牧结合模式"主要是怎样处理种植业与畜牧业的关系、"产业化经营模式"如何实现养殖业与加工业之间的有效衔接，等等，对于模式内部的微观层面的具体问题涉及的少，广大的微观主体—牧户在应用这些模式时比较困难。所以，在宏观层面确定了草原利用模式的方向和基本思路以后，必须对微观层面进行设计，对模式各个具体的实施细节给出指导方案。

在中国未来草原利用模式的选择和设计中，吸收当前草原畜牧业模式宏、中观层面问题的把握，要对微观层面的具体构成要素进行详细的归纳、安排、设计，针对牧户提出可操作性的方案。

4.1.2.3 模式缺乏整体性和系统性、协调性

任何模式都是由具体的要素构成的，自身就是一个系统，这个系统是逐步优化才形成的。模式的形成具备一定的背景、条件，推广时更需要一定的条件，条件不具备，就达不到预定的目标和效果，甚至是负效果。当前的草原利用模式，各构成要素、环节缺乏协调性和系统性，造成模式的推广困难。如草原牧区在推广生态畜牧业发展模式中，对退化严重的区域，实行生态移民、围封禁牧，这是生态畜牧业模式重要的形式和环节，许多地区的牧民移出去了，但转移后的生产方式没有太大改变、生活无法保障，政府的补偿有时无法及时、足额到位，出现移得出、稳不住的局面。围封禁牧后，必须转变牧民的生存方式和生产方式，不断调整牧区产业结构和农业生产结构，保证禁牧后牧民的生活水平稳定并不断提高，模式中这方面的条件在很多地区不具备，也导致模式的实施困难。因此，模式必须是完整的系统的模式，这样才能推广实施。

我国的草原类型多样，草原牧区各地的经济、社会文化和技术条件又有很大的差异，饲养的主要畜种不同，同畜种中的品种之间又有很大差别，所以，

即使是同一个草原利用模式，实施之中也会各异，这就要求模式应该是比较微观的模式，同时，各构成要素、环节之间相互协调，使牧户在借鉴和推广时具有可操作性。

4.1.2.4 地区间的不平衡性

地区间的不平衡性，首先表现在地区间自然条件、资源的差异和经济发展的不平衡。尽管草原牧区干旱、水资源匮乏或利用难度大，生态环境脆弱，但我国草原生态环境的脆弱程度是不一样的，如青藏高原的草原生态环境比内蒙古高平原还要脆弱，加之经济发展水平落后，导致草原利用模式的推广条件苛刻，传统的草原畜牧业经营仍然是青藏高原的主要形式，没有形成科学的草原利用模式，如"产业化经营模式"，除内蒙古牧区比较成功外，青海、西藏在草原畜牧业产业化方面的发展相对滞后，知名的龙头企业比较缺乏，严重制约了草原畜牧业的发展。与此同时，在未来的草原持续利用经营模式设计和选择时，青藏高原主要是发展保护性草原畜牧业，即草原保护为主，因地制宜地、合理地开发利用草原。

4.2　草原资源持续利用经营模式选择的基本要求

一是吸收和借鉴已有草原利用模式的成果。草原持续利用经营模式的选择就是从我国草资源现状和草原利用水平出发，充分吸收现有的草原利用模式的合理内核，借鉴草业和草原畜牧业发达国家的成功经验，不断地充实、完善和创新模式。国外畜牧业发达国家都十分重视草地建设，采取改良天然草地，建立人工草地，实行围栏封育等多种农业和生物措施，使草地单位面积产量和载畜量大幅度提高。英国人工草地占草地面积的 59%，人工草地的产量一般比天然草地高 4~9 倍。澳大利亚是实行围栏放牧最早的国家，全国 85% 的草地有围栏[①]。在我国目前草原退化趋势仍然很严重的情况下，如何科学地利用草原资源，变掠夺式经营为可持续经营仍然要作为一个核心话题来讨论，草场改良、围栏放牧、划区轮牧、合理确定载畜量和配置畜群结构、实行打草场轮刈制，必要时进行一定时期的休牧和舍饲，这些措施必须根据各地的不同情况合理地予以明确和推行。草原资源持续利用经营模式应该着眼于未来，合理摆布草原区人口、资源、环境三者之间的主次关系。

二是尊重草原区现实。天然草原主要分布在我国自然地貌的第一和第二级

---

① 张立中，王对霞.2004.中国草原畜牧业发展模式的国际经验借鉴［J］.内蒙古社会科学（汉文版）.（4）：119-123.

阶梯，特定地理位置与地形地貌，决定了草原生态环境的多样性、复杂性以及多种草地类型的存在，形成了三大区域草原自然特征及其不同的草原利用模式。相对平坦的蒙古高原，自东向西分布了温性草甸草原、温性草原、温性荒漠草原和温性荒漠等类型，夏季牧草生长快、质量好，资源数量大，交通较为便利。南缘农田与草原镶嵌交错分布，形成农牧耦合生产模式，北部广阔草原形成了全年放牧为主的生产模式。新疆独特的"三山夹两盆"地形地貌，造就平原荒漠、绿洲与荒漠草原、山地草原、山地草甸相连并存的植被格局，盆地日照时数长、热量高，形成了暖季上山、冷季入漠的远距离转场放牧模式。青藏高原从高寒草甸、高寒草原到高寒荒漠，地域广阔，草原质量差异较大，水热相对稳定，边缘区域较好。高海拔和高寒气候形成了恶劣的生存条件，起伏剧烈的地形决定了交通、能源、通讯等基础设施薄弱，也决定了牦牛等家畜从沟谷到山地轮转放牧的主要利用方式。

我国牧区半牧区自然、经济、区位的差异很大，唯有给予充分尊重，实现差异化保护利用草原，才能收到事半功倍的效果。综观全国牧区半牧区的分布，可以考虑将降水量和产草量作为标准，将全国牧区划分为3类生态经济功能区：禁止开发区、优先发展区、有限利用区。划分标准可根据各县（旗）降水量、草地类型、产量，并结合区位优势来确定。初步划分如下：①禁止开发区。降水在100厘米以下、产草量小于500千克/公顷的牧区半牧区，禁止人为经济开发利用。②优先发展区。降水大于300厘米、产草量大于1 000千克/公顷的牧区及半牧区，重点发展奶业及牲畜育肥带。③有限利用区。降水在100～300厘米之间，产草量500～1 000千克/公顷的牧区半牧区，限制载畜量，维持生态平衡。

三是始坚持可持续发展不动摇。一个地区草原资源利用模式的确立，必须把可持续发展放在重中之重的位置，以可持续发展理论为指导，兼顾经济效益、生态效益和社会效益，以市场为导向，以资源为依托，以科技进步为动力，以加强草原生态保护和建设为重点，合理配置水草资源，确定合理的草场载畜量，采用合理的经营方式，确保草原生态环境与经济的协调发展。草原利用与保护、建设相结合，这既是保障国家的生态安全的需要，也是保护农牧民长远利益的需要。草原开发利用以保持草原更新能力为利用阈限，并根据不同年分不同草原类型、生产力，以及根据人工饲草贮存能力确定适宜载畜量，以草定畜，按饲草供应能力合理使用草原，防止超载过牧，同时据草情变化及时调整家畜饲养量。只有正确处理好草原资源的保护与利用的关系，才能实现生态和经济效益的协同统一，实现草原资源的永续利用。

四是以人为本，重视经营者经济收益和生活保障。草原资源的可持续利用，需要有广大牧民的认同与支持，这就要维护他们的切身利益尤其是当前利益。鉴于当前草原生态持续恶化、草原建设速度赶不上退化速度的情况，有人提出了"生态效益第一位"的观点，我们认为有必要对这个问题进行再认识。保护草原、建设草原，不管是从草原生态屏障的角度考虑，还是从增产增收的角度考虑，都是为了人的生存利益，包括当前生存利益和长远的生存利益。一句话，在草原保护、建设和利用中，无论何时，无论何地，都应该以人为本——人永远是第一位的。

在现实中，生态效益和经济效益在目前确实存在着一定的矛盾，但是一定要辩证地看待这个问题，这对矛盾实质上是眼前利益和长远利益的矛盾。不考虑农牧民当前的生活保障和收入的提高，一味强调生态效益，那是绝对行不通的；因为若是农牧民当前的生存都没有保障，哪里还会顾及到长远的利益呢？一个好的草原资源持续利用模式，应该是经济效益和生态效益并重，否则就不会被农牧民接受，最后只能是一种空想的理论，而不会变为现实。

4.3　草原资源持续利用经营模式选择的总体思路

为了增强研究成果的指导性、针对性和可操作性，在草原持续利用经营模式的设计时，我们按草原类型进行设计。我国的温性草原主要分布在内蒙古牧区和新疆牧区，其中，内蒙古草原的最主要特征是呈水平地带分布，各类型的温性草原集中连片，兼顾获取的资料，按温性草甸草原、温性典型草原、温性荒漠草原三个类型进行草原持续利用经营模式设计；新疆地形复杂，导致各类型温性草原分布呈犬齿交错分布，同时，农区与牧区亦交错分布，种植业是典型的绿洲农业，因此，根据新疆草原是多类型草原组合的实际，进行模式设计；青藏高原属高寒草原，自然条件恶劣，同时，出于获取的资料方面的考虑，西藏的资料非常欠缺，没有按高寒草原的诸多类型进行模式设计，而是针对高寒草原进行综合模式设计。

其结构分两种：一是温性草甸草原持续利用经营模式、温性典型草原持续利用经营模式、温性荒漠草原持续利用经营模式采用"草原类型＋生产项目组合＋草原适宜载畜量＋家畜饲养和草原的适度经营规模＋草原利用方式＋草原保护建设"的结构；二是新疆多类型草原组合区农牧结合草原利用经营模式、青藏高原保护性草原持续利用经营模式采用"自然条件和资源评价＋选择的模式内涵＋模式的实施条件＋模式的设计＋保障措施"的结构。

5 温性草甸草原持续利用经营模式

5.1 温性草甸草原区草畜资源

5.1.1 草地资源

草甸草原处于森林向草原的过渡地带，呈现森林植被与草原植被共存的景观。我国的温性草甸草原带主要分布在东北部，包括呼伦贝尔高原东部、锡林郭勒高平原东部、松嫩平原东南部地区，占全国温性草甸草原面积的近90%。内蒙古草甸草原主要分布在大兴安岭山地及其岭东、岭西两麓的高平原、低山丘地区，其中以分布于岭西呼伦贝尔高平原东部和锡林郭勒高平原东端的面积最大，占内蒙古草甸草原面积的80%以上，是内蒙古最优良的天然植被。草甸草原自然条件优越，河流密布，地下水位较高，年均降雨量在350毫米以上，湿润系数处在0.6~1.0之间，是内蒙古草原带中湿润程度最高的地区。

温性草甸草原的生境条件比较优越，植物种类成分丰富，草群繁茂，一平方米内一般有20种以上植物，盖度50%以上，高者70%~80%，草层高度30~50厘米。温性草甸草原主要以丛生禾草、根茎禾草、多年生杂类草、多年生豆科草和阔叶灌木为主，占该草地植被带饲用植物的83.5%。丛生禾草、根茎禾草是该草地带的基本成分，面积最大，主要分布于锡林郭勒草原、呼伦贝尔草原和大兴安岭南部地区，占草甸草原总面积的38%，贝加尔针茅草地、羊草草地是主导群系。由羊草建群组成的根茎禾草草地，是构成草甸草原的一个最重要的类群，分布较为广泛，面积也比较大，大部分出现在土层厚、土壤肥沃、排水良好、平坦开阔的地形部位上，是草甸草原中经济利用价值最高、产草量稳定的草地，大部分为优质高产的打草地和放牧地，如在呼伦贝尔市的额尔古纳右旗，羊草草地亩产干草可达250千克。阔叶乔木、阔叶灌木组成的丘陵、山地草地，占该草地植被的30%，主要分于呼伦贝尔市和兴安盟。阔叶半灌木、高类半灌木在草甸草原带分布不多，仅占4%。杂类草成分出现于各草地类型，只有线叶菊、地榆等是组成杂类草草地类型的建群种，占草甸草原的23%。多年生豆科草多以伴生种出现于各草地类型。

温性草甸草原类产草量增加速度快，相对生长速率高。而温性典型草原类、荒漠草原类及草原化荒漠类产草量增长较慢，相对生长速率低。产草量达到高峰后，由于植物本身生物学特性及气温的降低，植物生长发育停止，开始枯黄。地上部分营养物质向地下转移，因而产草量逐渐下降，到次年春季产量达最低。

根茎禾草、丛生禾草组成的平原丘陵草地适合于羊的饲养，其次是马和牛。其乔木、灌木草地饲养羊和牛，不适宜养马，以杂类草组成的草地类型，草质高大、多汁，无氮浸出物含量较高，属于碳氮型草地，养牛最为适宜。

内蒙古草原勘察设计院草原资源调查与监测显示，本世纪初内蒙古草甸草原总面积 758.9 万公顷①，占内蒙古草原总面积的 10.1%。与 20 世纪 80 年代相比，草甸草原总面积减少 104.0 万公顷，缩减了 12.1%。草原被开垦是草甸草原面积减少的最主要原因。在 20 世纪 50~70 年代，内蒙古共开垦草原约 250.4 万公顷②。根据中国科学院遥感调查，20 世纪 90 年代后内蒙古东部 33 个旗县开垦天然草原达 97.08 万公顷。每次开垦，总把地势平坦、植被生长好的天然草原称作宜农荒地，视作开垦对象。被开垦的草原大多数是条件较好的草甸草原、低地草甸和水肥条件较好的典型草原。

5.1.2 畜种资源

地方品种是几千年来在当地繁衍、选育而形成的品种，具有分布广，数量多，抗寒冷，耐风沙，耐粗饲，适应性、抗逆性强，体质结实健壮的特点。是开展杂种优势利用和培育新品种的良好母本，是发展草原畜牧业宝贵的"基因库"。缺点是个体生产性能不高，生长周期较长。内蒙古自治区成立后，从国内外引入不少优良品种。在长期的繁育和驯化过程中，有些品种因不适应环境条件被淘汰；有些品种因经济用途不适合需要限制了发展；也有些品种经风土驯化保持了原品种性能或有所提高，并繁衍大量后代在内蒙古地区扎根。这些品种主要有：①三河马，产于内蒙古呼伦贝尔市额尔古纳旗和滨州铁路沿线，数量约 1.7 万匹，是优良的乘挽兼用型品种，挽曳作业水平比蒙古马高 25% 以上。②内蒙古三河牛，产于呼伦贝尔市额尔古纳右旗的三河地区及滨州铁路沿线，全区共有 17 万头左右，其中 90% 以上在呼伦贝尔市，是自治区优良乳肉兼用型品种，年均产乳 3 145 千克，乳脂率 4.1%~4.4%。体大粗壮、耐粗饲、耐寒易牧、适应性强，生产性能较高、乳脂兼高、兼用性能好。③乌珠穆

---

① 内蒙古草原勘查设计院。2005.《内蒙古草原资源遥感，调查与监测统计册》。
② 常秉文. 2006. 合理利用草原发展草原畜牧业 [J]. 中国畜牧杂志，(12)：23-25.

沁羊，产于内蒙古锡林郭勒盟东乌珠穆沁旗、西乌珠穆沁旗及其毗邻的锡林浩特市等地，数量达150多万只，是内蒙古著名的优良品种之一。乌珠穆沁羊具有体大肉多，屠宰率高；肉质鲜美，无膻味；终年放牧，抓膘积脂快；早期生长发育快，抗逆性强；遗传性稳定等6大特点。成年公羊平均体重84.9千克，成年母羊平均体重68.5千克，平均日增重约50～250克；成年羯羊屠宰率55.9％。乌珠穆沁羊是内蒙古地区培育的第一个肉用羊新品种。④呼伦贝尔羊，产于内蒙古呼伦贝尔市新巴尔虎左旗、新巴虎右旗、陈巴尔虎旗和鄂温克族自治旗，数量260万只左右，是呼伦贝尔大草原的著名品种之一。平均屠宰率53.8％，净肉率42.9％，产羔率为110％，是优良的肉用羊品种。⑤兴安毛肉兼用细毛羊，产于内蒙古兴安盟科右前旗、突泉县和乌兰浩特市等地，数量达25万只左右。成年公羊毛长10.6厘米，污毛量9.9千克，成年母羊毛长8.8厘米，污毛量5.4千克（净毛量3.0千克），羊毛细度以60～64支为主。产羔率114.2％。⑥乌珠穆沁白绒山羊，分布在锡林郭勒盟东乌珠穆沁旗、西乌珠穆沁旗及其邻近的锡林浩特市和阿巴嘎旗，数量达80万只。该羊产绒量高，绒毛品质好，适应性和抗逆性强，遗传性稳定。成年公羊平均产绒量578.4克；成年母羊平均产绒量461克；羊绒细度15.2微米，净绒率61.8％。母羊产羔率144.8％。丰富的畜种资源，为提高草地的生产率奠定了坚实的基础。

5.2 家畜饲养和收割牧草的成本与经济效益

天然草原的主要经济功能是发展畜牧业。同时，在草甸草原区，可用于建立打草场的草原面积比较大。许多牧户建立打草场，一方面用于饲草储备，满足牲畜过冬或牲畜育肥的需要；另一方面，剩余的牧草可以出售，也可以扩大牲畜的饲养规模。还有部分牧户，并不饲养牲畜，建立打草场专门用于出售牧草。因此，核算不同家畜的饲养成本与经济效益、天然草原收割牧草的成本与经济效益是确定草原利用方向、草地和不同畜种的适度经营规模、优化畜牧业布局和畜牧业生产结构的基础。

5.2.1 不同家畜的饲养成本与经济效益

为了全面、客观、准确地核算草业和草原畜牧业经营的成本效益，我们在温性草甸草原、典型草原、荒漠草原三个类型区，按草地质量、规模，共选择了180个样本户，对其2006—2008年的生产经营情况进行了家计调查和数据采集。在此基础上，结合草原区生产经营实际和核算原则，分别对三个草原类型区的草业和草原畜牧业进行了成本效益核算。

5.2.1.1 生产费用的归集

生产费用的归集是成本核算的基础工作。绝大多数牧户是畜牧业兼营户，既养羊，又养牛；即便是养羊，一般都是绵羊和山羊同时饲养；而绵羊又有改良绵羊和土种绵羊之分。从成本核算的角度，不同畜种和不同用途的牲畜需要单独核算，因此，饲养费用归集以后，要在不同畜种之间进行划分。凡是能够明确确定属于某个畜种发生的费用，则直接计入该畜种；凡是属于多个畜种共同发生的费用，要在不同畜种之间进行分摊[①]。为了合理分摊费用，需要把不同畜种折算成羊单位，绵羊、山羊折算为1羊单位；大畜一律按5羊单位折算。

即使剔除饲养管理水平的影响，由于牧户牲畜的饲养规模、饲养结构不同，饲养成本也会存在很大差异。为了便于畜产品成本核算和不同畜产品之间的成本、效益比较，饲养费用归集以后，将其折算成100头（只）存栏牲畜的饲养费用。然后，在100头（只）存栏畜生产的畜产品之间进行费用分配，并依此计算其经济效益。为了能够较准确地反映草原区生产经营成本和收益情况，我们核算出样本户2006—2008年三年的平均生产成本及经济效益。2006—2008年温性草甸草原区每百只存栏畜的平均饲养费用详见表5-1。与西部大开发实施以前相比，牲畜的饲养成本增长了1倍多。

表5-1 2006—2008年温性草甸草原区每百只存栏畜平均饲养费用

项目	单位	改良绵羊*	土种绵羊	山羊	牛
合计		15 040.36	12 560.31	9 725.24	40 236.23
一、物质费用	元	10 294.92	8 129.94	5 977.51	34 844.80
（一）直接生产费用	元	8 282.33	6 259.62	4 441.07	29 503.04
1. 幼畜购进费	元	78.80	0.00	55.28	132.94
2. 饲草费	元	4 263.33	3 403.16	2 380.36	17 151.79
3. 饲料、饲盐费	元	2 249.56	1 701.31	980.54	6 460.83
4. 医疗、防疫费	元	389.76	311.80	308.81	1154.76
5. 配种费	元	241.48	0.00	0.00	1 160.71
6. 放牧用具费	元	96.90	118.28	130.85	678.33
7. 死亡损失费	元	238.61	166.87	69.59	562.67
8. 修理费	元	557.51	445.88	416.76	1 652.38
9. 其他直接物质费	元	166.39	112.32	98.88	548.62
（二）间接生产费用	元	2 012.59	1 870.32	1 536.43	5 341.76

① 张立中.2003.草原畜牧业生产成本核算中的几个问题［J］.中国农业会计，（9）：18-19.

（续）

项　　目	单位	改良绵羊*	土种绵羊	山羊	牛
1. 固定资产折旧	元	1 076.92	954.25	593.10	2 900.36
2. 草原建设费	元	565.34	523.18	576.22	1 260.71
3. 管理费	元	231.19	265.23	315.98	863.91
4. 销售费用	元	36.38	49.96	0.00	0.00
5. 财务费用	元	13.90	0.00	0.00	54.87
6. 税金	元	0.00	0.00	0.00	0.00
7. 其他间接费	元	88.86	77.71	51.14	261.90
二、人工成本	元	3 402.97	3 087.90	2 405.28	4 048.97
1. 家庭用工折价	元	1 530.87	1 611.225	1 432.035	1 577.4
家庭用工天数	日	92.78	97.65	86.79	95.6
劳动日工价	元	16.5	16.5	16.5	16.5
2. 雇工费用	元	1 872.10	1 476.68	973.24	2 471.57
雇工天数	日	49.87	42.26	27.10	76.61
雇工工价	元	37.54	34.94	35.91	32.26
三、草地租赁成本	元	1 342.46	1 166.25	690.34	6 035.71

*：主要是肉用品种的改良绵羊。

5.2.1.2　费用的分配

（1）绵羊业主产品成本的分配。绵羊业的主产品有羊毛、羊羔和增重，副产品有羊奶、羊粪、皮张等。在"畜牧业生产成本"总账账户下，分设"基本羊群"、"幼羊群"和"成年去势羊及非种用羊"三个明细账户。各羊群的饲养费用归集后，需要在主产品之间进行分配。现行财务实务中，采用比例法进行分配。分配标准不尽一致：吴文军、喻国华主编的《农业会计学》（中国农业大学出版社）养羊业主产品成本分配比例见表5-2；王秉秀主编的全国高等农业院校教材《畜牧业经济管理学》（中国农业出版社）养羊业主产品成本分配比例见表5-3。

表5-2　绵羊业主产品成本分配比例表

单位：%

群　　别	细毛羊			半细毛羊			粗毛羊		
	羊毛	羊羔	增重	羊毛	羊羔	增重	羊毛	羊羔	增重
基本羊群	50	50		30	70		20	80	
幼羊群	50		50	30		70	20		80
去势羊和非种用公羊群	100			100			100		

表5-3 绵羊业主产品成本分配比例表

单位:%

群　别	细毛羊			半细毛羊			粗毛羊		
	羊毛	羊羔	增重	羊毛	羊羔	增重	羊毛	羊羔	增重
基本羊群	60	40		40	60		30	70	
幼羊群	50		50	40		60	30		70
去势羊和非种用公羊群	100			100			100		

不难看出，以上分配比例都是在"绵羊饲养业就是生产羊毛"的指导思想下形成的。

根据绵羊业发展方向，不同品种绵羊主要用途各异：细毛羊用于产毛，半细毛羊用于产肉和毛，粗毛羊用于产肉。再依据不同绵羊群别的不同的主产品，我们设计的"养羊业主产品成本分配比例"详见表5-4。

表5-4 绵羊业主产品成本分配比例表

单位:%

群　别	细毛羊			半细毛羊			粗毛羊		
	羊毛	羊羔	增重	羊毛	羊羔	增重	羊毛	羊羔	增重
基本羊群	50	50		20	80				100
幼羊群	50		50	20		80			100
去势羊和非种用公羊群	100			50		50			100

基本羊群的主产品是羊毛和羊羔，副产品是羊奶、羊粪和对外配种收入；幼羊群的主产品是增重和羊毛，副产品是死亡幼羊的皮张；去势羊和非种用公羊群主产品是羊毛和增重，副产品是羊粪。细毛羊主产品之间分配比例与原分配比例基本相同；半细毛羊以产肉为主、产毛为辅，所以，基本羊群和幼羊群中羊羔和增重的分配比例由60%～70%提高到80%，去势羊和非种用公羊群成本由全部记入羊毛调整为羊毛、增重各占50%；粗毛羊为肉用，所以，基本羊群成本全部记入羊羔，幼羊群、去势羊和非种用公羊群成本全部记入增重进行核算。

(2) 绒山羊业主产品成本的分配。草原区的山羊饲养业主要用来生产山羊绒，由于山羊绒价格较高，所以，基本羊群中山羊绒分配的比例为70%，羊羔为30%；幼羊群羊绒分配比例为60%，增重为40%；去势羊和非种用公羊群的生产成本全部记入羊绒。具体分配比例标准见表5-5。

表 5－5　绒山羊业主产品成本分配比例表

单位:%

群　别	羊绒	羊羔	增重
基本羊群	70	30	
幼羊群	60		40
去势羊和非种用公羊群	100		

(3) 肉牛业主产品成本的分配。肉牛饲养业的主产品是牛肉，副产品是皮张、厩肥、脱落牛毛等。由于基本牛群的主产品是牛肉，主产品成本就是牛肉的生产成本，主产品成本不再需要在不同产品之间进行分配。

根据上述主产品成本分配标准，为了简化成本的结转程序，我们把 100 头（只）存栏畜的饲养费用一次性计入主产品成本，按设计的成本分配比例进行分配。2006—2008 年温性草甸草原区每百只存栏畜的平均收益情况详见表5－6。

根据成本效益核算表，推算出温性草甸草原区 2006—2008 年牧户饲养改良绵羊、土种绵羊、山羊和牛的平均成本收益率分别为 165.3%、123.5%、123.3%、171.1%。可见，饲养肉用品种的肉羊业和养牛业的收益率高于饲养土种绵羊和山羊。就是说，在温性草甸草原区，肉羊业、肉牛业和草原奶业具有比较优势，应该优先发展。

表 5－6　2006—2008 年草甸草原区畜产品生产成本收益汇总表

	项目名称	单位	改良绵羊*	土种绵羊	山羊	牛
	畜群期初存栏数量	头只	2 167	3 581	672	318
	畜群期内出栏数量	头只	1 861	3 151	378	79
	畜群期末存栏数量	头只	2 285	3 640	681	351
	每只产品畜平均活重	公斤	41.35	31.90	29.19	312.84
每百只存栏畜	产品畜数量	头只	83.85	87.59	46.59	30.51
	毛（绒）产量	公斤	328.59	134.18	33.24	0.00
	产值合计	元	39 903.61	28 067.04	21 715.11	109 093.07
	产品畜产值	元	34 786.43	27 042.73	14 013.41	105 574.28
	毛（绒）产值	元	4 981.42	912.04	7 659.09	0.00
	副产品产值	元	135.76	112.27	42.61	3518.79
	总成本	元	15 040.36	12 560.31	9 725.24	40 236.23
	生产成本	元	13 697.90	11 217.85	8 382.78	38 893.77
	物质与服务费用	元	10 294.92	8 129.94	5 977.51	34 844.80
	人工成本	元	3 402.97	3 087.90	2 405.28	4 048.97
	家庭用工折价	元	1 530.87	1 611.23	1 432.04	1 577.40
	雇工费用	元	1 872.10	1 476.68	973.24	2 471.57
	草场租赁成本	元	1 342.46	1 342.46	1 342.46	1 342.46
	净利润	元	24 863.26	15 506.73	11 989.87	68 856.84
	成本利润率	%	165.31	123.46	123.29	171.13

（续）

	项目名称	单位	改良绵羊*	土种绵羊	山羊	牛
	产品畜（活重）平均出售价	元	501.62	483.92	515.18	553.02
	产品畜（活重）成本	元	167.90	190.70	154.09	203.73
每50千克	毛（绒）平均出售价	元	758.00	339.85	11 521.37	0.00
	毛（绒）成本	元	343.29	234.02	7 314.71	0.00
	每头（只）产品畜（活重）售价	元	414.87	308.73	300.78	3 460.10
	每头（只）产品畜（活重）成本	元	152.47	136.22	104.37	1 318.71

＊：主要是肉用品种的改良绵羊。

5.2.2 天然草原收割牧草成本与经济收益

  牧户在天然草原上建立打草场，主要的建设投资是固定资产投资，包括建设围栏、储草库、购置割草机、搂草机等。用于草原改良，如草原施肥、灌溉、浅耕翻、补播等措施很少，就是说，收获牧草的生产投入微乎其微。2007—2009 年草甸草原牧草平均收获成本详见表 5－7。

表 5－7　2007—2009 年温性草甸草原打草成本汇总表

序号	项目	单位	金额	成本构成
1	打草场面积	公顷	1 950.0	
2	牧草产量	吨	2 282.8	
3	生产费用	元	139 455.0	24.12
3.1	种子费	元	0.0	0.00
3.2	化肥费	元	0.0	0.00
3.3	农家肥费	元	350.0	0.06
3.4	农机费	元	72 277.8	12.50
3.5	灌溉费	元	0.0	0.00
3.6	燃料动力费	元	32 724.5	5.66
3.7	技术服务费	元	480.0	0.08
3.8	修理维护费	元	19 373.3	3.35
3.9	其他直接费用	元	14 249.4	2.46
4	用工费用	元	229 600.0	39.71
5	固定资产折旧	元	86 586.7	14.98
6	草场租金	元	122 500.0	21.19
7	总成本	元	578 141.7	100.00
8	单位产品成本	元/吨	253.3	

由于机械化水平低和机械配套性能差，牧草的收获需要大量的人工，主要用于攒草、翻晒、打包和看护，有的地段或打草场面积较小的户，还需要人工割草，致使天然草原收获牧草的人工费用占总成本的 39.7%；许多牧户租赁打草场，平均支付的租金占生产成本的 21.2%；固定资产折旧占 15.0%；牧草"生产费用"支出占 24.0%，其中支付的农机费和燃料费，主要是用于割草、搂草方面的支出，并非真正意义的牧草生产方面的支出。

2007—2009 年的牧草产地销售价格 515 元/吨、530 元/吨和 550 元/吨。若以 530 元/吨作为效益核算的基准价，则草甸草原每吨干草的盈利额为 276.7 元。

5.2.3 收割牧草与饲养家畜效益比较

在目前生产条件和市场条件下，温性草甸草原打草场的牧草单产为 1.17 吨/公顷，可饲养 1.78 羊单位。若以肉用品种改良绵羊平均产出水平计算，即出售羊毛和羊肉的获利，每只绵羊可获得盈利 265.4 元（按表 5-6 中肉用品种的改良绵羊盈利水平计算，绵羊毛按 5.2 元/千克的平均盈利水平计算）。这样，每公顷草原生产的牧草用于饲养肉羊可获得 480.6 元的盈利，比收获牧草直接出售获利的 323.7 元高出 156.9 元。可见，草甸草原区发展畜牧业比直接出售牧草具有显著的经济比较优势。

那么，收获牧草直接出售的盈利在何时会高于饲养牲畜呢？这就需要测算出售牧草与饲养家畜的牧草价格临界点，即出售牧草的盈利与饲养牲畜的盈利相等时牧草的价格。我们知道，牧草价格的上升，会增加销售牧草的盈利水平；与此相反，牧草价格的上升，会导致家畜饲养成本的增加，饲养家畜的盈利下降。为了便于测算，我们以肉羊饲养为例，并假定影响牧草收获成本和家畜其它（除饲草费用）饲养成本的因素不变，只测算牧草价格的波动对二者盈利的影响。

根据牧草临界价格的定义，有如下平衡关系：

$$(1+V) P_1 Q_1 - C_1 = P_2 Q_2 - (1+V) C_2 - C_3$$

式中：V 表示牧草价格的增长速度；P_1 表示牧草的价格（元/千克），Q_1 表示牧草单产（千克/公顷）；C_1 表示每公顷打草场牧草的收获成本（元）；P_2 表示活家畜的销售价格（元/千克）；Q_2 表示家畜活重（千克）；C_2 表示饲养家畜的饲草费用（元）；C_3 表示家畜除饲草费用外的其他饲养成本（元）。

则有：

$$V = \frac{P_2 Q_2 - C_3 + C_1}{P_1 Q_1 + C_2} - 1$$

将饲养肉羊的相关数据代入上式：

$$V=\frac{752.2-194.7+296.5}{620.5+77.0}-1$$

$$V=22.5\%$$

因此，2007—2009 年牧草平均销售价格上升到 650 元/吨时，出售牧草与饲养家畜的盈利相等。也就是说，当牧草销售价格大于 650 元/吨时，牧草直接出售获取的盈利低于饲养家畜的盈利。

2007—2009 年肉羊的平均活重价格与牧草价格之比，就是出售牧草与饲养家畜临界（或转折）比价，即为 1∶15.5。

当然，随着牧草价格的上升，畜产品价格有可能随之攀升，反过来又使牧草临界价格上升；其他成本因素如人工费、农机费、租金等额变化，也会影响牧草临界价格。我们可以对多因素变化进行测算，确定相应的牧草临界价格，只是不过对生产销售牧草与饲养牲畜的盈利分析复杂一些，牧草临界价格的计算过程繁琐一些，比如可以计算出人工费上升 10%、农机费下降 8%、租金上升 2%、畜产品价格上升 5% 等情况下牧草的临界价格及临界比价。

5.3　草原和家畜适度经营规模的确定

5.3.1　草原畜牧业发展方向的选择

选择畜牧业发展方向的核心问题是正确处理畜产品的社会需求与草甸草原区的资源优势之间的关系，以提高经营者的经济效益和社会效益，并使草原的生态环境得到保护、改善。

5.3.1.1　畜种发展方向

从温性草甸草原的生物特性和不同畜种的采食习性分析，本区适合发展绵羊、山羊饲养业和养牛、养马业。市场需求是决定畜种发展方向的重要因子，依据第五章的畜产品市场分析可知，牛羊肉市场前景广阔，牛奶亦具有一定的市场潜力。而马的役用功能正在萎缩，只有少部分牧民用马作为放牧和交通的骑乘工具，养马业没有市场前景，加之马的奔驰能力强，蹄踏力重，对草原的破坏比较严重，尤其是在退化的草原上，为觅食而长途跋涉，对草原的破坏力更强，因此，大畜的发展方向是养牛业[①]。目前在经济利益的驱动下，不顾山羊绒的市场走势，东北草甸草原出现了盲目发展山羊的势头，根据羊绒市场分析，应该采取控制、压缩山羊发展的战略，避免产生恶性过度竞争。因而，本

---

① 张立中．2008.我草甸草原畜牧业发展方向及主导项目选择［J］．北方经济（9）

区应重点发展绵羊饲养业和养牛业。

5.3.1.2 产品发展方向

温性草甸草原区绵羊和牛的饲养业历史悠久，专用肉羊品种的数量大，加之内蒙古草原兴发股份有限公司在该区的东乌珠穆沁旗、西乌珠穆沁旗、乌兰浩特市、科右前旗、扎赉特旗、陈巴尔虎旗、新巴尔虎旗、扎鲁特旗设有肉羊屠宰加工厂，年屠宰加工能力100万只以上，对肉羊生产的带动作用强。因此，养羊业的发展方向是肉羊业。羊毛的国内市场需求量很大，但该区域生产的羊毛质量差，缺乏竞争力，没有市场开发前景。

呼伦贝尔市奶牛饲养业发展迅猛，奶源丰富。该区的乳品加工业具有相当规模，除伊利、蒙牛在这里设有牛奶加工分厂外，还有"蒙兴"、"长富"、"光明"等乳品加工企业，通过产业化经营，推动着奶产业发展。可见，养牛业的产品发展方向是牛奶和牛肉。

在全国的农产品优势区布局中，该区域是牛奶和羊肉的优势区，结合上述分析，畜产品的主攻方向是羊肉、牛奶和牛肉。

5.3.1.3 品种发展方向

该区域是全国知名的肉用羊专用品种——乌珠穆沁羊的原产地，同时，育成的品种还有呼伦贝尔羊。所以，在锡林郭勒高平原东部和科尔沁草原北部，应大力发展肉羊业，在对乌珠穆沁羊复壮的同时，可以通过萨福克、多赛特羊和德国美利奴，与当地的毛肉兼用和肉毛兼用羊进行经济杂交，提高其肉质和产肉量；在呼伦贝尔高原中、东部，重点发展养牛业，这里是三河牛的原产地，该品种属于乳肉兼用品种，产奶量和肉的品质都比较好，要对该品种进行选育、复壮，同时，购买澳大利亚和新西兰的奶牛品种或胚胎，通过人工授精和胚胎移植技术，发展适合草原牧区半舍饲的草原奶业，这样，既可以降低成本，适应牧民的饲养习惯，又可以提高牛奶的品质。

具体而言，锡林郭勒草原东部的草甸草原区，以乌珠穆沁羊为主，重点发展肉羊业；呼伦贝尔草原东部的草甸草原区，以三河牛为主，通过西门塔尔牛对现有品种进一步提纯、复壮，引进澳大利亚和新西兰奶牛，利用人工授精和胚胎移植技术，扩大放牧型奶牛品种规模，重点发展肉牛业和奶牛业；科尔沁草原北部和呼伦贝尔草原东部的草甸草原区，以呼伦贝尔羊和兴安毛肉兼用细毛羊为母本，以多赛特、德国美利奴为父本，通过经济杂交，发展肉羊业。

5.3.2 饲养规模上限与盈亏平衡饲养规模

从不同的角度出发，可以得到不同的家畜饲养规模，如最大饲养规模、保本经营规模、适度经营规模等。依据不同类型规模的计算方法，确定温性草原区和生产经营者的不同类型的经营规模。

5.3.2.1 饲养规模的上限

草甸草原区牧户饲养规模的上限即草原理论载畜量，是依据草甸草原的牧草生产能力和该区域牧户的草原拥有面积，计算出该类型草原区家畜饲养规模的上限和牧户平均的家畜饲养规模的上限。这里所说的上限，是草原的最高承载能力，它是一个动态的指标，随着草原的牧草产量的变化而变化；另外，当来源于草原以外的饲草料的供应量增加时，饲养规模可以相应的随着扩大。

（1）计算公式。载畜量可以用草地单位和家畜单位来表示草地的载畜能力。草地单位的具体指标是一年或某放牧季节，一个标准单位的家畜需要某类型草地多大面积；家畜单位的具体指标是一年内，每单位面积草地可以养活多少个标准单位的家畜。

我们采用家畜单位表示载畜量。其计算公式：

$$G=S/L$$
$$L=（a×b）/（c×d）$$

式中 G 为草原利用期内（一年或某放牧季节）载畜量（羊单位/公顷）；S 为可利用草原面积（公顷）；L 为一个羊单位家畜在放牧利用期内（一年或某放牧季节）所需要的草地面积（公顷/羊单位）。式中 a 为一个羊单位家畜的日食量（千克/天·羊单位）；b 为放牧时间，一年（365 天）或某放牧季节；c 为可食牧草单产（千克/公顷）；d 为某草地类型牧草利用率（％）。

（2）计算参数的确定。

①羊单位的日食量（a）的确定。

一个羊单位日食量为 2 千克干草。

为了简化计算，成年绵羊、山羊＝1 个羊单位；大畜＝5 个羊单位；幼畜以 3：1 折为成年畜。

②放牧时间（b）的确定。

全年即 365 天；暖季指春末当地气温上升至 5℃以上至秋末气温降至 0℃时的天数，冷季则为 365 天减去暖季天数的差。

③草地可食牧草单产（c）的确定

草地可食牧草单产，就是每公顷草地一年中可食牧草地上部产量最高时期的生物量。若在非最高产量时期测产，计算产草量时，用产草量月动态系数予以校正，作为最高产时期的产草量。

④草地类型牧草利用率（d）的确定

草地生态系统在长期的进化和发展中，形成了土、草、畜之间相互依存的关系。土地是草的生长地和家畜的栖息地，草是家畜的食物，可食牧草必须在适当利用强度下才能良好更新、生长和发育。利用适当，可保持草地生产力持续不衰，利用过度会招致草地退化。控制适宜采食牧草的有效手段就是掌握草地的利用率。利用率代表一个比较稳定的理论值，其表示公式：草地利用率＝合理采食掉的牧草量/牧草总产量×100％。

（3）暖季载畜量和冷季载畜量。 北方草原具有明显的季节性，即夏秋季产草量高，冬春季进入枯草期，因此，载畜量存在明显差别。暖季、冷季载畜量的计算公式如下：

$$暖季一羊单位需草原面积＝\frac{暖季放牧天数×日食量}{暖季单位面积可食草产量}$$

$$冷季一羊单位需草原面积＝\frac{冷季放牧天数×日食量}{冷季单位面积可食草产量}$$

目前，温性草甸草原区的牧草的生物单产为 98.6 千克/亩；草甸草原的暖季利用率 60％左右，冷季利用率 70％左右，牧草生长旺季可食草产量为 66.1 千克/亩，枯草期可食草产量为 44.7 千克/亩[①]。

按照上述的计算公式和思路，温性草甸草原区暖季 1 羊单位需草原面积 5.1 亩，冷季 1 羊单位需草原面积 8.8 亩，全年 1 羊单位需草原面积 13.9 亩。其中，平原丘陵草甸草原亚类暖季、冷季 1 羊单位需草原面积分别为 5.5 亩和 9.8 亩；山地草甸草原亚类分别为 4.7 亩和 7.9 亩；沙地草甸草原亚类分别为 10.3 亩和 16.1 亩。

温性草甸草原暖季载畜量为 910 万羊单位；冷季载畜量为 675 万羊单位；全年理论载畜量 760 万羊单位。

（4）温性草甸草原区牧户最大饲养规模的计算。 根据家计调查资料，2008 年温性草甸草原区户均草原面积 3 600 亩，与 2002 年相比，温性草原区户均草原面积增长了 16.1％。增长的原因不是草原面积的扩大，而是草原区劳动力的转移和草原租赁面积的扩大。

目前，草甸草原区户均家畜实际饲养量为 305 个羊单位，而理论载畜量即最大饲养规模为 257 个羊单位/户，超载率为 18.7％。

当然，随着饲草料供给量的增加，牲畜的饲养量可以随之增加。按上述的推算思路和过程，可以计算出新的牲畜最大饲养规模，即可以推算出增加的牲畜饲养量。加强草原建设、合理利用草原，进而有效增加饲草料供给的任务仍很艰巨。

---

① 内蒙古草原勘查设计院．2005.《内蒙古草原资源遥感调查与监测统计册》，(12)．

5.3.2.2 盈亏平衡饲养规模

盈亏平衡饲养规模，亦称保本饲养规模，就是牧户畜牧业生产经营过程中（这里指 1 年）收入等于支出时家畜的饲养规模。

盈亏平衡饲养量＝年固定成本/（单位产品销售价格－单位产品变动成本）。依据成本核算和收益的调查计算结果，2006—2008 年温性草甸草原区改良绵羊、土种绵羊、山羊和牛的平均盈亏平衡饲养量分别为 12.1 只、15.7 只、13.2 只、5.4 头。若将草原价值计入成本，生产者的保本经营规模将提高。在东北草原区，由于气候比较寒冷，养牛业的棚圈投资和产畜的摊销额比较高，所以，牛的保本经营规模折算为羊单位后与其他畜种相比是最高的。

与 2002 年相比，草原建设的投资额显著增加，尤其是草库伦建设投资增长最快，为什么草甸草原区目前的保本经营规模会明显下降呢？主要原因有两个方面：一方面是畜产品价格的快速提升，带动草原畜牧业经济效益提高；另一方面是草原区生产经营方式的转变，即在草原禁牧、休牧的推动下，牲畜的出栏率显著提高。从而使收入的增长速度快于成本的增速，保本经营规模降低，推动牧民收入有效地增长。

温性草甸草原区 95％以上的牧户是绵羊、山羊、牛兼营，根据目前草甸草原产草水平，兼业经营的保本规模为 68 个羊单位。由此可见，草甸草原区的牧户平均饲养规模应该在 68～257 个羊单位之间。

5.3.3 家畜饲养和草地的经济规模

国外研究农业规模经济的方法有边际分析法、线性规划法、统计回归法、成本函数法、比较分析法、系统优化法等，这些方法各有优缺点。根据草原畜牧业投入产出关系，运用边际分析法，确定家畜饲养的经济规模和适度规模；再根据不同草原类型的牧草产量、利用率、不同家畜的采食量，推算草地的经济规模和适度经营规模。

牧草生产具有很强的自然再生产属性，草食家畜的组群也有比较严格的规模数量要求。实践证明，只有草原资源和畜群保持在一定的数量及范围内，休牧禁牧、划区轮牧、跟群放牧、接羔保育、疫病防治等生产环节才能有一个最经济合理的人力物力的投入规模，否则，偏离这个数量级过多，都会造成人力物力资源的浪费。充分考虑不同草原类型区的自然资源、经济、社会、文化等环境和条件差异，兼顾草原畜牧业生产经营方式和比较优势各不相同，分别测算我国温性草甸草原、典型草原和荒漠化草原三个草原类型区的家畜适度饲养规模和草地适度经营规模。

5.3.3.1　家畜饲养的经济规模计算方法

首先，对样本牧户按家畜不同饲养规模（即家畜年均存栏量）进行分组；其次，依据牧户 2006—2008 年某畜种的平均生产成本和收益数据，分别计算出不同经营规模的生产成本（z）和经营收入（y）；再次，以牧户的家畜饲养规模为自变量（x），分别计算边际成本（$\triangle z / \triangle x$）和边际收入（$\triangle y / \triangle x$）；最后，通过边际成本于边际收入的比较，当二者相等即边际利润为零时的规模，即为牧户家畜饲养的经济规模。

在充分考虑草原区人口、草地资源禀赋和生产力水平、畜产品需求趋势、草原生态环境保护与建设等多重因素，确定牧户的家畜适度饲养规模和草地适度经营规模。

5.3.3.2　家畜饲养的经济规模

（1）绵羊饲养的经济规模。 草甸草原区有乌珠穆沁羊等全国知名的优良肉羊品种。牧户绵羊不同饲养规模的边际利润变化情况详见表 5-8，其中，经济饲养规模为 120~199 只/户；年平均存栏量为 200~299 只/户时，处于报酬递减阶段；超过 300 只/户，收益递增，出现第二个报酬递增阶段，也意味着存在第二个经济饲养规模；当牧户饲养规模达到 500 只/户时，边际利润呈下降趋势，但总利润仍然增加。

表 5-8　2006—2008 年草甸草原区绵羊不同饲养规模的盈利情况

单位：只、元、元/只

年均存栏数	70 只以下	70~119	120~199	200~299	300~399	400~499	500~699
年均收入	7 509.2	23 673.5	52 372.0	73 016.0	106 582.1	142 804.0	180 836.0
年均饲养成本	3 624.7	10 278.0	22 402.3	44 839.1	67 519.1	85 569.0	100 740.2
边际收入	—	359.2	382.6	229.4	335.7	362.2	253.5
边际成本	—	147.9	161.7	249.3	226.8	180.5	101.1
边际利润	—	211.4	221.0	−19.9	108.9	181.7	152.4

（2）绒山羊饲养的经济规模。 草甸草原区牧户山羊的不同饲养规模的边际利润变化情况详见表 5-9。牧户的年平均存栏量到达 79 只之前，属于报酬递增阶段，经济饲养规模是 60~79 只/户；而在 80~99 只/户的饲养量区间，报酬递减，即增加山羊饲养量，利润不但不会增加，反而减少；当饲养量超过 100 只/户时，报酬递增，将出现第二个经济饲养规模，不过，随着山羊饲养量的提高，利润波动式上升。

表 5-9 2006—2008 年草甸草原区山羊不同饲养规模的盈利情况

单位：只、元、元/只

年均存栏数	40 以下	40～59	60～79	80～99	100～119	120～149	150～177
年均收入	4 236.5	8 543.6	12 906.6	14 218.9	17 092.5	19 655.7	23 852.0
年均饲养成本	2 839.8	5 293.2	7 319.3	9 823.2	12 265.5	14 734.4	17 589.9
边际收入	—	215.4	218.2	65.6	143.7	128.2	139.9
边际成本	—	122.7	101.3	125.2	122.1	123.4	95.2
边际利润	—	92.7	116.8	−59.6	21.6	4.7	44.7

（3）肉牛饲养的经济规模。 草甸草原区草场优良，发展肉牛业具有一定的比较优势。然而，一方面，肉牛的养殖业经营粗放，加之肉牛品种的培育未取得突破，适地专用品种不足，周转慢，出栏率仅 20% 左右，导致盈亏平衡规模提高，效益最大化的饲养规模也在提升，如果出栏率提高到 40%，则养牛效益会大幅度增长，适度养殖规模也会降低。另一方面，肉牛业的专业化程度非常低，几乎没有享受到分工、协作带来的效益。我们知道，草原畜牧业发达国家的肉牛养殖，分别由纯种场、繁育场、培育场、育肥场四种专业化养殖场完成，专业化分工明确，而我国草原区除少部分"牧区繁、农区育"外，绝大多数牧户肉牛养殖属于自繁自育，养殖效率很低。肉牛业的专业化分工要求，远远高于奶牛业、肉羊业和毛绒羊业，必须解决这个瓶颈。所以，肉牛的饲养规模普遍偏小，如 2009 年，年出栏肉牛 9 头以下的养殖户占总肉牛养殖户的比重，内蒙古为 87% 外，其余草原牧区均在 90% 以上。表 5-10 显示，草甸草原区牧户肉牛的经济饲养规模为 30～39 头/户。

表 5-10 2006—2008 年草甸草原区肉牛不同饲养规模的盈利情况

单位：头、元、元/头

年均存栏数	10 头以下	10～19	20～29	30～39	40～70
年均收入	6 786.6	18 132.5	40 214.9	53 103.2	74 141.9
年均饲养成本	3 833.8	8 626.0	20 849.5	28 706.6	50 652.0
边际收入	—	1 260.7	2 208.2	1 288.8	809.2
边际成本	—	532.5	1 222.4	785.7	844.1
边际利润	—	728.2	985.9	503.1	−34.9

5.3.3.3 草地的经济规模

温性草甸草原区的牧草的生物单产为 98.6 千克/亩；草甸草原的暖季利用

率 60％左右，冷季利用率 70％左右，牧草生长旺季可食草产量为 66.1 千克/亩，枯草期可食草产量为 44.7 千克/亩。经过测算，绵羊的经济饲养规模为 120～199 只时，需要草地面积 111.2～184.4 公顷；绒山羊的经济饲养规模为 60～79 只时，需要草地面积 55.6～73.2 公顷；肉用牛的经济饲养规模为 30～39 头时，需要草地面积 139.0～180.7 公顷。

5.3.4 家畜适度饲养规模与草地的适度经营规模

适度经营规模的确定，除收益最大化目标外，还要考虑生态目标，充分兼顾其他限制条件。

约束条件一：草地资源。目前，温性草甸草原区户均草原面积约 240 公顷，牧户占有草地的理论载畜量是 257 羊单位。然而，草甸草原区户均家畜实际饲养量已达到 305 羊单位，超载率为 18.7％。资源约束是适度经营规模的上限，即不能超过草地的承载能力，所以，需要压缩牲畜饲养量，实现适度规模经营。

约束条件二：兼营方式。温性草甸草原区 95％以上的牧户是绵羊、山羊、牛兼营，导致的结果是，绝大多数牧户的家畜总饲养规模超过了草地承载能力，而分畜种又未达到效益最大化规模。

约束条件三：市场需求。结合畜产品市场前景和区域比较优势，草甸草原区畜种的发展方向是绵羊饲养业和养牛业，畜产品的主攻方向是羊肉、牛肉和牛奶。

综合考虑诸多限制条件，草甸草原区牧户可以选择专业化的养羊业或养牛业；作为过渡，也可选择绵羊与肉牛兼营；压缩直至淘汰山羊。专营绵羊业的适度经营规模为 200 只/户；专营养牛业的适度经营规模为 40 头/户；依据边际利润的边际替代结果，绵羊与肉牛兼营户的适度经营规模为 120 只绵羊与 20 头肉牛组合。草地的适度规模经营面积为 200～360 公顷/户。

5.4 草原利用方式选择及草原建设

放牧是牧户对草原的主要利用方式。草原放牧制度可以分为两大类，即自由放牧和划区轮牧。自由放牧又称无系统放牧，即放牧区不作分区规划，牧工可以随意驱赶着畜群，在较大的草原范围内任意放牧。自由放牧制度主要包括以下几种不同的放牧方式：一是自由放牧；二是抓膘放牧；三是季节营地放牧；四是就地宿营放牧。另外，在自由放牧中还包括重复季节放牧、集约自由放牧等。划区轮牧也叫有计划放牧，就是按照一定的放牧方案，在放牧地内严格控制家畜的采食时间和采食范围进行草原利用的一种方式。有效保护和合理利用草原主要是对放牧制度进行改革，实施草原划区轮牧。

天然草原划区轮牧是一项综合性较强的草原放牧管理技术，草原划区轮牧在国外应用已有百余年的历史，但我国研究起步较晚，50年代初开始进行草原划区轮牧研究。80年代以来，由于草畜矛盾的逐渐突出及草原的日益退化，国内对草原划区轮牧的研究逐渐增多。以往的研究从理论上肯定了划区轮牧的优越性，但结合草原畜牧业生产的应用研究却很少。为了使划区轮牧技术在不同类型草原区大面积推广应用，内蒙古农业大学生态环境学院和内蒙古草原勘察设计院从1999年开始，在温性草甸草原区、典型草原区、荒漠草原区，结合已承包到户的家庭牧场实施了天然草原划区轮牧技术研究与示范，进行定期观测对比试验，得到十几万个数据，经过汇总处理总结出不同草原类型划区轮牧的主要技术参数，为大面积推广划区轮牧技术打下坚实的基础。

温性草甸草原植被优良，牧草的再生能力强，降雨量比较充沛，牧户占有的草原面积大，如东乌珠穆沁旗户均占有草原面积在1万亩以上，所以，非常适合划区轮牧。因此，肉羊和肉牛饲养业采用划区轮牧的放牧方式①。该区域乳用三河牛的存栏约17万头左右，放牧条件下年个体产奶量为1.5吨左右，补饲条件下可达3吨以上。因此，要充分发挥优势，对奶牛实行半舍饲，既可以提高产奶量，又可以降低成本。

5.4.1 草原划区轮牧设计

划区轮牧是有计划的系统的放牧利用草原的一种制度。即把牧户或联户所属范围内草原划分成若干季节牧场，再将每一个季节牧场分为若干轮牧小区，然后在一定的放牧时期内，按照一定顺序逐区采食，轮回放牧的一种制度。

划区轮牧是世界草原畜牧业发达国家普遍采用的一种科学而合理的草原利用制度。与传统的自由放牧相比，具有许多优点：①草原利用充分、均匀，牧草荒弃率少，节约草原，载畜量较高；②改善草原牧草成分，提高草原产量和质量；③在轮牧条件下，增加了牲畜采食和卧息时间，游走时间和距离减少，有利于牲畜的生长发育和畜产品产量的增加；④有利于草原管理和防止牲畜寄生虫病的感染，对草原牧草的更新复壮和家畜的健康都有益。

但是，划区轮牧必须是草原承载能力内的轮牧，若草原严重超载过牧，划区轮牧只能是缩小了放牧范围的超强度放牧，所以，应针对不同草原类型和不

---

① 常凤容，李蕴华. 1996. 科尔沁草甸草原肉牛育肥优化模式系统研究［J］. 内蒙古畜牧科学，(2)：4-8.

同的载畜量，逐步实施划区轮牧制度。

5.4.1.1　划区轮牧方案设计

　　划区轮牧技术方案设计首先详细调查划区轮牧牧户所在的草地类型、草地面积、饲养家畜种类以及经营和管理情况。野外测量计算出牧户实际拥有的草地面积，确定草地植物群落类型，估测牧草产量，然后计算草地合理的载畜量。

　　将天然草地分为暖季放牧场和冷季放牧场即夏秋场和冬春场。根据轮牧户天然草原载畜量、人工草地或打草场提供饲草料数量，划分季节牧场。计算公式：

$$暖季放牧场面积 = \frac{家畜头数 \times 日食量 \times 放牧天数}{牧草产量 \times 利用率（\%）}$$

　　冷季放牧场面积＝草原总面积－暖季放牧场面积－饲草料面积

　　夏秋场采取短周期划区轮牧，根据牧草产量及牧草再生特点，确定草甸草原划区轮牧放牧频度3～4次，轮牧周期30～40天，轮牧时间6月中旬～11月中旬，轮牧天数一般在150天左右；根据寄生蠕虫感染和牧草再生能力，草甸草原的小区放牧天数应为3～5天；轮牧周期除以小区内牲畜放牧天数即为轮牧小区数，但考虑到第2次及以后各次草地再生草产量逐渐减少的特点，再增加一定数目的补充小区，草甸草原划区轮牧适宜的小区数目为6～8个[①]；轮牧小区的面积取决于草原产草量、畜群头数、放牧天数和家畜日食量，计算公式为：小区面积＝（畜群头数×日食量×放牧天数）/草原可食产草量。在合理安排草畜平衡，保证草地不退化的前提下，合理划区轮牧可提高载畜量提高27%左右[②]。

5.4.1.2　划区轮牧基础设施设计

　　牧道宽度根据放牧牲畜种类、数量而定，宽为5～10米，尽量缩短牧道长度。门位的设计要尽量减少牲畜进出轮牧区游走时间，既不可绕道进入轮牧区，同时也要考虑水源的位置。水源应在轮牧区或尽量靠近轮牧区。我们根据牧户基础条件，有条件的牧户在轮牧区内打井，或用车拉水饮牲畜。轮牧小区可设置管道供水或车辆供水。轮牧小区内根据家畜数量设置饮水槽，保证牲畜足够饮水量。

　　网栏高度为0.9～1.1米。每10～13米网栏设置1根小立柱，每200米网栏设置1根中心立柱。也可用电围栏和生物围栏。

5.4.1.3　轮牧管理方案设计

　　（1）制定畜群轮牧计划。依照放牧场轮牧设计方案，根据草场类型、牧草再生率，确定轮牧周期、轮牧频率、小区放牧天数、始终轮牧期、轮牧畜群的

---

①　邢旗等．2003.草原划区轮牧技术应用研究，内蒙古草业（1）：1-3.

②　许中旗等．2008.禁牧对锡林郭勒典型草原物种多样性的影响［J］.生态学杂志（8）：1307-1310

饮水、补盐及疾病防治等日常管理方案，以单户或联户为一个放牧单元，制定畜群轮牧计划。

（2）制定放牧小区轮换计划。 放牧小区轮换是按每一放牧单元中的各轮牧小区，每年的利用时间，利用方式按一定规律顺序变动，周期轮换，使其保持长期的均衡利用。

（3）围栏及饮水设施管护制度。 对围栏及饮水设施牧户要定期检查，围栏松动或损坏时要及时进行维修，禁止畜群放牧时穿越轮牧小区。饮水设施有破损要及时检修，冷季轮牧区休牧时管道供水系统排空管道存水，饮水槽等设施妥善保管以备来年使用。

5.4.2　草原休牧和禁牧选择

中轻度退化的草原地段实行休牧制度，即季节性休牧。在牧草返青期休牧30～60天，在牧草结实期休牧30天，具体休牧日期根据本地政府部门规定执行。牧户可以根据自身实际情况，可以提前和延迟休牧日期，以确保草地的可持续利用。休牧期间，休牧的牧户必须应贮备充足的饲草料，进行舍饲，严禁到草原上放牧。

退化严重的草原地段实行禁牧，禁牧即休牧期超过1年。牧户要根据具体情况，不断调整禁牧范围，使草原休养生息，恢复植被。如果禁牧与补播、浅耕翻等改良草原措施相结合，草原恢复的效果会更好。

禁牧、休牧和划区轮牧均需要建立在草畜平衡基础上[①]。因此，牧户要根据天然草地饲草产量和饲料地饲料贮量，确定不同季节的牲畜饲养量，严格控制牲畜的放牧量，使草原利用率维持在50%左右。

5.4.3　草原建设重点

5.4.3.1　草原改良

退化草原改造主要采取封育、施肥、松耙切根、免耕补播、飞播等措施。草原改良根据不同草原利用状况，中轻度退化草原采取封育措施，中重度退化草原采用机械结合补播等措施进行改良；沙化退化草场采用飞播或模拟飞播等措施；盐渍化草场改良根据含盐程度播种耐盐碱牧草。

5.4.3.2　人工草地

草甸草原中旱生草本占优势，并有相当数量的中生草甸植物混生。草甸草

---

① 珠兰，贾玉山等．2006.巴林左旗禁牧、休牧期草食家畜饲草供给模式的研究［J］．内蒙古草业（1）：9-12.

原主要分布在东北松辽平原和内蒙古高原的东部边缘，$\geqslant 10℃$ 的积温为 1 700～2 800℃，年降雨量 350～500 毫米，这类草原的草群茂盛，高达 60 厘米，覆盖度 60%～80%，常见的优势种有贝加尔针茅、线叶菊和羊草等[1][2]。在保护和合理利用天然草原的基础上，适宜地段或充分利用退耕地开发旱作人工草地；饲草料地建设选择水土条件适宜地段，合理利用地表水资源，适度开发河谷草原浅层地下水，发展节水灌溉小草库伦和饲草料基地，种植品种以再生能力强的高产牧草及一年生青贮饲料为主。通过人工草地和饲料基地的建设，补充冬春季饲草不足，从而提高单位面积载畜量及家畜生产能力，改善草原植被群结构，达到草畜平衡，促进草原生态系统的良性循环，达到草原生态效益和经济效益相统一。

(1) 引种与播种。引种：依据草甸草原区积温、无霜期，引进适宜当地的抗寒、耐旱、适口性好优良牧草，包括无芒雀麦、老芒麦、披碱草、加拿大苜蓿、加拿大冰草等。播种方法：主要采用单播和混播两种方法。

(2) 田间管理。田间除草：主要采用化学剂除草，播种当年幼苗期和每年牧草返青时，用选择性除草剂除草，禾本科采用 2.4-滴丁酯、2.4-滴钠盐类，用量 100 克/亩，加水 20～30 千克水充分混合均匀喷洒到田间。加拿大苜蓿地采用的除草剂是苗达灭（EPTC）、地乐酯，用量 110 克/亩，加水 25～35 千克水充分混合均匀喷洒。种肥：牧草播种时，牧草种子和二铵混合均匀，播种施肥同时完成。施肥量 2.5～5.0 千克/亩。

(3) 收获。人工割草地采取机械化适时收割、加工，保证获得优质高产的饲料，并维护草地的持续生产力和保持水土。同时，天然割草地也要采取合理的刈割技术，确保牧草收获量和牧草再生能力。

5.4.3.3 草原灾害防治

自然灾害以防火为主，特别是处于森林、草原交错地带的草甸草原，加强防火设施和防火隔离带建设以及火险监测。

温性草甸草原的生物灾害防治主要是布氏田鼠、鼢鼠的治理和蝗虫防治。

推行基本草原保护制度，加大草原执法力度，禁止开垦草原和滥挖草原药材及违规开矿等人为破坏草原行为。

---

① 陈敏等．1998. 改良退化草地与建立人工草地的研究［M］．呼和浩特：内蒙古人民出版社．

② 施建军等．2007．"黑土型"退化草地上建植人工草地的经济效益分析［J］．草原与草坪，(1)：60-64.

6　温性典型草原持续利用经营模式

6.1　温性典型草原区草畜资源

6.1.1　草原资源

温性典型草原类是内蒙古天然草原的主体,是欧亚大陆草原区的重要组成部分。该类草原广泛分布于呼伦贝尔高平原中西部、锡林郭勒高平原大部、阴山北麓丘陵一线、鄂尔多斯高平原东部和西辽河平原东南部。典型草原是草原带的最基本的类型,也是全国最典型的草原区域,是内蒙古面积最广的优良天然牧场。该区域属温带半干旱气候[①],年总辐射量 5 500~6 500MJ/时,年平均气温北部 2~12℃,南部 6~15℃,年降水量 250~450 毫米,湿润系数0.3~0.6。

21 世纪初内蒙古温性典型草原总面积2 513.2 万公顷,占内蒙古草原总面积的 33.5%,其中,可利用草原面积 2 368.5 万公顷。与 20 世纪 80 年代相比,典型草原总面积减少240.5 万公顷,缩减了 8.7%。这里的植被是在半干旱的气候条件下发育起来的,与草甸草原相比较,牧草种的丰富度和草群盖度都有一定程度的减少,草群高度 10~35 厘米,草群盖度 30%~40%;产草量下降,是温性草甸草原类产草量的 1/2 左右,但高于其他草原类型。21 世纪初,温性典型草原的生物单产为 51.7 千克/亩;牧草生长旺季可食草产量31.5 千克/亩,枯草期可食草产量 21.1 千克/亩;全年一羊单位需草地面积28.9 亩。

温性典型草原在内蒙古分布范围最广,面积最大,草地类型分化也最多,所含的草地类型数占内蒙古草地类型总数的 1/3。在如此繁多的草地类型中,由大针茅、克氏针茅、长芒草及糙隐子草等丛生禾草分别建群组成的草地型面积最大,分布范围也最广,占本类草地总面积的 28%,是构成典型草原的主体;草群中灌木和小半灌木数量自东向西明显增加,局部地段能上升为优势种形成各种灌木、半灌木草地类型。由各种灌木建群组成的灌丛化草地面积,占

---

①　云文丽等.2008.近 50 年气候变化对内蒙古典型草原净第一性生产力的影响[J].中国农业气象,(3):294-297.

本类草地总面积的 28%，常见的灌木有小叶锦鸡儿、狭叶锦鸡儿、中间锦鸡儿，它们主要分布在复沙地和沙地上。在低山丘陵区的阴坡或半阴坡上，也见有虎棒子、三裂绣线菊及西伯利亚杏，柄扁桃多见于中西部低山丘陵的阳坡。

由冷蒿和沙蒿建群的蒿类半灌木草地，面积占 16%，大部分出现在复沙地和沙地上。特别是小半灌木冷蒿分布范围较广。在草群中参与度较高，又往往是构成丛生禾草以及其他草地类型的次优势种或主要伴生种，有时成为丛生禾草退化演替时的标志种；而由百里香、达乌里胡枝子等小半灌建群的草地型面积较小，占 6.3%；由羊草建群的根茎禾草草地，面积占 18%[①]。差巴嘎蒿、褐沙蒿、油蒿在不同生境条件下组成的半灌木草地，构成了内蒙沙地独特的自然景观。

在温性典型草原中，由杂类草建群的草地型明显减少，仅占本类草地面积的 2.5%，主要集中分布于温性典型草原区的东部。

组成典型草原经济类群的是以良等、中等饲用植物为主，优等的饲用植物也占有相当比重[②]。在饲用植物中多数种为绵羊、山羊、牛、马所喜食或乐食。

平原丘陵草原，应以饲养绵羊为主，其次是牛、马。山地草原适宜饲养山羊、绵羊。

6.1.2　畜种资源

温性典型草原区家畜品种资源丰富，有著名的科尔沁牛、草原红牛、内蒙古细毛羊、敖汉细毛羊、科尔沁细毛羊、罕山白绒山羊和锡林郭勒马等品种。

(1) 科尔沁牛。产于通辽市科尔沁左翼后旗、科左中旗、扎鲁特旗、开鲁县和科尔沁区等旗、县、区。1990 年 8 月自治区人民政府验收命名为"科尔沁牛"新品种，数量约 10.5 万头。科尔沁牛属乳肉兼用型品种。耐粗放，易管理，适应性、抗病力强，生产性能高，育肥性能好，遗传性能稳定。成年公牛平均体高 147 厘米，平均体重 808.6 千克；成年母牛平均体高 129 厘米，平均体重 425 千克。在半舍饲条件下，208 天母牛平均产乳 3 210.8 千克，乳脂率 4.2%。18 个月龄阉牛屠宰率 53.3%，净肉率 41.9%。

(2) 草原红牛。产于赤峰市翁牛特旗、巴林右旗和锡林郭勒盟的正蓝旗等。1984 年 9 月自治区人民政府验收命名为"内蒙古草原红牛"新品种，目前数量约 10.6 万头。草原红牛是乳肉兼用型品种。在以放牧为主，冬春季节

---

① 《内蒙古草地资源》编委会. 1991. 内蒙古草地资源［M］. 内蒙古人民出版社.81-83.

② 邢旗，刘永志，韩志敏.1994 内蒙古典型草原地上生物量及营养物质动态的研究［J］. 内蒙古草业，(2)：34-38.

少量补饲条件下，成年公牛平均体重 850.0 千克，成年母牛平均体重 450.0 千克。年均产乳 1 600～2 000 千克，乳脂率 4%以上，屠宰率 55%。

(3) 内蒙古毛肉兼用细毛羊。 主要分布在锡林郭勒盟正蓝旗、太仆寺旗、多伦县、镶黄旗、阿巴嘎旗、锡林浩特市和西乌珠穆沁旗等旗县市。1976 年 12 月，自治区人民政府验收命名为"内蒙古毛肉兼用细毛羊"新品种，是内蒙古地区培育的第一个家畜品种。1985 年后导入澳洲美利奴血液，目前数量已发展到 150 余万只。该品种适应性强，耐粗饲，耐寒冷，能刨雪采食，抓膘复壮快，生产力较高，遗传性稳定。

(4) 敖汉细毛羊。 产于赤峰市敖汉旗、翁牛特旗、松山区、喀喇沁旗及宁城县等旗县区。中心产区为敖汉羊场。1982 年 6 月自治区人民政府验收命名为"敖汉肉毛兼用细毛羊"新品种，1985 年后导入澳美羊血液，数量已达 90 万只。该品种耐风沙，抓膘快，净毛产量高，腹毛生长好，繁殖率高，适应性强，遗传性能稳定。羊毛细度以 64 支为主，屠宰率 46%。

(5) 呼伦贝尔毛肉兼用细毛羊。 产于兴安岭岭东的扎兰屯市、阿荣旗和莫力达瓦达斡尔族自治旗，岭西也有少量分布，1995 年 5 月自治区政府命名为"呼伦贝尔族毛肉兼用细毛羊"新品种，数量为 25.6 万只。

(6) 科尔沁细毛羊。 产于通辽市奈曼旗、科左中旗、开鲁县和科尔沁区等地。1987 年 4 月，自治区政府验收命名为"科尔沁细毛羊"新品种，1988 年后导入澳美羊血液。数量达 24.8 万只。

(7) 罕山白绒山羊。 分布于赤峰市巴林右旗、巴林左旗、阿鲁科尔沁旗和通辽市扎鲁特旗、霍林郭勒市、库伦旗等地，1995 年 9 月自治区人民政府验收命名为"罕山白绒山羊"新品种，数量约 120 万只。罕山白绒山羊，体格较大，体质结实，结构匀称，背腰平直，后躯稍高，体长略大于体高。全身被毛纯白，密度适中，光泽良好，产绒量较高，绒毛品质好。耐寒，耐粗饲，适应性强，遗传性能稳定。成年公羊平均产绒量 708 克，平均绒厚 5.54 厘米；成年母羊平均产绒量 487 克，平均绒厚 4.73 厘米。净绒率 73.7%，羊绒细度 14.7 微米。屠宰率 46.5%，母羊产羔率 109%～119%。

(8) 西门塔尔牛。 引进品种，原产于瑞士西部阿尔卑斯山区，因"西门"山谷而得名。原为役用型，经过长期选育，形成了乳肉兼用型，1826 年正式宣布品种育成。该品种体格大，耐粗饲，适应性强，抗病力强，与其他牛杂交，均可取得良好的改良效果。主要分布在本区的通辽市。

(9) 夏洛来牛。 引进品种，原产于法国中部的夏洛来和涅夫勒地区，原是古老的大型役用牛，后来经过多年育种选育，培育成专门大型肉用品种。1920 年正式命名为专用肉用品种。该品种有以下特点：早熟、生长快、皮薄、出肉率高、瘦肉多、肉质好，难产较多，与内蒙古黄牛改良，提高产肉能力和改善肉的质量，改善体躯结构方面取得了良好效果。

(10) 利木赞牛。引进品种，在法国中部利木赞地区育成而得名。原是大型役用牛，后来培育成专门肉用品种，1924 年宣布育成。该品种产肉性能高，胴体质量好，眼肌面积大，前后肢肌肉丰满，出肉率高，难产率低，毛色接近中国黄牛，比较受群众的欢迎，是改良黄牛的较理想品种之一。

(11) 海福特牛。引进品种，原产于英格兰西部的海福特郡，是一个古老的肉用品种，1790 年宣布育成。海福特牛生长快，抗病耐寒，适应性好，繁殖性能强，自内蒙古用海福特开展黄牛改良以来，效果明显。

(12) 安格斯。引进品种，原产于苏格兰北部的阿佰丁，金卡和安格斯群，是英国古老的肉用品种之一，1892 年良种登记，宣布良种肉用品种。该品种早熟易配，性能温和，易管理，体质紧凑，结实，易放牧，肌肉大理石纹明显。

6.2 家畜饲养和收割牧草的成本与经济效益

6.2.1 不同家畜的饲养成本与经济效益

6.2.1.1 生产费用的归集

2006—2008 年温性典型草原区每百只存栏畜平均饲养费用详见表 6 - 1。其中，饲草饲料费所占总成本比重最高，改良绵羊和土种绵羊饲草饲料费所占比重高于牛和山羊，为 63% ~ 68%；牛和山羊的饲草饲料费占总成本的比重近 50%。可见，有效增加饲草料供应，努力降低其费用，是稳定典型草原区畜牧业发展和增加牧民收入的重要途径。

表 6 - 1　2006—2008 年温性典型草原区每百只存栏畜平均饲养费用

项　　目	单位	改良绵羊*	土种绵羊	山羊	牛
合计		17 478.07	12 791.96	10 500.15	42 593.25
一、物质费用	元	13 249.35	9 327.92	7121.79	32 575.13
（一）直接生产费用	元	11 129.29	7 526.34	4 841.79	23 171.97
1. 幼畜购进费	元	198.53	58.74	0.00	0.00
2. 饲草费	元	6 190.81	3 918.33	2 418.31	9 514.57
3. 饲料、饲盐费	元	2 699.00	1 900.49	1 053.17	6 431.35
4. 医疗、防疫费	元	468.84	345.96	368.66	2 569.32
5. 配种费	元	83.88	31.33	0.00	1 757.17
6. 放牧用具费	元	422.78	309.22	288.38	1 013.25

（续）

项　　目	单位	改良绵羊*	土种绵羊	山羊	牛
7. 修理费	元	655.98	515.37	413.73	758.94
8. 死亡损失费	元	165.70	110.09	109.88	453.85
9. 其他直接物质费	元	243.77	336.81	189.66	673.53
（二）间接生产费用	元	2 120.06	1 801.58	2 280.00	9 403.15
1. 固定资产折旧	元	1 173.33	944.63	855.17	6 628.55
2. 草原建设费	元	577.99	445.02	305.11	2 218.85
3. 管理费	元	188.37	275.55	980.87	100.53
4. 销售费用	元	76.46	56.78	21.07	19.33
5. 财务费用	元	17.93	12.85	9.14	0.00
6. 税金	元	0.00	0.00	0.00	0.00
7. 其他间接费	元	85.98	66.74	108.65	435.89
二、人工成本	元	2 504.67	1 899.05	1 903.44	3 573.64
1. 家庭用工折价	元	1 622.28	1 446.225	1 903.44	1 659.075
家庭用工天数	日	98.32	87.65	115.36	100.55
劳动日工价	元	16.5	16.5	16.5	16.5
2. 雇工费用	元	882.39	452.83	0.00	1 914.57
雇工天数	日	30.66	15.47	0.00	66.23
雇工工价	元	28.78	29.27	0.00	28.91
三、草场租赁成本	元	1 724.05	1 564.99	1 474.91	6 444.48

＊：主要是毛肉兼用品种的改良绵羊。

　　近年来，典型草原区实施季节休牧、围封禁牧等生态环境保护、建设工程的范围大于草甸草原区，使畜牧业经营的物质费用显著增加，从而导致成本上升。由于肉牛采用半舍饲经营方式，同时，部分牧户购置架子牛进行舍饲育肥，所以，进行生态环境保护、建设工程对养牛业的影响比较小。

6.2.1.2　费用的分配

　　费用分配的原则和标准同第五章第二节。2006—2008 年温性典型草原区畜产品平均生产成本收益核算结果详见表 6-2。

表 6 - 2　2006—2008 年温性典型草原区畜产品生产成本收益汇总表

	项目名称	单位	改良绵羊*	土种绵羊	山羊	牛
	畜群期初存栏数量	头只	3 280	5 144	506	433
	畜群期内出栏数量	头只	2 568	3 585	220	120
	畜群期末存栏数量	头只	3 187	5 041	598	451
	每只产品畜平均活重	公斤	38.23	31.77	25.86	300.88
每百只存栏畜	产品畜数量	头只	79.36	70.20	38.73	26.27
	毛（绒）产量	公斤	358.66	125.14	34.24	0.00
	产值合计	元	37 755.30	22 614.58	16 985.27	92 154.37
	产品畜产值	元	31 467.83	21 679.02	10 157.64	90 385.94
	毛（绒）产值	元	6 032.66	745.79	6 728.87	0.00
	副产品产值	元	254.81	189.77	98.76	1768.43
	总成本	元	17 478.07	12 791.96	10 500.15	42 593.25
	生产成本	元	15 754.02	11 226.97	9025.23	36 148.77
	物质与服务费用	元	13 249.35	9 327.92	7 121.79	32 575.13
	人工成本	元	2 504.67	1 899.05	1 903.44	3 573.64
	家庭用工折价	元	1 622.28	1 446.23	1 903.44	1 659.08
	雇工费用	元	882.39	452.83	0.00	1 914.57
	草场租赁成本	元	1 724.05	1 564.99	1 474.91	6 444.48
	净利润	元	20 277.23	9 822.62	6 485.13	49 561.12
	成本利润率	%	116.02	76.79	61.76	116.36
每50公斤	产品畜（活重）平均出售价	元	518.60	486.10	507.09	571.79
	产品畜（活重）成本	元	244.84	272.49	262.09	269.45
	毛（绒）平均出售价	元	841.00	297.98	9 825.19	0.00
	毛（绒）成本	元	365.49	255.55	7 665.92	0.00
	每头（只）产品畜（活重）售价	元	396.52	308.83	262.25	3 440.74
	每头（只）产品畜（活重）成本	元	187.20	173.12	135.55	1 621.41

＊：主要是毛肉兼用品种的改良绵羊。

　　根据成本核算表，推算出典型草原区牧户 2006～2008 年饲养改良绵羊、土种绵羊、山羊和牛的平均成本收益率分别为 116.0%、76.8%、61.8%、116.4%。可见，本区肉牛和肉羊饲养业的成本效益率高于饲养土种绵羊和山羊，尤其是山羊成本的上升，使其成本收益率降至最低。就是说，在温性典型草原区，肉牛业、肉羊业具有比较优势，应该优先发展，绒山羊业应控制和压缩。

6.2.2 天然草原牧草收获成本与经济收益

在典型草原区，可用于建立打草场的草原面积比草甸草原区要少的多。许多牧户建立打草场，绝大多数用于饲草储备，满足牲畜过冬或牲畜育肥的需要；只有少部分牧户的牧草用于出售。

牧户在天然草原上建立打草场，主要的建设投资与草甸草原基本相同，即主要是固定资产投资，包括建设围栏、储草库、购置割草机、搂草机等。用于草原改良，如草原施肥、灌溉、浅耕翻、补播等措施也很少，就是说，为收获牧草而"真正的"生产投入微乎其微。2007—2009 年温性典型草原牧草平均收获成本详见表 6-3。

表 6-3 2007—2009 年温性典型草原打草成本汇总表

序号	项目	单位	金额	成本构成
1	打草场面积	公顷	1 685.0	
2	牧草产量	吨	1 159.5	
3	生产费用	元	77 968.5	23.92
3.1	种子费	元	0.0	0.00
3.2	化肥费	元	0.0	0.00
3.3	农家肥费	元	87.0	0.03
3.4	农机费	元	41 162.2	12.63
3.5	灌溉费	元	0.0	0.00
3.6	燃料动力费	元	18 790.4	5.77
3.7	技术服务费	元	365.0	0.11
3.8	修理维护费	元	9 299.2	2.85
3.9	其他直接费用	元	8 264.7	2.54
4	用工费用	元	117 096.0	35.93
5	固定资产折旧	元	38 964.0	11.96
6	草场租金	元	91 875.0	28.19
7	总成本	元	325 903.5	100.00
8	单位产品成本	元/吨	281.1	

由于机械化水平低和机械配套性能差，牧草的收获需要大量的人工，主要用于翻晒、打包和看护，有的地段或打草场面积较小的户，还需要人工割草，致使天然典型草原收获牧草的人工费用占总成本的 35.9%；许多牧户租赁打

草场，平均支付的租金占生产成本的 28.2%；固定资产折旧占 12.0%；牧草"生产费用"支出占 24.0%，其中支付的农机费和燃料费，主要是用于割草、搂草方面的支出，并非真正意义的牧草生产方面的投入。

若以近年平均价 570 元/吨作为效益核算的基准价，则草甸草原每吨干草的盈利额为 288.9 元。

6.2.3 收获牧草与饲养家畜效益比较

在目前生产条件和市场条件下，温性典型草原打草场的牧草单产为 0.69 吨/公顷，可饲养 1.1 羊单位。若以肉用品种改良绵羊平均产出水平计算，即出售羊毛和羊肉的获利，每只绵羊可获得盈利 229.5 元（按表 6-2 中肉用品种的改良绵羊盈利水平计算，绵羊毛按 6.3 元/千克的平均盈利水平计算）。这样，每公顷草原生产的牧草用于饲养肉羊可获得 252.4 元的盈利，比收获牧草直接出售获利的 199.3 元高出 53.1 元。可见，典型草原区发展畜牧业比直接出售牧草具有一定的经济比较优势。

6.3 草原和家畜适度经营规模的确定

6.3.1 草原畜牧业发展方向选择

温性典型草原区的东南部以发展肉牛业为主；西部以发展肉羊业为主；中南部以发展山羊绒业和细羊毛业为主。

6.3.1.1 畜种发展方向

典型草原的产草量低于草甸草原，但草质高于草甸草原，更适合发展养羊业；另外，本区域牛的存栏量大，牛的品种培育历史悠久，是全国的肉牛生产优势区，通辽市培育出的科尔沁牛、锡林郭勒盟通过利木赞、安格斯对蒙古牛的改良，亦取得了显著的效果，是内蒙古草原牧区最大的肉牛优势区。本区虽没有专用肉用羊品种，但肉毛兼用羊品种资源非常丰富，存栏量大。从市场需求的角度看，牛羊肉的市场前景广阔，肉牛、肉羊业是本区的主要发展方向。敖汉细毛羊是内蒙古比较好的毛用羊品种，羊毛细度以 64 支为主，尽管与进口羊毛的质量有一定的差距，却是质量比较好的国产羊毛，所以，敖汉羊场及周边地区应重点发展细毛羊业。从保种的角度，要实施蒙古马保护工程。对于绒山羊，该区域有自治区命名的品种—罕山绒山羊，但亦应采取控制、压缩战略。

6.3.1.2 产品发展方向

我国重点农业产业化龙头企业—内蒙古科尔沁牛业股份有限公司以及内蒙古塞飞亚集团有限责任公司、内蒙古小尾羊餐饮连锁有限公司、内蒙古东方万旗肉牛产业有限公司、锡林郭勒乌珠穆沁羊业有限责任公司等坐落在这里，同时，在全国的农产品优势区布局中，该区域是牛肉和羊肉的优势区，结合市场和资源分析，畜产品的主攻方向是牛肉、羊肉（重点是羔羊肉）和山羊绒、细羊毛。

6.3.1.3　品种发展方向

根据国际肉牛市场的发展趋势，结合本区黄牛的改良现状，在通辽市科尔沁肉牛生产区，引进西门塔尔、夏洛来和利木赞等大型肉用品种，加速黄牛的改良和科尔沁牛和草原红牛复壮、提纯，发展草原肉牛业；在锡林郭勒草原肉牛生产区以引进利木赞、海福特和安格斯品种为主，开展杂交改良和肉牛品种的培育。在两个生产区内，组建优质基础母牛种源基地；通过胚胎移植和人工授精技术，促进引进品种牛与本地优势肉用牛优良基因的优化组合，提高其后代生产性能。

在典型草原西部和北部地区，引进多赛特、德国美利奴等品种与毛肉兼用细毛羊、蒙古羊等进行经济杂交，发展肉羊业，同时，本区适宜苏尼特羊、乌珠穆沁羊的生长，可以引进这两个品种；细羊毛业的主要品种是敖汉细毛羊，要进一步加大敖汉细毛羊的改良力度，引进澳洲美利奴进行改良、提纯，以提高细羊毛的质量；罕山白绒山羊是该区的优良绒用山羊品种。

具体而言，锡林郭勒草原中部和呼伦贝尔草原西部的典型草原区，主导项目为肉牛业、肉羔羊业和绒山羊业；科尔沁草原腹地典型草原区，也是科尔沁沙地的腹地，其主导项目为肉牛业和细羊毛业，山羊的饲养量要压缩；乌兰察布草原南部的典型草原牧区，主导项目为肉羔羊业。

6.3.2　饲养规模上限与盈亏平衡饲养规模

6.3.2.1　饲养规模的上限

核定草原饲养规模的上限计算公式与第五章第三节相同。由温性典型草原的自然特点、草资源现状和生物学特性决定，其各计算参数与草甸草原有所不同。

目前，典型草原区的牧草的生物单产为51.7千克/亩；典型草原的暖季利用率55%左右，冷季利用率65%左右，牧草生长旺季可食草产量为31.5千克/亩，枯草期可食草产量为21.1千克/亩[1][2]。

典型草原区暖季1羊单位需草原面积10.5亩，冷季1羊单位需草原面积

---

① 汪诗平等.1999.内蒙古典型草原草畜系统适宜放牧率的研究：以牧草地上现存量和净初级生产力为管理目标［J］.草地学报，(3)：192-197.

② 王艳芬，汪诗平.1999.不同放牧率对内蒙古典型草原牧草地上现存量和净初级生产力及品质的影响［J］.草业学报，(1)：15-20.

18.4 亩，全年 1 羊单位需草原面积 28.9 亩。其中，平原丘陵典型草原亚类暖季、冷季 1 羊单位需草原面积分别为 9.8 亩和 17.5 亩；山地典型草原亚类分别为 12.8 亩和 21.6 亩；沙地典型草原亚类分别为 13.1 亩和 21.2 亩。

温性典型草原暖季载畜量为 1 600 万羊单位；冷季载畜量为 1 040 万羊单位；全年理论载畜量 1 230 万羊单位。

根据家计调查资料，2008 年典型草原区户均草原面积 2 100 亩，户均家畜实际饲养量为 135 羊单位，而理论载畜量即户均最大饲养规模为 73 羊单位，目前超载率为 84.9%。可见，典型草原牧区要不断扩大饲草料来源，以缓解草畜矛盾，并为扩大饲养规模奠定基础。

当然，随着饲草料供给量的增加，牲畜的饲养量可以随之增加。按上述的推算思路和过程，可以计算出新的牲畜最大饲养规模，即可以推算出增加的牲畜饲养量。

6.3.2.2 盈亏平衡饲养规模

盈亏平衡饲养规模，亦称保本饲养规模，就是牧户畜牧业生产经营过程中（这里指 1 年）经营收入等于经营支出时家畜的饲养规模。

盈亏平衡饲养量＝年固定成本/（单位产品销售价格－单位产品变动成本）。

依据成本核算和收益的调查计算结果，2006—2008 年温性典型草原区改良绵羊、土种绵羊、山羊和牛的平均盈亏平衡饲养量分别为 14.1 只、15.1 只、13.2 只、3.4 头。由于草原的价值没有计入成本，是养羊业保本经营规模偏低的重要影响因素。在浑善达克沙地、科尔沁沙地实施围封转移、围封禁牧、季节休牧等制度，推行山羊舍饲工程，使其变动成本上升；因为近年畜产品价格快速上涨，冲减了变动成本的提高，所以，与 2002 年相比，保本规模略有下降。也说明牧民纯收入仍有一定的增长。

温性典型草原区绝大多数牧户是绵羊、山羊、牛兼营，根据目前典型草原产草水平，兼业经营的保本规模为 59 个羊单位。典型草原区的牧户平均饲养规模应该在 59～73 个羊单位之间。由此可见，典型草原区仅仅依靠天然草原发展畜牧业已经受到严重的制约，所以，在合理利用草原的同时，必须加大草原建设力度，并不断开辟饲草饲料来源，实现增草增畜。不断转变畜牧业生产经营方式，加快牲畜周转，达到畜牧业的经济效益与草原生态效益的协调统一。

6.3.3 家畜饲养和草地的经济规模

6.3.3.1 家畜饲养的经济规模

（1）绵羊饲养的经济规模。典型草原区的绵羊品种以蒙古羊为主。牧户绵羊的经济饲养规模为 200～299 只/户；随着规模的扩大，报酬开始递减；当饲养量超过 500 只/户，绵羊业又出现收益递增（详见表 6-4），产生新的经济饲养规模。典型草原区第二个报酬递增阶段的起点规模为 500 只/户，而草甸草原区是 300 只/户，二者差异显著。主要原因是草甸草原区的自然条件、自然环境、牧户占有资源等优于典型草原区，使后者扩大饲养规模的难度高于前者。

表 6-4　2006—2008 年典型草原区绵羊不同饲养规模的盈利情况

单位：只、元、元/只

年均存栏数	70 只以下	70～119	120～199	200～299	300～399	400～499	500～699
年均收入	10 486.8	25 205.4	60 128.9	83 956.5	106 256.2	85 222.1	166 832.5
年均饲养成本	7 082.7	14 039.0	25 927.7	34 856.7	58 674.6	46 427.7	75 676.2
边际收入	—	226.4	410.9	397.1	223.0	−210.3	408.1
边际成本	—	107.0	139.9	148.8	238.2	−122.5	146.2
边际利润	—	119.4	271.0	248.3	−15.2	−87.9	261.8

典型草原区的人口密度大，户均占有草原面积低于草甸草原区和荒漠草原区。另外，天然典型草原的产草量高于荒漠草原，但低于草甸草原。不过，典型草原牧草质量优良，为草原畜牧业发展，奠定了基础。

（2）绒山羊饲养的经济规模。典型草原区牧户的山羊不同饲养规模的边际利润变化情况详见表 6-5。牧户的年饲养量到达 59 只之前，属于报酬递增阶段；而牧户绒山羊的饲养规模到达 60 只以上时，开始报酬递减。经济饲养规模是 50～59 只/户。典型草原区拥有优质的罕山绒山羊品种，与草甸草原区相比，绒山羊业具有比较优势，尽管山羊绒价格的波动同样剧烈，但山羊绒生产比较稳定，经济饲养规模比草甸草原低 20% 以上。

表 6-5　2006—2008 年典型草原区山羊不同饲养规模的盈利情况

单位：只、元、元/只

年均存栏数	40 以下	40～49	50～59	60～79	80～100
年均收入	7 216.7	11 347.5	14 828.2	17 107.8	19 092.0
年均饲养成本	3 205.8	4 777.0	6 874.3	9 908.4	12 722.2
边际收入	—	275.4	348.1	152.0	99.2
边际成本	—	104.7	209.7	202.3	140.7
边际利润	—	170.6	138.3	−50.3	−41.5

(3) 肉牛饲养的经济规模。 我国著名的科尔沁牛主要分布在典型草原区，引进品种有西门塔尔、利木赞、安格斯等，产业化带动作用和东北玉米带的支撑作用效果明显，具有发展肉牛业的比较优势。牧户的年平均存栏量到达 19 头时，处于报酬递增阶段，可见，小规模养牛有优势；当饲养量超过 20 头/户时，开始出现报酬递减；当饲养量达到 40 只/户时，出现第二阶段的报酬递增（详见表 6-6）。出现这种状态的主要原因：一方面，肉牛养殖处于上升期，为了发展规模肉牛养殖，绝大多数牧户正在不断扩大规模，使 20~39 头的饲养户出栏少；二是牛肉养殖的专业化分工比较明显，尽管未实现纯种、繁育、培育、育肥四阶段饲养体系，但吊架子和集中育肥的分工是显著的，推动经济饲养规模的进一步提升，即饲养规模达到 40 头时，又开始报酬递增；三是产业化推动作用显著等。

表 6-6 2006—2008 年典型草原区肉牛不同饲养规模的盈利情况

单位：头、元、元/头

年均存栏数	10 头以下	10~19	20~29	30~39	40~59
年均收入	5 491.7	25 092.2	25 530.6	26 328.5	68 463.5
年均饲养成本	5 085.6	11 815.5	13 384.3	20 953.4	52 430.0
边际收入	—	2 177.8	43.8	79.8	1 620.6
边际成本	—	747.8	156.9	756.9	1 210.6
边际利润	—	1430.1	−113.0	−677.1	409.9

6.3.3.2 草地的经济规模

典型草原区的牧草的生物单产为 51.7 千克/亩；典型草原的暖季利用率 55% 左右，冷季利用率 65% 左右，牧草生长旺季可食草产量为 31.5 千克/亩，枯草期可食草产量为 21.1 千克/亩。经过测算，绵羊的经济饲养规模为 200~299 只时，需要草地面积 231.2~283.4 公顷；绒山羊的经济饲养规模为 60~79 只时，需要草地面积 115.6~152.2 公顷；肉用牛的经济饲养规模为 10~19 头时，需要草地面积 96.0~183.0 公顷。

6.3.4 家畜适度饲养规模与草地适度经营规模。

适度经营规模的确定，除收益最大化目标外，还要考虑生态目标，充分兼顾其他限制条件。

约束条件一：草地资源。目前，温性典型草原区户均草原面积约 140 公顷，户均家畜实际饲养量为 135 羊单位，而理论载畜量即户均草地的最大承载力为 73 羊单位，超载率为 84.9%。典型草原的资源约束比草甸草原更严峻，要实现草畜平衡，最根本、最有效的措施就是压缩牲畜头数，实现适度规模经营。

约束条件二：兼营方式。温性典型草原区牧户仍以兼营为主。导致的结果是，绝大多数牧户的家畜总饲养规模超载严重，即使是分畜种核定，绵羊的经济饲养规模已经超过草地承载能力；肉牛的经济饲养规模的上限也超过了草地承载力；只有山羊的经济饲养规模在草地承载力范围内。

约束条件三：市场需求。结合畜产品市场前景和区域比较优势，温性典型草原区的东南部以发展肉牛业为主；西部以发展肉羊业为主；中南部以发展山羊绒业和细羊毛业为主。

综合考虑诸多限制条件，典型草原区牧户可以选择专业化的绒山羊业或养牛业；作为过渡，也可选择绵羊与绒山羊兼营；压缩绵羊饲养量，发展肉羔羊生产。专营肉牛业的适度经营规模为 20 头/户，随着草地经营规模的扩大，再提高到 40 头/户；专营绒山羊的适度经营规模为 50~59 只/户；依据边际利润的边际替代结果，绵羊与山羊兼营的适度经营规模为绒山羊 40 只与 40 只绵羊组合。若发展专业化的肉羔羊生产，必须进行外购饲草饲料，饲养规模达到 200 只/户，能够实现效益最大化。草地的适度规模经营面积为 140~280 公顷/户。

由此可见，典型草原区仅仅依靠天然草原发展畜牧业已经受到严重的制约，所以，在合理利用草原的同时，必须加大草原建设力度，并不断开辟饲草饲料来源，实现增草增畜。不断转变畜牧业生产经营方式，加快牲畜周转，达到畜牧业的经济效益与草原生态效益的协调统一。

6.4　草原利用方式选择及草原建设

草原生态平衡的恢复，取决于牧草资源的合理利用和牧草转化率的提高。天然牧草的再生性强，而且再生周期短，靠天然草场放牧是经济的养牛和养羊方式，其饲养成本仅为舍饲的 1/3。至今欧美养牛、养羊发达国家仍然以放牧为主。另外，天然牧草的综合营养价值和适口性，都优于人工饲草，而且没有人为或工业化生产中的污染，是名副其实的绿色天然饲料。因此，结合围封禁牧、季节休牧、退牧还草工程，采用划区轮牧和半舍饲方式，人工草地作补充，发展肉牛和肉羔羊生产。

6.4.1 草原划区轮牧设计

典型草原区牧户的集约化经营，主要是依靠天然牧场，采用划区轮牧制度；在保护和合理利用天然草原的基础上，适宜地段开发旱作人工草地；有水源的地区开发灌溉人工草地。通过补充冬春季的饲草不足，从而提高单位面积载畜量及家畜生产能力，改善草原植被群结构，达到草畜平衡，促进草原生态系统的良性循环，实现牧民增收之目的。

划区轮牧技术方案设计首先详细调查划区轮牧牧户所在的草地类型、草地面积、饲养家畜种类以及经营和管理情况。野外测量计算出牧户实际拥有的草地面积，确定草地植物群落类型估测牧草产量，然后计算草地合理的载畜量。

将天然草地分为暖季放牧场和冷季放牧场即夏秋场和冬春场。根据轮牧户天然草原载畜量、人工草地或打草场提供饲草料数量，划分季节牧场。计算公式：

$$暖季放牧场面积＝\frac{家畜头数×日食量×放牧天数}{牧草产量×利用率（\%）}$$

冷季放牧场面积＝草原总面积－暖季放牧场面积－饲草料面积

夏秋场采取短周期划区轮牧，根据牧草产量及牧草再生特点，确定典型草原划区轮牧放牧频度 2～3 次/年，轮牧周期 50～75 天，小区放牧天数 5～8 天，轮牧时间从 5 月 28 日～10 月 28 日，轮牧天数一般在 150 天左右；轮牧周期除以小区内牲畜放牧天数即为轮牧小区数，但考虑到第 2 次及以后各次草地再生草产量逐渐减少的特点，再增加一定数目的补充小区，典型草原划区轮牧适宜的小区数目为 6～10 个[①]；轮牧小区的面积取决于草原产草量、畜群头数、放牧天数和家畜日食量，计算公式为：小区面积＝（畜群头数×日食量×放牧天数）/草原可食产草量。在合理安排草畜平衡，保证草地不退化的前提下，合理划区轮牧可提高载畜量提高 23% 左右。

典型草原牧区的人口密度大，牧户密集，户均草原面积小，要实施划区轮牧，牧户必须进行联合，联合规模以 3～5 户为宜。

划区轮牧基础设施设计和轮牧管理方案设计同第五章第三节。

6.4.2 草原休牧和禁牧选择

温性典型草原推行休牧制度，即季节性休牧。在牧草返青期休牧 45～65 天，在牧草结实期休牧 30 天，具体休牧日期根据本地政府部门规定执行。牧户可以根据自身实际情况，可以提前和延迟休牧日期，以确保草地的可持续利用。休牧期间，休牧的牧户必须应贮备充足的饲草料，进行舍饲，严禁到草原

---

① 邢旗等．2003．草原划区轮牧技术应用研究［J］．内蒙古草业，(1)：1-3.

上放牧。

　　沙化和退化严重的草原地段实行禁牧措施，尽快恢复草原植被和生产力。牧户要根据具体情况，不断调整禁牧范围，使草原休养生息，恢复植被①。如果禁牧与补播、浅耕翻等改良草原措施相结合，草原恢复的效果会更好。

　　禁牧、休牧和划区轮牧均需要建立在草畜平衡基础上。因此，牧户要根据天然草地饲草产量和饲料地饲料贮量，确定不同季节的牲畜饲养量，严格控制牲畜的放牧量，冬春季节及时淘汰牲畜，降低草原压力，使草原利用率控制在35％～40％之间。

6.4.3　草原建设重点

6.4.3.1　草原改良

　　改良草地以封育飞播、免耕补播优良牧草或半灌木、灌木为主②；水土条件较差的坡地采用带状、网状或成片种植柠条；沙化退化严重草地采用灌木固沙或设置机械沙障固沙。草原围栏建设要围绕草场承包、休牧、划区轮牧、草场改良等措施进行建设。

6.4.3.2　灌溉人工草地

　　典型草原区的超载过牧比较严重，实现草畜平衡的路径有两条：一条途径是增草，另一条途径是减畜。在调整畜牧业结构，提高牲畜出栏率的同时，必须积极主动的扩大饲草料来源，尤其是充分利用退耕地，结合退耕还林还草工程项目的实施，发展旱作人工草地。由于典型草原牧区干旱少雨，建立的人工草地要具有灌溉条件，否则，人工草地很难收到成效③。

　　（1）引种与播种。引种：依据温性典型草原区积温、无霜期，适宜当地的抗寒、耐旱、适口性好优良牧草主要有无芒雀麦、老芒麦、披碱草、加拿大苜蓿、加拿大冰草等。

　　播种方法：主要采用单播和混播量种方法。

　　（2）田间管理。田间除草：主要采用化学剂除草，播种当年幼苗期和每年牧草返青时，用选择性除草剂除草，禾本科采用2.4-滴丁酯、2.4-滴钠盐

　　①　许中旗等.2008.禁牧对锡林郭勒典型草原物种多样性的影响［J］.生态学杂志，（8）：1307-1312.

　　②　包爱国等.2004.典型草原退化草场围封禁牧、切根、免耕松土改良措施对比实验研究［J］.农村牧区机械化，（1）：13-14.

　　③　田文平，王霄龙.2008.内蒙古巴林右旗人工草地资源现状调查报告［J］.畜牧与饲料科学，（1）：25-26.

类，用量 100 克/亩，加水 20～30 千克水充分混合均匀喷洒到田间。加拿大苜蓿地采用的除草剂是苗达灭（EPTC）、地乐酯，用量 110 克/亩，加水 25～35 千克水充分混合均匀喷洒。灌溉：主要在牧草返青、分蘖、拔节、抽穗、刈后进行灌溉。在际操作中，根据降水情况，制定灌溉次数，灌溉定额 100～160 立方米/亩。种肥：牧草播种时，牧草种子和二铵混合均匀，播种施肥同时完成的。施肥量 2.5～5.0 千克/亩。

6.4.3.3 草原灾害防治

草原自然灾害以防治干旱、沙尘暴为主。加强植被建设，增加植被覆盖率，对生态环境脆弱区及严重退化区封育禁牧，改善生态环境，减轻干旱及风沙危害，建立稳产高产饲草料地，丰年多贮草，以补灾年饲草缺口[①]。

温性典型草原的生物灾害防治主要是布氏田鼠、长爪沙鼠的治理和草原蝗虫、草地螟的防治。

大力推行基本草原保护制度和草畜平衡制度，用法律手段制止砍伐灌木、滥挖药材等破坏草原的行为，防止开矿对水资源的过度利用和对环境的污染。

---

① 课题组. 2006. 内蒙古草业产业化发展战略研究. 内部资料（12）：48-49.

7 温性荒漠草原持续利用经营模式

7.1 温性荒漠草原区草畜资源

7.1.1 草地资源

温性荒漠草原处于草原向荒漠的过渡地带，它在典型草原和草原化荒漠之间呈狭长带状由东北向西南方向分布，以锡林郭勒高平原西北部、乌兰察布高平原和鄂尔多斯高平原西部为主体。主要包括内蒙古苏尼特左旗、苏尼特右旗，达茂旗、乌拉特前旗、鄂托克旗一线以西的蒙古高原、鄂尔多斯高原西部和宁夏中部地区。本世纪初，内蒙古温性荒漠草原面积近 1 068.2 万公顷，占内蒙古草地总面积的 14.2%。较 20 世纪 80 年代增加 227.0 万公顷，增加 27.0%。

荒漠草原气候干旱，湿润度明显下降，年均降雨量在 150～250 毫米，湿润系数 0.13～0.3，自然条件较差。温性荒漠草原类是处于温性典型草原向温性荒漠过渡的一类草地，自然景观比较单调，与前两类草地相比，草地类型分化不多，植物种类组成贫乏，草群稀疏、低矮。草群盖度一般为 15%～30%，高度 10～20 厘米，低者仅有 4～5 厘米。产量低而不稳，为温性典型草原类干草产量的 50% 左右[①]。组成该类草地的主要优势种为石生针茅、沙生针茅、戈壁针茅、短花针茅及无芒隐子草、碱韭、蒙古韭。其中石生针茅分布广泛、数量多，由它建群组成的草地型面积也最大，占本类草地总面积的 45%，是标志温性荒漠草原类地带性的优势草地类型。沙生针茅、短花针茅、戈壁针茅分布范围远较石生针茅局限，面积也小。沙生针茅建群的草地型多出现在沙壤质和沙质棕钙土上，而且常与锦鸡儿属灌木结合分布；戈壁针茅只局限于低山丘陵上部和顶部，它常与山蒿、女蒿、耆状亚菊等石生小半灌木及灌木蒙古扁桃组成草地型，多零散分布；短花针茅分布范围也较广，由它建群组成的草地类型亦是温性荒漠草原地带性的主要代表类型，多横贯于本类草地分布区内气候较温暖的东南边缘地带。

---

① 李晓兵等 . 2002. 气候变化对中国北方荒漠草原植被的影响 [J] . 地球科学进展，(4)：254 - 261.

除上述四种小针茅是构成温性荒漠草原类地带性的优势种之外，旱生的小半灌木女蒿、耆状亚菊、冷蒿也是构成温性荒漠草原常见的优势成分，由它们建群组成的草地类型占本类草地总面积的10%。

锦鸡儿属的一些成分如狭叶锦鸡儿、中间锦鸡儿、矮锦鸡儿也占有相当比重，由它们组成的灌丛化草地面积占19.5%。此外，在该类草地中常见的具有地带性特征的伴生种有冬青叶兔唇花、荒漠霞草、叉枝鸦葱、戈壁天冬、燥原荠、蒙古韭、碱韭、牛枝子等。其中蒙古韭、碱韭在本类草地植物组成中地位最为突出，在壤质、重壤质并有些碱化的棕钙土上大量出现，且常上升为优势种和次优势种地位，是分布区内优质的放牧型草地。

该类草地另一特点，是在雨水充沛的年份里，一年生植物大量出现，不仅在草群中参与度明显增加，而且在局部地段上形成以一年生植物，主要是一年生禾本科植物居优势的草地型。

平原丘陵草地，多是以丛生禾草为主，一般植株低矮、干燥，属于氮碳型草地，适合于绵羊、山羊的饲养，半灌木、灌木草地可适量的饲养骆驼。山地、沙地多是以灌木、半灌木为主，应饲养山羊和骆驼。

7.1.2　畜种资源

(1) 苏尼特羊。产于锡林郭勒盟苏尼特左旗、苏尼特右旗、乌兰察布市四子王旗、包头市达茂旗及巴彦淖尔市乌拉特中旗等地。1997年自治区人民政府验收命名为"苏尼特羊"（亦称戈壁羊）新品种，数量达191.4万只，也是我区著名肉用品种之一。成年公羊平均体重78.8千克，母羊58.9千克，平均日增重150~250克，平均屠宰率50.1%，净肉率45.3%，产羔率为113%。

(2) 鄂尔多斯细毛羊。产于鄂尔多斯市乌审旗、鄂托克前旗、伊金霍洛旗、杭锦旗和鄂托克旗等，以乌审旗数量最多。1986年后导入澳美羊血液，数量约30多万只，比20世纪80年代减少20万只。该品种体格中等，结构匀称，体质结实，胸深，背腰平直，四肢坚实。最大特点是能适应风大沙多的不良环境，善游走觅食，抓膘能力强。成年公羊平均产污毛10.9千克，母羊产污毛5.75千克，毛细度64支为主，净毛率50.9%。

(3) 内蒙古白绒山羊。产于鄂尔多斯市的鄂托克旗、鄂托克前旗、杭锦旗、准格尔旗、达拉特旗、巴彦淖尔市的乌拉特中、后、前旗、磴口县、阿拉善盟的阿拉善左旗、阿拉善右旗和额济纳旗等地。1988年4月，经自治区人民政府验收命名为"内蒙古白绒山羊"新品种，数量约400万只。是绒肉兼用型品种，体格较大，结实匀称，后躯稍高，体长略大于体高近似长方形。姿态雄健，行动敏捷，善于登山远牧。其产品的主要特点是羊绒细、纤维长、光泽好、强度大、白度高、绒毛手感柔软；综合品质优良，在国际上居领先地位。成年公羊平均产绒量 483.2 克，绒厚度 5.1 厘米，母羊产绒量 370.0 克，绒厚度 4.7 厘米；净绒率 62.8%，羊绒细度 14.7 微米，屠宰率 46.2%，产羔率 103%～110%。

(4) 苏尼特双峰驼。产于苏尼特右旗、苏尼特左旗、四子王旗和达尔罕茂明安联合旗等地。数量 1 万峰。苏尼特双峰驼具有体大，色深，体型粗壮，躯干较长，驼峰较大，生长发育快，绒毛密度大，脂肪沉积能力强，产肉多，耐力持久，适应性和抗逆性强，耐寒宜牧等优良特性。平均产绒毛 5 千克以上。成年驼屠宰后一般平均得净肉脂 250～350 千克，屠宰率 50%～55%。以"能驮善走"而著称，役用性能良好。

(5) 多赛特羊。引进品种。原产于澳大利亚和新西兰，具有早熟性好，生长发育快，具有全年发情、耐热、耐干旱等特点，是理想的生产优质肉杂羔父系品种之一。成年公羊体重 90～100 千克，母羊 55～65 千克，平均日增重 250～300 克，屠宰率 54.5%，产羔率 130%左右。内蒙古从 1980 年开始引进多次，目前主要集中在该区的生产基地。

(6) 萨福克羊。引进品种。原产于英国东南部的萨福克、诺福克等地区，是英国古老的肉羊杂交而育成，1959 年宣布育成。是理想的生产优质肉杂羔父系品种之一。成年公羊体重 90～100 千克，母羊 65～70 千克，平均日增重 250～300 克，屠宰率 50%以上。产羔率 130%～140%，内蒙古从 1980 年开始引进多次，目前主要集中在该区的生产基地。

(7) 德国美利奴羊。引进品种。原产于德国，是肉毛兼用品种，我国 20 世纪 50 年代就开始引进，是一个早熟、生长快、产肉多、高繁殖率的肉用品种。成年公羊平均体重 100～140 千克，母羊 70～80 千克，日增重可达 300～350 克，屠宰率 47%～49%，平均剪毛量为 5～10 千克，毛长 9～11 厘米，细度为 60～64 支，产羔率为 150%～250%。

7.2 家畜的饲养成本与经济效益

7.2.1 不同家畜的饲养成本

2006—2008 年温性荒漠草原牧区每百只存栏畜平均饲养费用详见表 7-1。温性荒漠草原生态环境保护建设工程的实施，禁牧面积比较大，休牧时间较长，随之而来的是舍饲及半舍饲畜牧业，导致饲料费占总成本比重最高，所以，该草原类型区在加强草原建设、有效增加饲草供应的同时，尤其要通过卓有成效的饲料基地建设，增加饲料供应水平，推动草畜平衡，实现荒漠草原生态环境的根本性好转。

表 7-1　2006—2008 年温性荒漠化草原区每百只存栏畜饲养费用

项　目	单位	土种绵羊	山羊	牛
合计		13 840.07	11 903.99	39 692.86
一、物质费用	元	9 897.58	8 429.20	32 696.88
（一）直接生产费用	元	7 942.00	6 173.06	25 657.60
1. 幼畜购进费	元	0.00	78.65	0.00
2. 饲草费	元	1 973.28	1 564.04	9 676.26
3. 饲料、饲盐费	元	3 992.62	2 795.14	10 066.19
4. 医疗、防疫费	元	624.55	542.13	1 856.12
5. 配种费	元	154.89	0.00	1 054.44
6. 放牧用具费	元	437.28	553.40	1 438.85
7. 修理费	元	324.43	308.64	597.12
8. 死亡损失费	元	85.34	54.67	289.50
9. 其他直接物质费	元	349.61	276.39	679.13
（二）间接生产费用	元	1 955.58	2 256.14	7 039.27
1. 固定资产折旧	元	1 048.22	1 149.38	3 910.79
2. 草原建设费	元	512.72	572.53	1697.84
3. 管理费	元	138.52	214.19	652.55
4. 销售费用	元	66.16	66.36	183.43
5. 财务费用	元	13.57	10.05	32.88
6. 税金	元	0.00	0.00	0.00
7. 其他间接费	元	176.39	243.63	561.78
二、人工成本	元	1 814.63	2 116.00	2 535.56
1. 家庭用工折价	元	1 754.61	2 011.02	2 535.555
家庭用工天数	日	106.34	121.88	153.67
劳动日工价	元	16.5	16.5	16.5
2. 雇工费用	元	60.02	104.98	0.00
雇工天数	日	3.50	5.02	0.00
雇工工价	元	17.15	20.93	0.00
三、草场租赁成本	元	2 127.86	1 358.80	4 460.43

　　*：包括肉用品种和肉毛兼用品种改良羊。

　　荒漠草原牧草低矮，不适合牛的采食习性，只用靠大量的补饲，才能维持养牛业的发展，所以，该区的牛的饲养成本远高于绵羊饲养业和山羊饲养业。不同草原类型区每百头牲畜平均草原租赁费支出水平差别不大，但荒漠草原租赁价格仅为草甸草原、典型草原的 1/2～1/3，因此，荒漠草原区户均草原租赁面积远远高于其他草原类型区，以保证饲草的供应。同时说明，荒漠草原区的牧民转移数量也高于典型草原区和草甸草原区。

7.2.2　饲养不同家畜的经济效益

　　费用分配的原则和标准同第五章第二节。2006—2008 年温性荒漠草原区畜产品平均生产成本收益核算结果详见表 7 - 2。

表 7 - 2　2006—2008 年温性荒漠化草原区畜产品生产成本收益汇总表

	项目名称	单位	土种绵羊	山羊	牛
	畜群期初存栏数量	头只	1 370	1 147	124
	畜群期内出栏数量	头只	953	571	24
	畜群期末存栏数量	头只	1 646	1 452	148
	每只产品畜平均活重	千克	31.38	27.61	220.83
	产品畜数量	头只	60.62	44.06	17.27
	毛（绒）产量	千克	181.42	32.87	0.00
	产值合计	元	21 678.03	19 560.47	54 549.61
	产品畜产值	元	20 248.17	11 717.57	54 000.00
	毛（绒）产值	元	1 140.26	7 710.19	0.00
每百只存栏畜	副产品产值	元	289.60	132.72	549.61
	总成本	元	13 840.07	11 903.99	39 692.86
	生产成本	元	11 712.21	10 545.20	35 232.43
	物质与服务费用	元	9 897.58	8 429.20	32 696.88
	人工成本	元	1 814.63	2 116.00	2 535.56
	家庭用工折价	元	1 754.61	2 011.02	2 535.56
	雇工费用	元	60.02	104.98	0.00
	草场租赁成本	元	2 127.86	1 358.80	4 460.43
	净利润	元	7 837.96	7 656.48	14 856.75
	成本利润率	%	56.63	64.32	37.43

（续）

项 目 名 称	单位	土种绵羊	山羊	牛
每 产品畜（活重）平均出售价	元	532.25	481.63	708.11
50 产品畜（活重）成本	元	345.62	244.65	520.50
千 毛（绒）平均出售价	元	314.25	11 728.17	0.00
克 毛（绒）成本	元	190.72	9 053.74	0.00
每头（只）产品畜（活重）售价	元	334.00	265.95	3 127.50
每头（只）产品畜（活重）成本	元	216.88	135.09	2 298.88

﹡注：包括肉用品种和肉毛兼用品种改良羊。

根据成本核算表，推算出荒漠草原区牧户 2006—2008 年饲养土种绵羊、山羊和牛的平均成本收益率分别为 56.6%、64.3% 和 37.4%。可见，本区肉羊业和绒山羊业的饲养成本收益率相对较高，养牛业的成本收益率比较低。就是说，在荒漠草原区，肉羊业和绒山羊业具有比较大的经济优势。

7.3 草原和家畜适度经营规模的确定

7.3.1 草原畜牧业发展方向选择

7.3.1.1 畜种发展方向

根据温性荒漠草原的自然条件和草资源的特点，本区域只适合发展养羊业；由于牧草低矮，不适宜发展养牛业，尤其是不宜发展肉牛业。本区域的绒山羊的存栏量比较大，是草原牧区乃至世界最好的白绒山羊品种——内蒙古白绒山羊的原产地，由于温性荒漠草原的生态环境比较脆弱，在饲草料供应不足的情况下，山羊对草原生态环境的破坏作用远远大于绵羊，因此，要控制山羊的发展速度，并推行山羊舍饲经营方式。苏尼特羊是我国草原牧区著名的肉用羊品种之一，同时，荒漠草原区毛肉兼用羊品种资源比较丰富，存栏量也比较大，从市场需求的角度看，羊肉的市场前景广阔，因此肉羊业是本区的主要发展方向。鄂尔多斯细毛羊比较好的毛用羊品种，羊毛细度以 64 支为主，生产的细羊毛尽管与进口羊毛的质量有一定的差距，却是质量比较好的国产羊毛，所以，鄂尔多斯市的乌审旗及周边地区应重点发展细毛羊业。从保种的角度，要实施苏尼特双峰驼保护工程，目前，该畜种比 20 世纪 80 年代的存栏量减少了 70%，若任其发展下去，有濒临绝种的危险，因此，要保护好这个基因库。

7.3.1.2 产品发展方向

内蒙古西部地区涌现出鄂尔多斯、鹿王、维信、兆君等一批驰名中外的名牌羊绒制品。在诸多龙头企业带动下，本区羊绒产业已经成为支柱产业，是我国羊绒生产的优势区，所以，山羊绒是本区的主攻方向之一；结合市场和资源分析，羊肉生产也是该区的主要发展方向；细羊毛的生产的优势区很小，主要集中在鄂尔多斯市乌审旗及周边地区。

7.3.1.3 品种发展方向

在荒漠草原中、东部即乌拉特草原东部、乌兰察布草原北部和锡林郭勒草原的西部，重点发展肉羊业，品种为苏尼特羊以及通过德国美利奴、无角多赛特、萨福克与乌兰察布细毛羊、鄂尔多斯细毛羊、小尾寒羊等品种进行经济杂交。在荒漠草原西部即鄂尔多斯草原的东部、南部，重点发展绒山羊业，品种为内蒙古白绒山羊阿尔巴斯型和二郎山型；乌审旗及周边地区细羊毛业的首选品种为鄂尔多斯细毛羊，要进一步加大鄂尔多斯细毛羊的改良力度，引进澳洲美利奴进行改良、提纯，进一步提高细羊毛的质量。

具体而言，乌拉特草原东部、乌兰察布草原北部和锡林郭勒草原的西部即荒漠草原中、东部地区，主导项目为肉羊业；鄂尔多斯草原的东部、南部即荒漠草原西部地区，主导项目为肉羊业和绒山羊业；乌审旗及周边地区主导项目为细毛羊业。

7.3.2 饲养规模上限和盈亏平衡饲养规模

7.3.2.1 饲养规模的上限

核定草原饲养规模的上限计算公式与第五章第三节相同。由荒漠草原的自然特点、草资源现状和生物学特性决定，其各计算参数与草甸草原有所不同。

目前，温性荒漠草原区的牧草的生物单产为 29.2 千克/亩；荒漠草原的暖季利用率 50％左右，冷季利用率 60％左右，牧草生长旺季可食草产量为 15.9 千克/亩，枯草期可食草产量为 10.8 千克/亩；暖季放牧时间为 180 天，冷季为 185 天。一羊单位日食量为 1.8 千克干草[①]。

温性荒漠草原区暖季 1 羊单位需草原面积 19.5 亩，冷季 1 羊单位需草原面积 33.7 亩，全年 1 羊单位需草原面积 53.2 亩。其中，平原丘陵荒漠草原亚类暖季、冷季 1 羊单位需草原面积分别为 20.1 亩和 35.9 亩；山地荒漠草原亚类分别为 25.9 亩和 42.8 亩；沙地荒漠草原亚类分别为 16.7 亩和 27.1 亩。

内蒙古温性荒漠草原暖季载畜量为 380 万羊单位；冷季载畜量为 220 万羊单位；全年理论载畜量 280 万羊单位。

---

① 中华人民共和国农业部. 2002. 中华人民共和国农业行业标准（NY/T 635‐2002）——天然草地合理载畜量的计算.

根据家计调查资料，2008年荒漠草原区户均草原面积4000亩，户均家畜实际饲养量为148羊单位，而理论载畜量即户均最大饲养规模为77羊单位，目前超载率为92.2%。

荒漠草原区的草畜矛盾非常突出，同时，荒漠草原的生态环境及其脆弱，因此，在合理利用草原和保护、建设草原的前提下，大力发展人工草地，以扩大饲草料来源。

7.3.2.2 盈亏平衡饲养规模

盈亏平衡饲养规模，亦称保本饲养规模，就是牧户畜牧业生产经营过程中（这里指1年）收入等于支出时家畜的饲养规模。

盈亏平衡饲养量＝年固定成本/（单位产品销售价格—单位产品变动成本）。依据成本核算和收益的调查计算结果，2006—2008年温性荒漠草原区土种绵羊、山羊和牛的平均盈亏平衡饲养量分别为24.5只、20.9只、21.6头。养牛业保本经营规模大，再一次表明荒漠草原肉牛业不具有比较优势。可见，荒漠草原区必须不断优化畜种结构，并发展专业化生产，切实增加饲草料供给，否则，就会导致超载过牧，引起草原退化。

7.3.3 家畜饲养和草地的经济规模

7.3.3.1 家畜饲养的经济规模

（1）绵羊饲养的经济规模。荒漠草原区的绵羊品种主要为肉用或毛肉兼用，这里是我国著名的肉用羊品种——苏尼特羊的原产地。表7-3显示，绵羊的经济饲养规模为年均存栏量80～99只/户；年平均存栏量为100～199只/户时，处于报酬递减阶段；超过200只/户，收益递增，出现第二个经济饲养规模区域。

表 7-3　2006—2008 年荒漠草原区绵羊不同饲养规模的盈利情况

单位：只、元、元/只

年均存栏数	50 只以下	50～79	80～99	100～149	150～199	200～249
年均收入	6 310.0	20 497.7	25 403.8	34 993.0	39 700.0	56 254.2
年均饲养成本	4 885.0	14 074.7	16 975.2	27 031.0	32 423.8	46 870.0
边际收入	—	315.3	327.1	147.5	235.4	254.7
边际成本	—	204.2	193.4	154.7	269.6	222.3
边际利润	—	111.1	133.7	−7.2	−34.3	32.4

（2）绒山羊饲养的经济规模。山羊在荒漠草原区具有明显的比较优势；荒

漠草原有全国乃至世界的最优良绒山羊品种——阿尔巴斯绒山羊和二郎山绒山羊，绒质上乘，曾被称为"软黄金"。然而，山羊绒价格波动剧烈，导致绒山羊与其他畜种的比较效益呈降低趋势。近年来，绒山羊饲养量和山羊绒产量逐年减少，牧户的饲养规模变化大。经济饲养规模呈现跳跃式变动（详见表7-4），报酬递增与递减规模区交叉出现。

表 7-4　2006—2008 年荒漠草原区山羊不同饲养规模的盈利情况

单位：只、元、元/只

年均存栏数	50 以下	50～79	80～109	110～149	150～199	200～299
年均收入	9 415.7	14 175.0	19 156.4	32 758.3	37 652.5	49 388.3
年均饲养成本	4 906.0	6 730.0	12 158.8	16 630.7	22 548.1	27 593.4
边际收入	—	238.0	110.7	388.6	97.9	195.6
边际成本	—	91.2	120.6	127.8	118.3	84.1
边际利润	—	146.8	−9.9	260.9	−20.5	111.5

　　根据家畜饲养经济规模的测算，绵羊的经济规模超过了目前温性荒漠草原的户均牲畜饲养量的上限，要想获得饲养家畜的最大盈利，牧户必须增加饲草、饲料供应量，才能实现效益最大化；另一个途径是压缩牲畜饲养量，实现草畜平衡，进行适度规模经营。

7.3.3.2　草地的经济规模

　　温性荒漠草原区的牧草的生物单产为 29.2 千克/亩；荒漠草原的暖季利用率 50% 左右，冷季利用率 60% 左右，牧草生长旺季可食草产量为 15.9 千克/亩，枯草期可食草产量为 10.8 千克/亩；暖季放牧时间为 180 天，冷季为 185 天。一羊单位日食量为 1.8 千克干草。经过测算，绵羊的经济饲养规模为 80～99 只时，需要草地面积 425.6～705.8 公顷；绒山羊的经济饲养规模为 50～79 只时，需要草地面积 212.8～280.2 公顷。

7.3.4　家畜适度饲养规模与草地适度经营规模

　　适度经营规模的确定，除收益最大化目标外，对于荒漠草原来讲，重点考虑生态目标，并充分兼顾其它限制条件。

　　约束条件一：草地资源。荒漠草原区户均草原面积 270 公顷，户均家畜实际饲养量为 148 羊单位，而理论载畜量即户均草地的承载力为 77 羊单位，目前超载率为 92.2%。荒漠草原区的草畜矛盾非常突出，同时，荒漠草原的生态环境极其脆弱，因此，在草原合理利用、保护和建设、不断压缩牲畜头数的前提下，大力发展人工草地，以扩大饲草料来源，实现适度规模经营。

约束条件二：市场需求。结合畜产品市场前景和区域比较优势，温性荒漠草原区重点发展肉羔羊业和绒山羊业。

兼顾生态效益和经济效益，荒漠草原区牧户可以选择专业化的肉羔羊业或绒山羊业。专营肉羔羊业的适度经营规模为 75 只/户；专营绒山羊的适度经营规模为 80 只/户。草地的适度规模经营面积为 270～400 公顷/户。

7.4 草原利用方式选择及草原保护

7.4.1 草原划区轮牧设计

将天然草地分为暖季放牧场和冷季放牧场即夏秋场和冬春场。根据轮牧户天然草原载畜量、人工草地或打草场提供饲草料数量，划分季节牧场。计算公式：

$$暖季放牧场面积 = \frac{家畜头数 \times 日食量 \times 放牧天数}{牧草产量 \times 利用率（\%）}$$

冷季放牧场面积 = 草原总面积 - 暖季放牧场面积 - 饲草料面积

夏秋场采取短周期划区轮牧，根据荒漠草原牧草产量及牧草再生特点，确定荒漠草原划区轮牧放牧频度 2 次/年，轮牧周期 75～80 天，小区放牧天数 6～12 天，轮牧时间 5 月 20 日～11 月 10 日，轮牧放牧天数一般在 160 天左右；轮牧周期除以小区内牲畜放牧天数即为轮牧小区数，但考虑到第 2 次及以后各次草地再生草产量逐渐减少的特点，再增加一定数目的补充小区，荒漠草原划区轮牧适宜的小区数目为小区数目 6～12 个[①]；轮牧小区的面积取决于草原产草量、畜群头数、放牧天数和家畜日食量，计算公式为：小区面积 =（畜群头数 \times 日食量 \times 放牧天数）/草原可食产草量。在合理安排草畜平衡，保证草地不退化的前提下，合理划区轮牧可提高载畜量提高 20% 左右。

7.4.2 草原休牧和禁牧选择

在降雨量小于 70 毫米的干旱荒漠草原地区，牲畜要转移出来，实行永久性禁牧；其余草地以季节性休牧利用为主。牧户可以根据自身实际情况，可以提前和延迟休牧日期，以确保草地的可持续利用。休牧期间，休牧的牧户必须应贮备充足的饲草料，进行舍饲，严禁到草原上放牧。

---

① 邢旗等.2003.草原划区轮牧技术应用研究［J］.内蒙古草业，(1)：1-3.

7.4.3 草原保护与建设重点

7.4.3.1 草原改良

草原围栏建设以围封退化草场为主；改良草地以封滩育草为主，沙漠边缘水分条件较好的地段，可采用飞播、补播沙蒿、沙拐枣、柠条等灌木培养治理沙地草原；在农耕地和饲草料基地上，发展绿洲草业，重点在退耕地上种植多年生牧草，对现有的灌溉草库伦和灌溉饲草料地进行节水改造，种植高产饲草或耐旱饲用灌木[①]。

7.4.3.2 青贮玉米地建设

(1) 地块选择。根据高产饲料基地建植技术要求，选择比较平坦的退化草场，同时，草场地下水位应比较高，易于开采利用，易于机械化作业。

(2) 引种与播种。选种：选用适宜荒漠草原区气候条件的高产品种——英红玉米，纯度达到 99%，发芽率在 95% 以上，播种前 4 小时用甲基对硫磷0.1 千克，兑水 5 千克，拌种 50 千克，进行种子处理。播种：底肥施沤制腐熟农家肥，施肥量 1 500～2 000 千克/亩。在播前准备工作就绪的基础上，每年 5 月下旬至 6 月初用播种机点播，行距 30 厘米，株距 15～20 厘米，播量为4～5 千克/亩，播深 4～5 厘米，每亩施基肥 10 千克尿素或二铵。

(3) 田间管理。田间除草和追肥：青贮玉米苗出齐后，要及时间苗，待长到 4 片叶时，结合中耕除草，直接定苗。拔节期结合浇灌追施尿素 10 千克/亩。种植 4 年中，每年定期观察，没有发现病虫害。灌溉：主要在作物分蘖、拔节、抽穗期进行灌溉，灌溉定额 150～280 立方米/亩。

(4) 收获和青贮。每年 9 月初，在玉米籽粒乳熟至腊熟初期进行了机械收割，用切碎机切碎后直接入窖、压实，冬春季就可饲喂家畜。具体要求如下：①铡短青贮原料玉米秸，以铡成 l 厘米为宜。除取料方便和便于压紧踏实外，还可提高青贮饲料的利用率。②青贮原料的填装。装填原料要快，最好 1～2 天将全部原料装大窖内并封好，至迟不要超过 3～4 天。较大的窖，1～2 天装不满时，应采用逐层分段摊平压实的方法。装料前，窖底应先铺一层 20 厘米左右厚的碎草，其上再装添青贮原料，窖装满后，在原料上面覆盖一层碎草。③压实。将青贮原料压实，是保证青贮饲料质量的重要一环。大容积青贮窖，最好用履带式拖拉机镇压，每装入 30～50 厘米厚原料就要镇压 1 次；小型窖可用人工踏实，每装入 10～15 厘米厚踏实 1 次。要注意窖边、角部位的压实。④盖土封埋。原料装满窖后，在碎草上面覆盖土或铺塑料布。覆土厚度根据北

---

① 刘永志等.2005.内蒙古草业可持续发展战略［M］.呼和浩特：内蒙古人民出版社.3-22.

方气温而定。在呼市地区，一般要求，最少 25～30 厘米厚。盖土后要踏实，以防漏气。在窖的四周应挖排水沟，以利排水。封土后几天内饲料下沉，覆土会出现裂缝或凹坑，应及时覆盖新土以填补，经过约 15～30 天便可开窖饲用。

7.4.3.3　草原灾害防治

自然灾害以防治干旱、沙尘暴为主。全面推行草畜平衡制度，减轻草场压力，增加植被覆盖率。对生态环境脆弱区及严重退化区封育禁牧，减轻干旱及风沙危害。

温性荒漠草原的生物灾害防治主要是大沙鼠的治理和草原蝗虫、草原夜蛾类害虫和鞘翅目害虫的治理；防止退化草原小花棘豆等有毒植物对家畜的危害。

禁止滥搂发菜、滥挖草原药材等人为破坏草原的行为。

8 新疆农牧结合草原持续利用经营模式

8.1 农牧结合的自然资源基础

8.1.1 草原广袤，类型多样

新疆国土总面积 166.5 万平方公里，占我国国土面积的 1/6。其中草原面积 5 725.9 万公顷，可利用草原面积 4 800.7 万公顷，居全国第三位。新疆不仅天然草地面积辽阔，更由于地形地貌和气候的复杂原因形成和发育了丰富多彩的草地类型。新疆大的地形地貌为"三山夹两盆"，其中高山、丘陵、盆地、谷地、平原绿洲、戈壁沙漠纵横交错，海拔高差起伏之悬殊在全国绝无仅有，昆仑山平均海拔 6 000 米，而吐鲁番盆地最低处则是－154 米。所以纵观全疆不仅有水平分布的平原草地类型，还有垂直分布的多样山地草地类型。正因为如此，新疆的草地资源呈现出"四多"的特点，即草原区片多、季节性牧场多、牧草种类多、经济利用方式多。

首先是草原的区片类型多，且呈交错分布状态。据有关资料，在全国 18个草地类型中，新疆就有 11 个。同时根据气候、地形、土壤和植被的分异划分了 25 个亚类，131 个组和 687 个草地型，其类型的丰富程度上可谓全国第一。从高山到盆地底部，在不同的水热条件制约下，相应的孕育了高寒草甸、山地草甸、草甸草原、荒漠草原、草原化荒漠和荒漠等显域类型，同时，隐域性的低平地草甸等也有发育。这种分布对新疆草原的持续利用产生着重要影响。

其次是季节牧场多。由于南疆与北疆、山地与平原、戈壁与沙漠的自然条件差异很大，因此在草原利用上长期以来形成了适应自然规律的季节轮换放牧利用的显著特点。适合不同季节利用，各具特色的季节牧场组成了一个轮换放牧的利用体系，即不同季节均有适宜放牧的草场。这是其他省区所不能比拟的。全疆放牧场利用季节，归纳起来主要可分为六种形式。北疆阿勒泰、塔城、伊犁、博乐、昌吉和东疆的哈密、吐鲁番等地州主要分为夏牧场、春秋场和冬牧场三种形式，即四季三处放牧利用，此外尚有一定面积的冬春秋场和全年牧场。南疆巴音郭楞、阿克苏、克孜勒苏、喀什、和田等地州主要分为夏秋场和冬春场两种形式，即四季两处放牧利用。塔里木盆地周围多为四季在同一处放牧利用的全年草场，此外还有一定面积的夏牧场、冬春秋场和春秋场。新疆四季牧场齐全，为草原畜牧业的发展提供了得天独厚的条件。

再次是牧草种类多。据统计新疆的高等植物有 108 科、687 属、3 270 种。可食的饲用植物 2 930 种（含水生植物），其中常见的优良牧草植物 382 种。世界上公认的优良牧草新疆几乎都有：如羊茅、苇状羊茅、无芒雀麦、鸭茅、旱地早熟禾、鹅观草、紫花苜蓿、黄花苜蓿等，在新疆天然草地上均有较大面积的分布。优良牧草比较多的是天山和阿尔泰山，伊犁地区中等以上的草地占 94%，阿勒泰地区为 50.2%，其中昭苏县优良等草地达 87.6%，为全疆之冠。

最后是经济利用方式多。从利用方式上看，既有割草地，又有放牧草地，还有刈牧兼用草地。

8.1.2　种植业资源丰富，农田与草原穿插分布

2009 年，新疆农作物播种面积 477.2 万公顷，其中，粮食播种面积 199.4 万公顷；棉花播种面积 140.9 万公顷；油料播种面积 27.0 万公顷；甜菜播种面积 6.4 万公顷；蔬菜播种面积 32.4 万公顷。全年粮食产量 1152.0 万吨；棉花产量 252.7 万吨；油料产量 63.9 万吨；甜菜产量 418.4 万吨；蔬菜产量 1 383.2 万吨。全疆人均粮食 534 千克，除用于生活消费和加工用粮外，为畜牧业提供了大量的精饲料；同时，大量的农作物秸秆、糠麸、糟粕等农副产品，极大地丰富了饲料资源。种植业提供的农副产品，理论上讲，可养畜 1 800 万羊单位，占全疆载畜量的 30%。就是说，只要充分而有效地实现农牧结合，可以卓有成效地减轻草原压力。目前的问题是农副产品的利用还很不充分，利用方法落后，调制加工差，浪费很大。一般农副产品的利用率只有 30%～40%。如果饲草饲料加工利用问题能够解决，既可推动农区畜牧业的发展，又可促进牧区畜牧业的实现草畜平衡。

新疆维吾尔自治区国土资源厅提供的全疆第二次土地调查数据：新疆目前耕地总面积 512.3 万公顷，比第一次土地调查（1986—1996 年）的 412.5 万公顷增加 100 万公顷①。陈曦在《新疆跨越式发展面临的生态与环境挑战》的报告中提到，1911 年新疆有耕地 70 多万公顷，20 世纪 50～60 年代末第一轮大开荒，耕地面积扩展到 350 万公顷。80～90 年代新一轮大开发，380 多万公顷。到 2000—2010 年，官方数据显示有 510 多万公顷，而卫星遥感数据显示近 800 万公顷。无论数据来源如何，表明新疆的耕地资源丰富。另外，全疆拥

---

① 新疆新增耕地 1498 万亩，新疆日报，2010－07－25.

有耕地后备资源 1 400 多万公顷[①②]，但土壤沙化、盐渍化严重，中低产田占耕地面积总量的 2/3，耕地的利用率低下。根据新疆 1994 年和 2001 年高中低产田的划分和农用地分等定级，1994 年新疆高产田数量少，仅占 18.5%；中产田面积较大，占 43.7%；此外是低产田，占 37.9%，中、低产田分布较为广泛。另外，根据《新疆维吾尔自治区农用地分等技术报告》，2000 年新疆农用地总体而言，中间等别占大多数，其次是高等别的耕地，约占总量的 1/3，各等别耕地数量呈不连续分布状况。1~4 等别的质量较差耕地占全疆耕地总量的 10.6%，主要分布在伊犁河谷区、准噶尔盆地南部区、准噶尔盆地北部区和塔里木盆地西部区；5~8 等别的中等质量耕地占全疆耕地总量的 58.9%，遍布于全疆各地州；9~12 等别的质量较好耕地占全疆耕地总量的 30.5%。质量较好的耕地主要分布在种植业发展历史悠久、土地熟化程度高、有机质相对丰富、灌排渠系完善、条田建设规范、作物单产较高、土地利用效益高的耕作区[③]。在这种形势下，结合水土光热等自然条件，按照 2008 年新疆党委、人民政府"第三次全疆畜牧工作会议"精神，优化种植业结构，实施三元结构模式，即粮食作物—经济作物—饲草饲料三元结构草田轮作利用模式，引草入田。随着近几年畜牧业比较利益的提高，饲草料种植得到农牧民的重视，已经形成一定的规模，2000 年全疆苜蓿产量为 76.3 万吨，2008 年已经达到 392.2 万吨，增势迅猛。

在过去的几十年里，新疆弃耕撂荒地面积超过 130 万公顷。新疆耕地总面积增加主要来自于对草地和绿洲边缘荒漠地带的开发，在平原区多数土地都是由于土壤次生盐渍化加重后而弃耕；草地开垦是集中于春秋场、冬场和全年牧场。20 世纪 50 年代是在地形平坦、土壤肥沃、盐分轻，距水源较近的地带进行了大规模的垦荒生产，投入少，大片土地不需要改良或经过简单改良就可以生产，在此期间，这样的土地已大部分被开垦。而后来开垦的土地扩展到水源保障程度低、绿洲边缘部、周边地区的荒漠地带和部分春秋草场及低地草甸草场。由于资金不足，长期处于待改良的状态，加之缺少科学种田的方法，排灌设施不配套，造成土壤次生盐碱化[④]。因此，新疆在开垦耕地的过程中，存在一边开垦，一边撂荒的现象。针对耕地和草原利用存在的诸多问题，国家实施"退耕还林还草工程"，结合退耕，充分利用撂荒地和中低产田，植树种草，有效增加草原面积。

---

①　李学森等 . 2009. 新疆农区畜牧业与草产业协调发展 [J]. 草食家畜，(4)：5-8.

②　守红线 保安全 促稳定——新疆维吾尔自治区耕地保护十年纪略 . 中国国土资源报，2010-8-13.

③　耕地灌溉与水资源——近十年新疆耕地资源动态变化研究 [EB/OL]. http：//www. sh-hua-wei. com/read _ news. asp? id＝497，2009 年 11 月 30 日 .

④　刘新平 . 2005. 新疆绿洲土地资源可持续利用的经济学分析 [M]. 北京：中国文史出版社 .

总之，丰富的种植业资源，为缓解草原压力，推进草原持续利用，奠定了重要的基础。

新疆地域面积辽阔，空间跨度大，各地的自然条件存在着较大的差异性，这在很大程度上决定了新疆耕地资源的空间分布格局，即耕地资源依绿洲而分布，北疆地区最多，南疆地区次之，东疆地区最少。全疆所有的牧区都有相当面积的耕地，草地和农田基本呈穿插分布，农田与冷季牧场紧密相连，农牧交错是新疆的一大特色，具有实行农牧结合、实施异地育肥和发展农区畜牧业以及向牧区输送饲草饲料的优越条件。

8.2　农牧结合草原利用模式的提出

8.2.1　草原利用面临的现实问题

8.2.1.1　草地质量下降

全疆除个别地区因山石陡峻、坡度大及因交通、水源等限制不能利用或利用有限的地区外，目前，90％以上的草地都呈现出不同程度的退化[1]。1980年，新疆草地退化率为5.8％，2007年增加至80.0％，退化面积从466.7万公顷增加至4 580万公顷。在不到30年的时间里，新疆草地退化面积扩大了近10倍。与此同时，严重退化草地面积也在扩大，2007年新疆草地严重退化面积占37％（详见表8-1）。

表8-1　新疆草地退化面积及退化率[1][2][3]

年份	草原退化面积（万公顷）	草原退化率（％）
1980	466.7	5.8
1995	2 404.9	42.0
1996	2 658.0	46.4
1999	3 775.0	65.4
2000	3 466.7	61.0
2007	4 580.0	80.0

资料来源：中国畜牧业统计年鉴1949－1989、2000中国区域发展研究报告、2007年新疆环境公报。

注：①李博.1997.中国北方草地退化及其防治对策［J］.中国农业科学，30（6）：1－9.

②刘明智.2005.试论草地在新疆生态环境建设中的作用［J］.新疆大学学报（自然科学版）22（1）：87－90.

③杨汝荣.2002.我国西部草地退化原因及可持续发展分析［J］.草业科学，19（1）：23－27.

---

① 黄钦琳.2010.新疆畜牧业生产中存在的草场问题分析［J］.商业经济（5）：88－89.

新疆草地退化的重点区域，一是荒漠类春秋场，主要分布在各大山系的山前冲击——洪积扇和山前倾斜平原。二是中山带的草甸草原和部分山地草甸类草地。三是平原低地草甸草地，主要分布在各大小河流及湖泊周围，该草地主要作为冬牧和割草利用。如阿勒泰作为全国重点牧区（共11片）之一，在第一次（1985年）草地资源调查的基础上，2006年农业部和新疆维吾尔自治区草原总站组成调查组，使用3S遥感新技术进行第二次草地资源调查，结果表明：草地产量、质量、草层高度、覆盖度、植被群落组成变化很大，优良牧草参与度减少，草地退化很严重，详见表8-2、表8-3。

表8-2 阿勒泰地区草地植被高度、生产力比较

类型代号 项目 年份		Ⅰ	Ⅱ	Ⅲ	Ⅳ	Ⅴ	Ⅵ	Ⅶ	Ⅷ	Ⅸ	Ⅹ
产量	1985	172.9	101.3	386.6	225.0	115.0	72.2	66.1	528.0	64.9	658.8
(kg/ha)	2006	140.1	98.1	220.0	74.7	39.5	25.9	41.8	301.0	61.6	440.0
草层高度	1985	12~35	12~24	20~100	20~45	30~35	25~34	10~35	25~100	10~45	100以下
(cm)	2006	10~25	10~21	20~100	13~35	15~30	15~30	10~30	20~90	10~25	100以下
退化量（kg/ha）		32.8	3.2	166.6	150.3	75.5	46.3	24.3	227.0	3.3	218.8

表8-3 阿勒泰地区优良牧草类型分布及产量、面积比较

草地类型	分布地点	产量（千克/公顷）		面积（万公顷）	
		1985年	2006年	1985年	2006年
鸭茅+白克苔 Ⅱ型	布尔津、哈纳河中上游、哈巴河北部山区、额尔齐斯河中上游	658.3	420.0	3.7	1.3
甲豌豆+禾草型	富蕴、福海、布尔津山区	590.6	伴生种	0.1	消失
野豌豆+禾草型	中山带山地草甸	966.9	420.0	0.2	伴生种
黄花苜蓿+针茅	前山带平台地	420.0	293.5	0.7	0.1

伴随着草地退化，草地生产力迅速下降。新疆天然草地平均每亩产草量由20世纪60年代的98千克，降至70年代的70千克、80年代的40千克、90年代的20千克，产草量普遍减少了30%～50%，严重者达60%～80%。与此同时，牧草的组成成分发生变化，优良牧草减少，杂类草、不可食、毒害草增多，牧草品质变劣，草地质量降低，如罗布泊在最近100年来植物种类已由

49 种减少至 36 种。更为严峻的是，草地可利用面积已减少 240 万公顷，优质高产低地草甸草地面积缩小20％～30％，同时，平均每年有 800 万公顷草地遭受沙化侵袭。

8.2.1.2 草畜矛盾尖锐

天然草地最基本、最经济的利用方式是放牧，但过度放牧会导致草地植被退化。新疆属于干旱区，生态系统极为脆弱，过度放牧尤其会使干旱类型的草地植被得不到正常生长和发育，使草地覆盖度变稀、草层变低、适口性好的牧草成分减少，劣质牧草和不食草类成分增加，甚至出现 1 年生草本层片占优势，草地生产力下降，造成草地严重退化。特别是在牧草生长处在 2 个"危机期"中放牧利用的春秋牧场，利用时期很长的冬春牧场、全年牧场，以及地形平缓、临近水源的暖季牧场，草地退化现象普遍而严重[①]。国内外的相关研究所研究证实，长期持续超载放牧必然导致天然草地的退化。草地超载、过度放牧也是导致新疆草地退化的最主要的因素。根据农业部畜牧兽医司、中国农业科学院草原研究所和中国科学院自然资源综合考察委员会研究，新疆天然草原的理论载畜量（1985）为 3 224.9 万只/年。而新疆的实际载畜量要远远大于理论载畜量。1949 年新疆的牲畜存栏数是 1 038.2 万头（只），到 2009 年已达到 5 800 万羊单位，超载过牧严重。目前，新疆夏牧场理论载畜量为 3 390.4 万羊单位，实际放养牲畜数量为 4 270.9 万羊单位，超载率26.0％；春秋牧场理论载畜量为 1 742.1 万羊单位，实际放养牲畜数量为 2 718.9 万羊单位，超载率56.1％。而冬牧场因为超载过牧，30％的冬草场已不能利用。全疆平均每 0.83 公顷草地饲养一头标注畜，远远超过了联合国规定的 5 公顷一头标准畜的干旱带临界指标。近年新疆仅牲畜越冬所需的饲草料缺口就在 100 万～400 万吨，要化解该矛盾，就要大力发展草产业，开展人工种草，并不断转变草原利用方式和畜牧业生产经营方式，走农牧结合之路。

8.2.1.3 组织化、专业化、集约化程度比较低

牧区地域广阔，交通不便，牧民受教育程度低，居住分散，生产的流动性大。所以在各个生产群体中，牧民畜牧业经营的组织化程度是较低的。从行业上比较，草原畜牧业组织化程度要远远低于农业甚至是农区畜牧业；从区域上比较，新疆以游牧为主体的草原畜牧业比其他省份的牧区组织化程度要更低一些。另外生产规模上不去，科学化饲养水平低，畜产品不能按市场要求均衡出栏。2009 年，全疆93.1％的养牛户年出栏肉牛 9 头以下、84.9％的户年存栏

---

① 新疆维吾尔自治区畜牧厅．1993．新疆草地资源及其利用［M］．乌鲁木齐：新疆科技卫生出版社．

奶牛 4 头以下、80.4 的养羊户年出栏肉羊 29 只以下，远未实现规模效益。与此相关，组织化程度低，生产经营粗放，资金积累水平低，集约化程度不够，也限制了牧民按比较现代的标准进行草原建设。新疆的畜产品加工方面的上规模龙头企业缺乏，尽管目前各地都在积极引进或培育畜产品龙头企业，拉动当地畜产品加工产业链的延伸，但是目前引进和培育的企业绝大多数规模相对较小，这与畜牧业生产本身的组织化程度低是互为因果的，没有持续、均衡的原料供应基础，畜牧龙头企业难以发展。目前，已取得国家级、自治区级畜牧业产业化重点龙头企业仅有 30 家，年分割加工牛、羊 120 万头（只），占当年出栏牛羊比重不足 5%；专业草产品加工企业不足 10 家，其实际加工能力仅 10 多万吨，占企业设计加工能力的 15%。

新疆的划区轮牧起步晚，规模小。据新疆畜牧系统测定的数字，以阿勒泰地区为例，在现有草场的基础上，部分草场由自由放牧改为划区轮牧，载畜量可以提高 20%。另外，如果周边农区的秸秆得到充分的利用，可以使冬牧场的适宜家畜饲养量从 440 万绵羊单位提高到 500 万绵羊单位左右。

2009 年新疆牧区县牛的出栏率为 44.6%，半牧区县为 58.6%，与 10 年前持平，其中肉牛大都是 2 岁半以后才出栏；牧区和半牧区县羊的出栏率分别为 81.8% 和 82.9%，比 10 年前提高了 20 百分点，冬羔育肥工作取得了一定进展，但用现代畜牧业的标准衡量仍然是偏低的。专业化的牧场在新疆还是凤毛麟角。

8.2.2　农牧结合草原利用模式的提出背景

农牧结合草原利用模式的立足点就是围绕草原资源的合理利用、围绕传统草原牧区粗放经营方式的手段变革提出来的。就是说，农牧结合草原利用模式是成片草原与农田交错分布区的一种特有选择。它以传统草原畜牧业经营方式的转变为目的，以提高草原畜牧业的集约化、专业化程度为核心，以草地资源的科学利用为重点，以农区饲草料种植和秸秆开发利用为后盾，科学地确定畜种结构、载畜规模、畜群周转方式和饲养管理方式，实现农牧合理分工，互补发展，以农养牧，以牧促农的生产格局。

从农牧业发展的历史看，古代人类由游牧时代发展到农耕时代是一大进步，随着草地牧业由自然放牧向种植优质牧草饲养家畜的现代牧业转变，于是以粮为主的农耕时代就过渡到以现代牧业为主的农牧结合，这是传统农业向现代农业的一次飞跃。按李孝聪《中国区域历史地理》划分，古代被称为"西域"的新疆可划分为 8 个小区域。其中，北疆北部的阿勒泰地区由阿尔泰山地山前与额尔齐斯河、乌伦谷河谷地组成的森林和高山平原的宜牧区，是历史上许多游牧民族的生息之地；北疆西部的伊犁、塔城地区和北疆南部天山北路的乌鲁木齐市周围则为宜牧宜农的农牧结合区。与这两个地区在东南方向相邻的是南疆东部的吐鲁番、哈密地区及南疆北部的库尔勒、阿克苏地区。其中，吐鲁番、哈密地区就是在西汉时期由塞、羌、西胡等民族所建的西域 36 个城邦国家所在地。在 36 国中有 25 国以农为主，11 国以牧为主，而库尔勒、阿克苏地区则是农牧结合区。此外，在库尔勒、阿克苏正南和西南的喀什地区又分别为农业区和农牧结合区，南疆东南的且末、若羌地区则是汉代以来屯田的重点地区和农牧结合区。新疆地理区间的农牧区穿插、配置如此紧密、合理，当然极便于各小区间进行农牧产品及技术交流。在自然地理方面，北方草原中的农耕文化区多半与游牧区相邻，农产品和畜产品的交换条件好，频率高，双方在生产、生活中的互补性能够最快捷地实现；在人文地理方面，北方草原农耕文化区在历史上多半是游牧民族大迁徙时落脚的地方，游牧民族的生产方式和生活习俗必定会对当时及后来从事农业生产的人们产生很大的影响。前者使农耕文化与畜牧文化横向交流频繁发生；后者使农耕文化与畜牧文化的纵向传承与融合成为必然①。

新疆有丰富的草地资源，有穿插分布于广袤草原之中的灌溉绿洲，有很好的农牧结合条件。但是资源的优势没有充分发挥，干旱区季节牧场经营的许多弱点未能克服，牲畜头数增长缺乏稳固的饲料基地，导致草地过牧，草地退化，牲畜个体生产性能下降，经济效益差。因此，在新疆强调立草为业更有其重要性与紧迫性。西方人把人工牧草称为"绿色黄金"，"是通往现代化农业的桥梁"。因此，优质牧草的种植面积，在现代农业国家都占有一定比重，一般不低于耕地面积的 25％，有时甚至可达 40％～50％。这一草地面积不仅本身拥有较高的生产能力，而且作为一个活跃因素加入农业系统中，使整个农业系统得到强化而大幅度提高其生产能力。发展农牧结合是充分利用水、草、土资源，提高农牧业经营效益的重要途径。国内外的经验早已证明，新疆也不例外，而且有良好的条件和基础。从农牧割裂、以农挤牧，逐步转变为以农养牧，以牧促农，农牧结合，可以说是一场深刻的农业技术革命，建设符合新疆实际的农牧结合经营体系，是打开新疆富裕之门的一把金钥匙。

没有农业做后盾的畜牧业，是低生产率的畜牧业，也是不稳定的畜牧业。天然草地受气候等自然因素制约比较突出，表现出季节与年度间不平衡。新疆冷季草地载畜能力，只有暖季的 60％，牲畜冬瘦春死的问题难以解决。新疆

---

① 何天明 . 2011. 农牧结合—古代北方草原农业的突出特点〔J〕. 内蒙古社会科学（汉文版）(1)：37－42.

每年死亡 100 多万头牲畜，大部分是饲料不足，营养不良所引起，而牲畜掉膘的损失是死亡损失的四倍。草畜不平衡造成草地超载退化，每年减产干草约 40 亿千克，要用人工生产方式弥补。合理利用草地，维护草地植被的永续利用是天然草地最基本的经营对策，但单纯依靠合理利用是不能从根本上抗拒自然灾害的。经营季节畜牧业是利用新鲜牧草优势的重要措施，但并不能解决大量牲畜安全越冬和维持营养的需要。同时由于天然草地客观上光能利用效率低，单纯靠天然草地养畜，产品率低的状况也不能根本改变。据测算，新疆每 6.67 公顷天然草地生产的畜产品单位（阉牛每生长 1 千克肉为 1 个畜产品单位）约 50，而美国农牧结合，放牧与育肥结合，每 6.67 公顷农牧用地畜产品单位达到 340，是新疆的 7 倍。但如果单纯计算天然草地，在美国生产效能也不高。此外，天然草地的养畜能力总是有一定限度，要继续增加牲畜的数量，也必须从积极开辟新的饲料资源着手，发展人工饲草料生产是一条有效途径，它可以为减轻天然草地的压力，为实施合理利用措施创造条件。综上所述，要克服天然草地生产的季节与年度不平衡，解决目前突出存在的草畜不平衡，满足牲畜营养需要，缓解草畜矛盾，为合理利用天然草地和提高天然草地饲养的经济效益就必须依靠农业，发展农牧结合经营。

没有畜牧业的农业也是不完善的农业、低生产率的农业、难以持续发展的农业。新疆农田有机质含量普遍偏低，不足 1%。整个低产田面积很大，仅盐碱地有 130 万公顷，其中南疆耕地盐碱化面积近 80 万公顷。从 2005 年起，新疆利用小农水专项补助资金开展了 40 个盐碱地改良试点项目建设，累计投入 5 060 万元，取得了良好的经济和社会效益。改良土壤培肥地力是增强生产后劲的关键所在。施用化肥固然有必要，但绝不能离开种草、施用厩肥等生物改良措施。每公顷豆科牧草的固氮量为：草木樨 127.5 千克，苜蓿 330～375 千克，箭舌豌豆 97.5 千克。同时，增加农田饲料生产能力，发展农田养畜，特别是育肥饲养，是农区调整产业结构，开发新的生产门路，增加农民收入的重要途径[①]。

8.2.3　农牧结合草原利用模式的经济意义

8.2.3.1　有利于转变草原利用方式，减少粗放经营的不必要损失

新疆草原利用的季节性形成了大范围的转场游牧。四季牧场轮换利用是其草地利用中的显著特点之一。由于新疆地域面积大，各季节牧场相距很远，转场路线也相应地比较长，落脚点多。据有关资料，很多牧户转场往返距离都在

---

①　张立中 . 2004. 中国草原畜牧业发展模式研究［M］. 北京：中国农业出版社 .

300～600 千米，落脚点 30～50 处；最远的转场往返距离可达 1 000 千米，落脚点 80 处。在转场的过程中，因为沿途多是干旱缺水的荒漠，植被稀疏，饮水困难，给畜牧业生产造成了极大的障碍。在春秋季转场时，畜群常受到风雪及寒流侵袭，经常导致牲畜大批死亡。尤其在春季，刚从冬场转移出来的牲畜，由于瘦弱，体质差，死亡率更高。如果考虑到牲畜的掉膘损失，情况就更严重。据访问调查转到最远的冬场过冬的牲畜，到春天转场前平均每只掉膘 10 千克左右，相当于体重的 1/4。转场过程中由于山高路险导致交通意外和遭遇洪水泛滥就不只是生产上的损失，还会给牧民的生命安全构成威胁。

8.2.3.2 有利于优化资源配置，提高资源利用效率

新疆草原利用中的一个主要问题就是资源时空配比的不平衡加大了其利用难度。首先，季节牧场的载畜能力不平衡，冬牧场面积大，载畜能力低；夏牧场虽然面积小，但载畜能力高。其次，季节牧场在地区之间的分布不平衡。如阿勒泰、伊犁、塔城、巴音郭楞等地区夏牧场充裕，冷季牧场严重短缺；昌吉、哈密、博尔塔拉等地州冷季牧场就比较多，而吐鲁番的春秋场严重短缺，载畜量只相当于夏牧场的 1/7。这就造成跨地区的调剂使用，"飞地"多，草场使用权的界定困难，因草地利用而出现矛盾和纠纷时有发生。再次，牧草产量年度间不平衡，受自然气候条件的制约，特别是受周期性灾害天气的影响，造成载畜量在丰歉年度间大起大落。"有水就有草，雨多草就多"，大部分地区丰水年份和干旱年份牧草产量相差 2～4 倍。干旱年份的冷季必须大量处理牲畜以渡难关。最后，水、草配比不平衡。有相当面积的草地水文网分布不匀，造成人畜饮水困难，致使草地资源不能全面利用。

解决这些问题，必须变被动为主动，从更高的视角去审视它，引入相应的机制和外部有利的资源解开其中最关键的症结。这个视角就是大农业的系统观，这个机制就是农牧结合，这个资源就是种植业。

8.2.3.3 有利于种植业结构调整，推进草原生态建设工程的实施

从退耕还草角度讲，不仅要把错误开垦的耕地退出来种草，而且要把部分农田拿出来种草，农田改为草地，实行草田轮作，这不但不会降低粮食产量，反而可以提高粮食产量[①]。研究证明，如果拿出 20% 的农田种草，粮食单产和总产都将显著提高，总产提高 40%，单产提高 60%，化肥用量至少减少 1/3（庆阳黄土高原试验站，1987）。用牧草、饲料发展畜牧业，生产肉、蛋、奶等畜产品，增加动物性食物生产，使种植业效益成倍增加。通过农牧结合，促使新疆的种植业结构向粮—经—草转变，实现第一性生产的战略性结构调整，才

---

① 任继周.2002.藏粮于草施行草地农业系统 [J].草业学报，(1)：1-3.

会推进牧区退牧还草的顺利实施，确保草原生态的根本性好转。

8.3　农牧结合的方式选择与协调机制

8.3.1　农牧结合的方式选择

农牧结合草原利用模式实施的一个关键是对结合方式的把握，而结合方式可以从当事主体、地区、时限、草与畜配置等方面进行分析。从主体上看，可以分为自体结合和异体结合，前者是牧户自身兼营种植，后者是牧户、农户养种分工。异体结合中，牧户、农户、村民自治组织甚至是乡、县都可以作为实施的当事主体，还可以引入中介组织牵线搭桥；从地区上看，可以有地区内部的结合、地区之间的结合；从持续时限角度，可以分为季节性结合、长年结合；从草畜配置的角度，可以分为区域内牧户养种兼营、区域内牧户养种分工、异地牧繁农育、异地农供牧用等等。

8.3.1.1　农牧结合实施主体的选择

有条件的地区可以选择自体结合，牧户兼营种植业或农户兼营畜牧业，是一种比较简单的做法，只需要政府部门创造养种兼营的条件足矣，这样农牧结合只有一个单一主体。然而更多的情况是农与牧有很强的专业分工。在农业家庭联产承包和畜牧业家庭经营占主导地位的情况下，农牧结合的结合者最终必然要落实到农户和牧户。但是分散经营的单个农户和牧户受经营理念、获取信息的能力、资金和技术力量以及其他环境条件的限制，尽管相互之间有互补的需要，仍然没有机会和能力去开发周边可以利用的种植业或畜牧业资源。

限制条件之一是经营理念。传统经营方式和文化在农牧民的头脑里有根深蒂固的影响，尤其是在祖祖辈辈以游牧为生的少数民族心目中，农耕和种植是没有地位的，是不务正业。而农民对种草的看法也非常类似，认为种植牧草收入低，不如种植粮食作物和经济作物。实际上，种草养畜的收入高于一般的粮食作物种植。

限制条件之二是农牧民获取信息的能力。作为农牧结合的一个生产环节，供给和需求方面的信息必须准确畅通，才能通过合作各自实现利润最大化。农牧民一定要在切实了解了需求或供给的区位、数量、价格等具体信息之后，才会改变原有的生产方向，否则是不会冒风险转产的。

限制条件之三是资金和技术力量。基础设施建设、饲草料加工设备购置、交通运输甚至还有必要的技能培训，初始的启动资金是必需的。资金积累不足是农民和牧民的一个共性的问题，2008 年新疆农牧民人均纯收入为 3 502.9 元，低于全国平均水平，尤其是牧民收入水平低于农民，这些情况对农牧结合构成了最主要的限制。另外从技术角度考虑，包括饲草种植技术、肉用牛羊短期育肥技术、秸秆的氨化与碱化技术、青贮和黄贮技术、配合饲料加工技术等等，都需要在运作过程中进行学习和掌握，农牧民目前还不具备这些基本的技能。

除此而外，可能还有其他的限制因素，比如区位因素、交通运输条件、农牧民的现有生产方式所形成的机会成本等等。

8.3.1.2 农牧结合的区域范围确定

从区域上看，农牧结合可以进行地区内部的结合，也可以进行不同地区之间的结合。新疆草原牧区的一个最主要的特征是农牧区不能截然分开。盆地底部的低平原，既是冬牧场所在地，又有农耕地。在地区内部和地区之间进行权衡，地区内部的协调协作发展对于节省运输费用和物流到达目的地的及时性方面有一定的优势，当然应该作为首选区域范围。但是受自然条件的限制，有些地区的作物种类和生物产量都有一定的局限，进而会影响到农牧结合的落实。这就需要进行地区之间的调剂，最终形成地区间互补互利的结合方式。

8.3.1.3 农牧结合时限的划分

夏牧场是新疆草地之精华，它草质优良，生产力高，虽然只占草原总面积的 12.1%，但载畜能力在全疆各牧场中是最高的。若以夏牧场的载畜量为100%，那么春秋牧场仅为 51.4%，冬牧场为 70%。2009 年，全疆草食家畜存栏 3664.4 万头只（其中大畜 536.9 万头），折合 5800 多万绵羊单位。除去奶牛和农区舍饲部分，全疆草地平均超载率为 35% 左右，其中主要是春秋牧场和冷季牧场超载，夏牧场也已经达到了载畜量的上限。农牧结合的首要任务就是把冷季超载的家畜以饲草料种植和秸秆利用的方式"消化"掉，在此基础上进一步考虑用短期育肥出栏的办法减轻夏牧场的载畜压力。所以，在时限上，季节性结合应该作为推行农牧结合草原利用模式的起步阶段的工作重点，这也有利于兼顾草地放牧带来的畜产品生产成本的降低，有利于兼顾草地放牧所追求的天然绿色的畜产品质量效益。

8.3.1.4 农牧结合的草畜配置方式选择

农牧结合说到底是草畜的结合，即种植业的饲草料资源同畜牧业的畜种资源的结合。一般可以划分为以下几种方式：

(1) 区域内牧户养种兼营。 区域内牧户养种兼营是指在本地区内，牧户有条件、有精力、有资金、有技术进行饲草料种植，自产自用，把种植业作为畜牧业的辅助生产手段。这种方式好就好在没有远距离运输的成本，同时由于主体一致不会产生利益纠纷。但是牧户除养畜外，要具备与种植相应的条件、精力、资金和牧草种植技术、加工技术。

(2) 区域内牧户养种分工。 这种方式是指在同一区域内牧户的分化，即有一部分牧户从草原畜牧业中退出来，专门从事种植业，为其他的牧户提供饲草料。这也需要有相应的种植条件，而且必须在牧户具备种植技术的情况下，饲草种植规模大到足以抵偿放弃养牧的机会成本时，才会有这种分工。

(3) 异地牧繁农育。 即牧区繁殖的家畜调运至农区进行舍饲和育肥，以减轻牧区草场压力。在草原连片集中的内蒙古、青海等地，决策部门都提出了类似的办法，内蒙古叫做"北繁南育"，青海叫做"西繁东育"，而论实施条件，新疆最优。因为新疆农业的发达程度优于内蒙古，更优于青海，本身就有"苜蓿之乡"的美誉，再加上新疆草原和农田交错分布的天然优势，潜力是非常大的。这种方式也有它的局限性，一是仅仅局限于肉用品种的育肥；二是牧民的架子牛或架子羊在育肥前的瘦弱阶段卖不上价钱，不利于提高牧民的收入；三是育肥牛羊的肉质和风味普遍反映不如天然草原放养的牛羊好，尤其是少数民族消费群体对此十分敏感，有待于育肥技术上攻关突破。牧繁农育有利于更广泛地选择适宜育肥的农区，同向牧区调运饲草料相比，能够节省大量的运输成本，应该引入有效的利益调节机制，并改进育肥技术，以便把它作为今后发展的一个主要方向。

(4) 异地农供牧用。 即引导农区大力推行饲草料种植和秸秆加工，并向牧区调运以供饲用。它以向牧区出售饲草料的方式解决以农养牧的问题，可以突破"牧繁农育"只局限于肉用品种育肥的限制，与放牧结合育肥，肉质和口味也会得到一定程度改善，同时有利于牧民增收。最主要的制约瓶颈是运输成本高，运价加上种植过程中的直接成本，在到达远距离的目的地时其价格往往会使牧民难以接受。只要运输距离足够近，这种方式可以作为新疆农牧交错分布带草原利用模式的一种很好的选择。

8.3.2　农牧结合的协调机制

对传统草原畜牧业的改造，不是政府倡导和行政命令所能解决的问题，它的核心症结不是加大草原保护立法和执法力度的问题，不是加强基础设施建设和生态建设、草场承包、进行畜种改良的问题，也不是通过公共财政投入进行扶贫或移民搬迁的问题。改造传统的草原畜牧业，首先最需要解决的问题是重塑草原畜牧业的利益分配机制，进行制度创新。

根据经济学的利润最大化原则，市场经济中，不管是生产者还是消费者，利益是驱使他们进行经济行为选择的根本动力。草原利用走农牧结合之路，必须由政府出面引导，创造适宜的条件，由农牧民自主自愿结合，合理分工，形成对双方都有利的共同利益增进体系和利益分配体系。可以有以下几种选择：

一是同级或不同级别的政府间协调的区域联合体系；二是由中介商或经纪人参与的农牧户松散联合体系；三是牧户和农户紧密联合的合同分配形式甚至是股份制形式合作体系。

这几种体系各有利弊，但总体看来后面的体系比前面的体系更符合经济发展的潮流。不管哪一种体系，都必须能够保障参与经营者的合理利益，不挫伤任何一方的合作积极性。从长远看，要逐步削弱政府行为的作用（只作为过渡时期的权宜办法对待）。对于中介商或经纪人，既要大力培养，又要严格规范。

8.3.3　支持条件与保障措施

8.3.3.1　自主自愿，示范引导

推行农牧结合草原利用模式必须按市场经济规律办事，要坚持经营者自主自愿的原则，不能采取政府强制的办法，以免伤害经营者的参与积极性。可以重点扶持一批示范户，发挥榜样的力量，让农牧民看到实实在在的经济利益，变"要我结合"为"我要结合"。

8.3.3.2　财政支持，重点倾斜

农牧结合草原利用模式是建立在基础薄弱的传统畜牧业模式之上的，是对传统草原畜牧业的现代化改造。它是一项系统工程，是对生产力和生产关系的双重变革。在这个过程中，必然要有一定的改造成本，还可能出现一些事先难以预料的问题。它要求有适应农牧结合的种植条件、优良牧草品种、水利设施、加工机械、围栏和棚圈、家畜良种和高素质的生产者，很多事情生产者无力为之，需要国家财政予以扶持。应该有一系列重点倾斜的政策，包括建立专项基金以方便管理和防止挪用。

8.3.3.3　循序渐进，有章有序

推进农牧结合草原利用模式应遵循循序渐进的原则，允许农牧民有一个认识过程。过去全国牧区很多政策的出台都带有"一刀切"的倾向，不讲具体情况，一概而论，最后产生了很多负面影响。比如建人工饲草料基地，不进行科学论证，一哄而起，有些地方反而加速了草场的沙化。还有一些移民项目不顾条件盲目上马，严重地损害了农牧民的利益。这些教训都要吸取，做到既积极，又稳妥。

8.3.3.4　科学严谨，保护生态

发展生产和恢复生态是辩证统一的。推行农牧结合草原利用模式的每一个步骤、每一个项目都必须进行科学的评估和严谨的论证。要围绕草原畜牧业的发展来推行和实施，以牧为核心，防止以农挤牧。尤其值得注意的是牧区饲草料地的开垦，一定要慎之又慎。要充分利用弃耕地，适当地进行荒漠草场的人

工种草改造，避免给草原生态带来更大的破坏。

8.4 农牧结合集约化草原利用经营模式设计

8.4.1 农牧结合集约化经营体系的构成

此处分析农牧结合的集约化草原利用经营体系主要从农牧养种分工的角度来叙述，整个体系由四个组成部分构成，即牧户经营系统、农户经营系统、产前产后市场环境、政府职能部门与社会中介服务系统（见图8-1）。

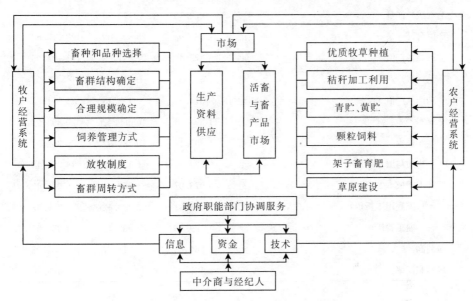

图8-1 农牧结合集约化草原利用经营体系的构成

这四部分之间存在着复杂的物质流、能量流、资金流、信息流、技术流等流转和反馈关系。下面围绕草原畜牧业这个核心，就牧户经营系统作一些说明。

8.4.2 畜牧业发展方向选择

依据新疆草原资源的特点和环境特征，我们认为，新疆农牧结合草原利用模式既要坚持市场导向，又要注重因地制宜。畜种和品种的配置有三点必须坚持。一是要与国内外畜产品市场的需求相吻合，突出比较优势，优先发展羊肉、牛肉、牛奶和细羊毛的生产；二是要选择能够适应当地自然环境的畜种，不能把国内外一些适应能力差的专用品种盲目地引进来予以发展。三是以提高个体生产能力为核心,在坚持走自繁自育、选育本地优良品种的同时,灵活地运用经济杂交的办法提高效益。2009 年新疆牛羊饲养业的成本收益情况详见表 8-4。

表 8-4 2009 年新疆牛羊饲养业成本收益情况

项 目	单位	改良绵羊	土种绵羊	牛
每百头(只)				
产品畜数量	头	55.57	58.50	40.22
毛(绒)产量	千克	272.70	170.48	
产值合计	元	31 260.03	28 608.09	122 115.89
产品畜产值	元	26 373.49	27 631.23	121 104.05
毛(绒)产值	元	4 572.26	573.73	
副产品产值	元	314.28	403.13	1 011.84
总成本	元	11 695.14	10 389.42	20 362.91
生产成本	元	11 695.14	10 389.42	20 362.91
物质与服务费用	元	6 722.07	6 126.81	14 284.48
人工成本	元	4 973.07	4 262.61	6 078.43
家庭用工折价	元	3 473.91	3 280.42	4 720.48
雇工费用	元	1 499.16	982.19	1 357.95
净利润	元	19 564.89	18 218.67	101 752.98
成本利润率	%	167.29	175.36	499.70
每50千克				
产品畜(活重)平均出售价格	元	585.93	617.42	614.52
产品畜(活重)总成本	元	219.21	224.22	102.47
毛(绒)平均出售价格	元	838.33	168.27	
毛(绒)总成本	元	313.64	61.11	
每头(只)产品畜(活重)售价	元	474.60	472.33	3 011.04
每头(只)产品畜(活重)总成本	元	177.56	171.53	502.09

资料来源:国家发展和改革委员会,全国农产品成本收益资料汇编,中国统计出版社,2010.

按以上原则和牛羊饲养收益情况,全疆各地牲畜的配置方案是:①阿尔泰山南坡主要配置阿勒泰羊,生产肥羔;适当发展一定数量的兼用牛、肉用牛及骆驼;②准噶尔西部山地配置肉毛兼用细毛羊、新疆褐牛;③天山北坡以细毛羊、兼用牛为主,相应地发展骆驼。而在伊犁河谷,除发展细毛羊外,根据天然草场草层高、阔叶牧草多的特点，要发展养牛业和养马业；④天山南坡的西部配置细毛羊、山羊、骆驼，在巴音布鲁克盆地则配置肉用羊、牦牛、马。在其东部则配置肉用羊、山羊、骆驼等；⑤塔里木河流域以羔皮羊为主，其次为肉用羊，适当发展绒山羊和骆驼。在南疆各绿洲农区要大力发展多浪羊；⑥昆仑山北麓的塔什库尔干和西昆仑山高寒牧区应配置塔什库尔干羊和藏羊，适当发展牦牛；自叶城以东包括阿尔金山，配置和田半粗毛羊及骆驼和山羊。

8.4.3　草产业发展方向选择

发展草产业是解决草畜矛盾、实现草畜平衡最直接、最积极、也是非常有效的途径，是传统草原畜牧业走向现代畜牧业的标致，进而助推草原的持续利用。世界发达国家畜牧业都是由强大的草产业来支撑的，草产业的核心内容就是发展人工草地，如美国苜蓿种植面积达 970 多万公顷，总产量达 7 000 余万吨，而出口仅 200 万～400 万吨，绝大部分国内消耗，对支撑美国高质量的奶产业、肉产业等起到强大的基础作用。

牧草种植是农牧结合的基础和核心。2009 年新疆种草保留面积为 130.6 万公顷，其中，人工种草保留面积 38.6 万公顷、改良种草 89.1 万公顷、飞播种草 2.9 万公顷，牧草产量为 486.4 万吨，只能满足全疆食草家畜 2/3 个月的消费量，表明种植牧草的总产量仍然很低，无法满足牲畜的越冬需要；牧草种子田面积 0.8 万公顷，其中生产多年生种子 6 664.8 吨，一年生种子 3 280.0 吨，为发展牧草业，必须扩大种子田的种植面积。

草产业是通过现代草产品来体现的①，所以，草产业的发展方向主要体现在以下几个方面：一是青贮产品。英法畜牧业最显著的特点是把青贮饲草料作为牲畜的主要营养来源。经营畜牧业的农牧场无论规模大小，都在划区轮牧和种植牧草、饲料作物的基础上，特别是养牛业和养羊业，不仅饲草制作青贮，而且饲料籽实也是通过青贮来贮存和利用的。发展青贮饲料，可以很好地弥补新疆草原利用季节性矛盾，更好地保护草原。在采用传统的青贮技术如青贮窖、塔、池外，可以推广青贮捆裹技术，尤其适用于草原牧区的多年生牧草制作青贮，，不需要铡短，牧草收获后整株用专用机械滚压成捆用拉伸膜裹捆成膜包，在田间以此完成，便于运输，最长贮存期可达两年。新疆适宜很多品种玉米的种植，在调整种植业结构时，注意种植玉米、制作青贮和饲喂的合理布局，坚持规模种植和就近原则，这样，既便于机械化作业，又降低了生产成本。二是牧草种子产品。2009 年，新疆牧草种子田面积为 7 733 公顷，种子产

---

①　李学森等 . 2009. 新疆农区畜牧业与草产业协调发展 [J] . 草食家畜，(4)：5-8.

量接近 1 万吨。新疆的农业生产条件非常适合于有花植物的繁育，是作物种子的繁育的理想区域，所以，新疆要大力发展苜蓿、旱生禾本科牧草等牧草种子产业。三是干草捆。质量较好的草原，尽可能地进行草捆生产。既可以牧民自购设备割草，也可以承包出去，进行草捆生产。长途运输草捆的密度要高，要达到 250～300 千克/立方米。四是烘干草。也称脱水草草，牧草收割后采用专用设备在短时间内烘干，加工成脱水草粉、颗粒、草块。烘干草的营养价值高，也便于贮藏和运输，在新疆有很大的发展潜力，尤其是在半牧区，要优先发展，有条件的牧区也可以推广，但要循序渐进，不能冒进。

8.4.4　放牧制度与饲养管理

8.4.4.1　新疆季节牧场的正确划分

摸清各地草地的自然条件，正确地划定各季节草场的范围，确定适宜的利用时期。使其放牧顺应自然条件，适应家畜生态，达到最为合理的季节分配，是新疆合理利用放牧场的重要前提。

牧草生长期，营养价值高，放牧场应最大限度地利用牧草生长期，获得最佳饲养效果，提供更多畜产品。

新疆季节牧场的划分和平衡原则是：满足春秋场，扩大夏场（南疆为夏秋场），冬场不勉强改季扩大。此原则的宗旨为尽量扩大青绿季放牧场的地域和时间，从而获得放牧场的最佳经济效益。

在冬季，要尽量压缩牲畜头数，尤其是压缩非生产性牲畜，以减轻放牧场压力。同时，冬季饲养应尽量减少使用放牧场，扩大补饲，实行以农养牧，农牧结合。

8.4.4.2　合理确定载畜量，有计划地利用草场

天然牧场是草原畜牧业的命脉和根本。要让牧民认识和掌握草地资源生态系统物质和能量的流动规律，认识生态系统失衡所带来的灾难性后果。合理确定载畜量还是要以草定畜，通过核定载畜量，运用一切可能的手段控制年末存栏头数。这里最关键的一点，是建立畜群周转的标准化模式，变追求头数为追求效益，走以内涵生产为主的路子。如果能够保障牧民的收入不减甚至能够增加，核定载畜量的工作就会得到牧民的支持。目前，新疆夏牧场理论载畜量为 3 390.4 万羊单位，实际放养牲畜数量为 4 270.9 万羊单位，超载率 26.0%；春秋牧场理论载畜量为 1 742.1 万羊单位，实际放养牲畜数量为 2 718.9 万羊单位，超载率 56.1%。而冬牧场因为超载过牧，30% 的冬草场已不能利用。

为了更具有可操作性，可以参照各季节牧场的载畜能力，为牧户制定载畜量上限，见表 8-5。

表 8-5 全疆及各地州季节牧场载畜能力

单位：公顷/百羊·日

	夏牧场	春秋牧场	冬牧场	夏秋牧场	冬春牧场	秋牧场	全年牧场
全疆平均	0.14	0.53	0.43	0.63	0.81	0.39	0.42
阿勒泰地区	0.15	0.55	0.72	—		0.29	
伊犁地区	0.09	0.29	0.11			0.13	0.12
塔城地区	0.21	0.46	0.27			0.26	
克拉玛依市	—	0.69	0.73				
博尔塔拉州	0.25	0.61	0.57				
昌吉州	0.21	0.72	0.99		1.32	1.01	0.44
乌鲁木齐市	0.21	0.85	0.53	0.26	0.25		0.97
哈密地区	0.26	0.93	1.03			0.86	0.56
吐鲁番地区	0.32	0.65	0.86			0.74	0.29
巴音郭楞州	0.26	0.45	0.37	1.66	1.49	0.25	0.64
阿克苏地区	0.36	0.93	1.31	0.35	0.99	0.63	0.33
克孜勒苏州	0.52	—		0.49	0.77	1.01	0.31
喀什地区	0.40	1.11		0.43	0.60	0.43	0.25
和田地区	—	—	—	0.43	0.67		0.22

8.4.4.3 以定居为核心，推行划区轮牧

游牧是一种原始的生产方式，在新疆，它不仅加大了春秋草场的载畜压力，同时也不能有效地利用周边的资源；不仅家畜转场过程中的死亡损失大，如第二节中所述，其掉膘损失更大；它不仅造成牧民转场过程中艰辛跋涉，形成子女受教育机会和医疗保健方面的障碍，生活质量不能提高，而且使畜产品难以均衡产出，不能适应市场经济要求。鉴于以上原因，新疆各级政府正在大力引导牧民定居，但截止到 2009 年，全疆牧区县和半牧区县按"三通"（通水、通路、通电）、"四有"（有住房、有棚圈、有草料地、有林地）、"五配套"（学校、卫生室、商店、文化室、技术服务站）标准定居的牧户只有近 7.0 万户，占全部 17.3 万牧户的 40%，完全定居还要有一个过程。

在定居之后，草场的使用权才能更具体地落实到户，这是划区轮牧的一个基础工作。

划区轮牧要根据草地生长速率和家畜生长规律的要求，把草场划分为条件和面积相近的 3～8 个小区，畜群转移时间视草群利用率而定，草群利用率一

般控制在 65%以下，要避免同一小区在春秋两个禁牧期长期采食。

8.4.4.4 减轻载畜压力，保护好夏牧场

夏牧场是新疆草地中非常宝贵的资源，在其他季节牧场退化严重的情况下，夏牧场的压力逐渐增大，而相比之下，夏牧场生态一旦遭到破坏，恢复难度更大。可以说，夏牧场的合理利用和保护，决定着新疆草原畜牧业的发展后劲，如果没有了夏牧场，草原畜牧业会遭受毁灭性的打击。保护夏牧场，主要是从两个方面入手：

(1) 发展季节性畜牧业，冬春舍饲，夏秋放养。一个是加强羔羊育肥工作，尽量避免可以出栏的家畜冷季的物质能量消耗。第二是夏秋适当放牧，使畜群在牧草生长旺季抓膘，有利于提高个体生产能力。

(2) 夏牧场分段限制放牧。如紫泥泉种羊场在冬季放牧场推行分区分段限制性放牧。其做法是把草场按自然地形划分为 6~8 个大区，每大区又根据面积大小划分为若干小区，在小区内再据草地产草量，每群羊的日食量确定每日羊群所需的草场面积，逐日分段利用。整个放牧地形利用顺序根据先远后近、先阴后阳、先高后低，阴阳结合的冬季放牧原则排列。

(3) 压缩牲畜头数。结合国家实施的草原生态保护建设补助奖励机制，按不同草原类型区的合理载畜量，核减超载牲畜，实现草畜平衡。

9 青藏高寒草原保护性 持续利用经营模式

青藏高原包括西藏自治区，青海省大部，以及四川、云南和甘肃的部分地区，总面积200万平方公里，草地总面积1.38亿公顷，其中可利用草地1.17亿公顷，理论载畜量8 500万个羊单位。虽然青藏高原平均海拔超过4 000米，高寒草地占草地总面积的94％，但因辐射特强，日照丰富，牧草品质优良，营养丰富，具有高蛋白、高脂肪、高无氮浸出物及产热值和低纤维素"四高一低"的特点，是我国发展草地畜牧业的主要基地之一[①]。6条大的国际性河流发源于青藏高原，对处于中下游的国家和地区的生产、生活有着重要的影响[②]。而青藏高原凭借其平均海拔超过4 000米、面积达230万平方公里的地理特点影响着亚洲大陆乃至全球的气候。

青藏高原是我国天然草地分布面积最大的一个区，也是自然条件极其恶劣的一个区。青藏高原草地生态系统是一个"惰性"和"脆弱性"的生态系统，其"惰性"表现在高寒草地土壤营养和繁殖库活性低，草地植被更新能力差，其任何组分衰退后难以恢复，"脆弱性"表现在该系统容易被破坏[③]。青藏高原草地是世界唯一的高寒生物种质资源库，高原生物具有强大的抗逆基因和特殊种性，其中的珍、稀、特、名、优种，是无比宝贵的生物种质资源，这些生物种生存环境严酷，一经破坏，极易丧失而且无法补救[④]。

在这个号称"地球第三极"的世界屋脊上，蕴藏着巨大的资源潜力。它不但具有类型丰富、独具特色的高山、高原、湖泊、谷地地形地貌，也发育了大量高原特有的动物和植物资源。鉴于青藏高原草地在涵养水源与全球气候调节

① 赵新全，张耀生，周兴民．2000．高寒草甸畜牧业可持续发展理论与实践［J］．资源科学，22 (4)：50-61．

② Du M，Shigeto K，Seiichiro Y. et al. 2004. 1Mutual influence between human activities and climate change in the Tibetan Plateau during recent years［J］1 Global and Planetary Change，41：241-249.

③ 尚占环，龙瑞军．2005．青藏高原"黑土型"退化草地成因与恢复［J］．生态学杂志，24 (6)：652-656．

④ 王无怠．2000．青藏高原草地生产发展战略商榷［J］．科学·经济·社会，18 (1)：12-15．

中的重要作用以及草地生态系统具有"脆弱性"和"惰性"的特征，决定了它的草原利用经营模式构建中必然要走一条与众不同的道路——既不同于国外草原畜牧业发达国家，也有别于我国其他省份的道路，那就是青藏高原草地利用应以保护生态环境功能为主要目的，畜牧业经济发展功能应居其次，即以草地资源为基础的经济发展规模一定要适度，以生态保护发展战略优先[1][2]，坚持经济建设和生态环境保护并举，在发展中重保护，在保护中求发展。

9.1 青藏高寒草原利用评析

9.1.1 饲草料资源

9.1.1.1 草场资源

青藏高原草地类型多样，国内 18 类草地中，除干热稀树灌草丛类以外，其他 17 类均有分布。这与本区自然条件复杂有着密切关系，并表现出独特的高原地带性水平分布规律和垂直分布特征。高原的东部和东南部边缘地带的山地和山原，海拔较低，气候温暖湿润，植物种类丰富，森林发育，从河谷往上草地植被依次出现热性灌草丛、暖性灌草丛、山地草甸和高寒草甸；高原中部广大地区，平均海拔 4 000～4 500 米，气候寒冷，干湿季分明，森林植被基本消失，高山灌丛和高寒草甸分布广泛，是高原地区天然草地的精华；高原西部平均海拔 4 500 米以上，气候寒冷、干燥，植物种类贫乏，草地类型以高寒草原为主；羌塘高原北部和帕米尔高原，地势高亢，平均海拔 4 600～5 000 米，气候严酷，是高原植物种类最少的地区，高寒荒漠、稀疏垫状植被与裸地相间分布。

青藏高原各类草地中以高寒草甸类和高寒草原类面积较大，分别占全区草地面积的 45.4% 和 29.1%，二者合计共占 74.5%，其次是高山灌丛草原、高寒荒漠草原、高寒荒漠类和山地草甸类草地，分别占 4.4%、6.8%、4.6% 和 5.5%，其他各类草地除温性草原类占 1.3% 以外，所占比例均在 1% 以下。按草地热量划分，高寒类草地占 89.2%，温性类草地只占 8.9%，暖性、热性草丛和灌丛类草地仅占 0.5%，可见青藏高原草地以高寒草地为主体。此外，青藏高原还有一部分未进行实地调查，难以划分类型的草地，面积为 93.3 万

---

① 汪诗平.2003.青海省"三江源"地区植被退化原因及其保护策略 [J].草业学报，12（6）：1-9.

② 周立志等.2002.三江源自然保护区鼠害类型、现状和防治策略 [J].安徽大学学报，26（2）：87-96.

公顷，占草地面积的0.7%。

青藏高原草地的总体产草量水平较低，平均每公顷产干草395.5千克。产草量最高的是热性草丛类，产量达2 600.8千克/公顷，其次为低地草甸和山地草甸类，分别为1 087.4千克/公顷和1 040.8千克/公顷。水热条件较好的温性草甸草原、暖性灌草丛、热性灌草丛类单产都在800～1 200千克/公顷以上。分布面积最广的高寒草甸和高寒草原类产草量分别为882千克/公顷和740.9千克/公顷，产草量最低的是高寒荒漠类，每公顷只产草117千克。青藏高原草地不但产草量低，而且草群低矮，多数在10厘米以下，不适宜作割草场。青藏高原草地理论载畜量为8720.3万羊单位，其中高寒草甸类草地占64.5%，可见该类草地在青藏高原的重要地位。

9.1.1.2 饲草料种植及加工

青藏高原由于自然环境条件严酷，建设人工草地难度很大，但随着种植业的发展，人工种草也逐步开展。如20世纪50年代青海省一些国营农场开始引进优良牧草，省草原改良试验站通过引种试验，成功地选出10种适应当地的优良牧草，并在共和县建立3处万亩人工草地。西藏1974年从内地引进苜蓿、无芒雀麦等优良牧草，其中苜蓿草种植占西藏人工草地的50%以上，1981年在当雄采集野生垂穗披碱草和老芒麦种子，第二年开始栽培试种，目前已推广到全自治区。甘肃甘南自治州从1962年开始引种牧草，1965年大面积种植垂穗披碱草、老芒麦等，并开发出一些适合当地种植的牧草资源，丰富了栽培牧草的种类。截至2009年，西藏累计人工种草保留面积为6.0万公顷，占全国累计人工种草总保留面积的0.5%。总之，由于地处高原，气候寒冷，水资源匮乏，种植管理水平低，青藏高寒牧区种草起步较晚，进展缓慢。另外，青藏高原的牧草种子繁育问题突出。由于当地优良牧草种子的栽培与驯化的研究相对滞后，没有规范的牧草种子基地，种子自给能力很低，当地牧草种子市场占有率不足5%，95%以上的牧草种子都是从区外定购，不仅价格昂贵，而且质量参差不齐。

西藏饲草料加工企业数量少、规模小，龙头企业发展缓慢。目前，全区共有饲料加工企业10家，既没有原料基地，也没有良好的运行机制，成本高、效益低，年生产能力只有2万余吨，产业带动作用不强[1]。

在农作物方面，由于生长期短，一年一熟，种植业基础比较薄弱，粮食总产量低。2008年，青海和西藏粮食总产量合计为196.8万吨，人均占有粮食234.0千克，低于全国的平均水平。作物种类也比较单一，主要作物有小麦、

---

① 琼达.2010，西藏草业发展的制约因素及建议［J］.中国牧业通讯（3）：25.

青稞、油菜、洋芋、燕麦、大麦等，少数地方可以种植豆类作物。青藏高原整体上饲料用粮不足，而作物秸秆、麻渣以及动物性饲料的开发利用也是严重不足。

9.1.2 畜种及野生动植物资源

9.1.2.1 畜种资源

在青藏高原特有的高原生态环境的影响和作用下，经过数千年的自然、人工的双重选择，形成了许多适应当地生存条件的家畜及野生动物品种。家畜中最具有代表性的是牦牛和藏羊，它们世栖高原，历经风土驯化，使它们具有了许多独特的平原地区畜种所无可比拟的生物性状和特性，为育种和生物学研究，提供了宝贵的生物基因库，为世界许多希望探索青藏高原奥秘的研究学者所瞩目。

青藏高原的藏、蒙、汉等各族农牧民，在数千年的生产过程中，养育成了许多优良地方品种，解放以后，又尝试引进外国、外地优良畜禽品种，并且培育出一些新品种。主要的草食家畜地方品种有藏羊、蒙羊、哈萨克羊、山羊、牦牛、黄牛、大通马、河曲马、柴达木马、玉树马、驴、骆驼等十余个品种。

经过长期的杂交试验和培育，大多数改良畜种对高原的适应能力有很大的局限性，仅适宜在海拔低、环境条件好的少部分地区饲养，或者只能用于经济杂交。目前的草食家畜品种中，仍然以藏羊和牦牛为主体，数量多，分布广，在畜牧业经济中所占比例较大。

9.1.2.2 野生动植物资源

青藏高原地域广阔浩瀚，地形复杂多样，境内山峦交错，河脉纵横，动物的饲料、水源丰富，广袤的草原牧区交通网、工矿区和居民点较少，人口平均密度很低，大气污染和噪音危害较轻，为野生动物提供了宽广宁静的隐蔽、采食遨游和繁衍的场所，保存了一个良好的较稳定的生态系统。

在青藏高原上蕴藏着丰富的野生动物资源，种类多，数量大。据调查，有野生兽类 110 多种，禽类 290 多种。许多动物种是国内和世界罕有的珍种，被定为国家一类保护动物的有藏羚羊、野牦牛、野驴、野骆驼、盘羊、白唇鹿、雪豹、黑颈鹤、苏门羚羊和黑鹳等 10 多种。

野生动物的作用和价值，不仅表现在经济方面，而且还表现在科学研究方面和生态系统的调节方面。一些有益的禽兽类为人类提供美味肉品及珍贵皮毛，有较高经济价值，而有一些兽类在数量剧增时又破坏草原，危害畜牧业。有些野生动物，是今日家畜的远祖，对研究畜种渊源，进化演替规律及家畜育种等，起到"活化石"的作用，是宝贵的物种"基因库"。某些动物数量的消长变化，会使生态系统平衡失调，带来有利或不利的作用，都会直接、间接影响到人类的经济活动。

9.1.3　高寒草原利用面临的问题

9.1.3.1　草原退化依然严峻

目前，青藏高原草地退化较为严重。以青海省为例，现有土地 7 223 万公顷，其中可利用草地为 3 161 万公顷，占全省土地总面积的 43.8%，中度以上退化草地 730 万公顷，占全省草地总面积的 23.1%；各种类型的草地垦殖面积已达 1 696 万公顷，其中黄河源地区为 486 万公顷，长江源地区为 121 万公顷，环青海湖地区为 603 万公顷，柴达木地区为 486 万公顷；全省水土流失总面积达 3 340 万公顷，占全省土地总面积的 46.2%，其中，长江流域水土流失面积为 1 070 万公顷，黄河流域为 730 万公顷，每年输入黄河的泥沙量达8 814万吨，输入长江的达 1 232 万吨；全省沙漠化面积已达 1 252 万公顷，潜在沙漠化面积为 9 800 公顷，主要集中在柴达木盆地、共和盆地及黄河源头地区。目前，沙漠化面积仍以每年 1 000 多公顷的速度扩大[①]。西藏草原的退化态势同样严峻。西藏草地总面积 8 206.7 万公顷，占全国的 33.2%，其中可利用草场面积 5 600 万公顷，可利用草场总面积约占全国的 21.0%，占全区土地总面积的 68%；78% 的草地分布于高海拔的藏西北广大地区，该区域又是荒漠或半荒漠、沙化、退化草地所占比例较大的区域，也是自然条件比较恶劣的区域。

进入 21 世纪，西藏自治区草地退化范围已扩大到 7 个市（区），其中，藏北地区最为严重，退化草地已占该区全部草地的 50% 以上（表 9-1）[②]。

表 9-1　西藏自治区不同地区草地退化面积地区

地区	轻度退化		中度退化		严重退化		合计
	面积/万公顷	比例/%	面积/万公顷	比例/%	面积/万公顷	比例/%	面积/万公顷
山南	67.13	61.04	19.98	18.17	22.86	20.79	109.97
昌都	151.71	72.91	44.76	21.57	11.60	5.57	208.07
林芝	58.86	82.01	10.52	14.66	2.39	3.33	71.77

① 张耀生，赵新全．2001．青海省生态环境治理面临的问题与草业科学的发展 [J]．中国草地，23（5）：68-74．

② 杨汝荣．2003．西藏自治区草地生态环境安全与可持续发展研究 [J]．草业学报，12（6）：24-29

（续）

地区	轻度退化		中度退化		严重退化		合计
	面积/万公顷	比例/%	面积/万公顷	比例/%	面积/万公顷	比例/%	面积/万公顷
拉萨	52.15	63.69	21.19	25.87	8.55	10.44	81.88
日喀则	310.05	60.42	130.33	25.40	72.79	14.18	513.17
阿里	597.22	72.54	171.13	20.78	54.97	6.68	823.31
那曲	693.29	61.88	292.05	26.07	135.03	12.05	1 120.37
合计	1 930.40	65.92	689.96	23.56	308.19	10.52	2 928.55

1990 年，西藏草地退化面积为 1 142.8 万公顷，2005 年增加到 3 253.1 万公顷，增长了 1.85 倍，15 年来，草场退化面积每年以 7.2% 的速度扩大。

9.1.3.2　过度放牧严重

畜牧业是青藏高原经济构成的主体部分。2008 年，青海和西藏大小畜合计 4 357.6 万头，约占全国草食畜总数的 10.8%，平均每人占有牲畜近 6 头（只）；其中牛 1 180.3 万头，羊 3 177.3 万只，分别占牲畜总数的 27.1% 和 72.9%。

青藏高原的畜牧业发展虽然有悠久的历史，但生产水平较低，靠天养畜的传统生产方式沿袭至今。自然条件严酷、交通不便、文化技术落后等因素制约着畜牧业生产的发展。当前存在的最主要的问题是冬春饲草不足，没有稳固的饲草基础。此外，畜群结构不合理，管理粗放，牧民市场意识淡薄。大多数牧民的头数畜牧业的观念还没有完全转变，认为牲畜存栏愈多愈富裕，同时，人口的增加必然导致家畜相应增加，牲畜的增加也就意味着对草地牧草啃食量的成倍增加从而导致过度放牧。所以随着牲畜数量不断增加，草场的压力越来越重。由于受自然条件的影响和制约，天然草地的生产力在目前的情况下不但不能提高，而且由于利用不合理，草地长期超载过牧，生产力还在不断下降。尤其是冬春草场，普遍超载。西藏现有天然草场的载畜能力为 3 765 万羊单位，而 2009 年超载 39%，而藏北地区冷季草场超载率达高达 297.9%[①]；超载过牧在西藏具有明显的地域性，冷季草场因面积狭小而严重超载，暖季草场因面积广阔而没有超载。冷季草场的载畜量仅为暖季草场的 50%。青海草场冷季载畜能力为 2 373 万羊单位，2008 年底的家畜存栏合计为 3 820 万个羊单位，超

---

① 魏学红.2009.关于西藏草原的几点思考［J］.畜牧与饲料科学，30（6）：161-162.

载65.2%。青藏高原部分县草原超载情况详见表9-2①。

表9-2　青藏高原不同县实际和理论载畜量的比较

省	县	实际载畜量（万羊单位）	理论载畜量（万羊单位）	超载率（%）
西藏	那曲	182.50	105.10	73.64
	比如	93.32	46.00	102.87
	班戈	111.19	86.00	29.29
	索县	58.30	52.00	12.12
青海	玉树	251.90	170.90	47.40
	河南	158.74	156.78	1.25
	阿坝	824.01	763.97	7.86
四川	若尔盖	128.91	120.78	6.73
	石渠	320.46	235.23	36.23
甘肃	甘南	693.81	619.45	12.00

　　超载过牧所带来的草原退化，远不止草地的生产力下降造成草畜矛盾那么简单，主要是造成草原上优良牧草种类减少、群落生态发生演替、毒害草种类及生物量增加、给鼠害创造可适生存的环境条件，以及水蚀和风蚀作用增强等，促使草原生态环境趋于恶化。与此同时，牲畜个体生产能力下降，又造成追求数量的恶性循环。

9.1.3.3　有毒有害生物明显增加

　　过度放牧导致植被的高度、盖度下降，毒杂草比例增加，一方面为高原鼠兔提供了适合的开阔生境，另一方面由于杂类草具有发达的根系，为高原鼢鼠提供了丰富的食物，从而为二者的种群数量爆发提供了有利条件，进而又加速了草地退化，从此高寒草地就陷入了过度放牧—草场退化—鼠害发生—荒漠化或沙化的恶性循环②。西藏草原的主要有害生物有高原鼠兔、草原毛虫、蝗虫及棘豆属、黄芪属的植物。高原鼠兔已遍布高寒草甸类草地，对草原形成的危害最大③。从青藏公路安多至拉萨和川藏公路昌都至拉萨，高原鼠兔随处可见。2008年调查表明，安多鼠害密度为2 250只/公顷，那曲为750只/公顷，

　　① 贺有龙等.2008.青藏高原高寒草地的退化及其恢复 [J].草业与畜牧，11：1-9.

　　② 周立志等.2002.三江源自然保护区鼠害类型、现状和防治策略 [J].安徽大学学报，26（2）：87-96.

　　③ 杜小娟，程积民.2007.西藏当雄县草地退化成因分析及开发利用研究 [J].安徽农业科学，35（19）：5853-5854.

当雄为 150 只/公顷，林芝松多为 510 只/公顷。草原毛虫主要发生于藏北那曲县和聂荣县等地，那曲县香茅四村 2008 年草原毛虫虫口密度为 23 头/平方米，聂荣县为 81 头/平方米。草原毛虫主要分布在高寒草甸草原上，主要采食嵩草和优质禾草，对草原的危害是毁灭性的。草原毛虫发生 2～3 年的藏北嵩草地，产草量大幅度下降，而且在短期内难以恢复。在那曲地区，有毒有害草类比 20 世纪 50 年代增加了约 80%。2009 年西藏草原鼠害危害面积达 580 万公顷；虫害危害面积超过 21 万公顷，蝗虫平均密度 50～150 只/平方米，最高密度达到 300 只/平方米以上。2009 年青海草原鼠害危害面积高达 867 万公顷；虫害危害面积更是达到 220 万公顷。草原毒害草种群不断扩大，直接威胁到家畜安全，影响到草原的持续利用。

9.2 保护性利用模式的提出

9.2.1 青藏高寒草原利用方向

9.2.1.1 草原利用方向确定的客观依据

第一性生产（牧草）和第二性生产（家畜）相结合的一个连续的过程，这两个生产过程都离不开特定的自然环境、资源禀赋、生产技术条件和社会经济发展基础。尤其是自然环境，它是生产过程中最不容易突破的硬约束，只能在资源利用过程中不断地去适应它，必要时进行局部的人工环境的营造，以便发挥资源禀赋的最大效能，达到资源高效利用的目的。

青藏高原发展草原畜牧业具有一定的优势和潜力：一是天然草场辽阔，生产空间大；二是具有适应高原地区的优良土著畜种——牦牛和藏羊；三是有开发利用潜力巨大的野生动植物种源，尤其是野牦牛、盘羊等对家畜改良有非凡的意义；四是天然草场牧草营养价值较高，并且大部分地区具有种植业和畜牧业相结合的天然条件；五是少数民族群众有世代从事畜牧业的丰富经验。但也存在许多发展畜牧业的障碍因素：产区地势高亢、严寒，自然气候恶劣，灾害频繁；草原生产力日益下降，草原退化，饲草饲料不足；原始古老畜种个体生产力较低；交通不便，运输线长；劳动者科技文化素质差，草原利用方式落后、生产效率低下等。

草原畜牧业是青藏高原三大资源（畜牧业、矿产和水能）的组成部分之一，是高原经济的优势和支柱，是西部大开发的重点投资领域。根据青藏高原目前的生产条件和生产基础，在草原畜牧业生产方向的选择上必须实事求是、因地制宜，做到有利于草原畜牧业的可持续发展，有利于农牧民家庭收入的提高和生活水平的改善，有利于传统草原畜牧业向现代草原畜牧业的转变。

9.2.1.2 草原利用方向的确定

根据前述青藏高寒草原的特定环境、资源特点、生产力现状,确定草原利用方向的过程中,对生态环境、对野生动植物资源、对当地优良土著畜种、对草原生物量的积累——所有这些方面都需要做大量的保护工作,它是青藏高原草原利用的最关键的环节。这里所谓的保护,不是不发展生产,固守在原有的框框之中,而是要通过建设,把草原、生态环境、畜种、生产条件和野生动植物资源统一起来,形成最适宜的高原畜牧业生产的良性循环体系,使青藏高原的草原利用走到稳定、高效发展的道路上来。

整个青藏高寒草原的生态环境保护是草原利用中必须高度重视的一个前提。

青藏高原是我国大江大河的主要发源地,是中华民族血脉的源泉。它地势高,面积大,具有特殊的地理位置和自然条件。这一地区生态环境保护的好与坏,不仅直接关系本区经济的可持续发展,同时对西北、华北乃至全国的大生态环境有重大影响。被称作中华民族大动脉的黄河、长江均发源于青藏高原,它们流经大半个中国,是我国社会和经济发展的主要生命线。作为源头地区的青藏高原气候高寒,地质结构复杂,地面生物量有限,多为高山草甸、沼泽草场或高山草原草场,其植被一旦遭到破坏,恢复的难度比低海拔地区要大得多。保证这一地区的草、灌、林不受破坏,维持区域生态平衡,对防止下游水土流失、旱涝灾害发生等,具有重要的作用和意义。

草原资源的保护与开发利用协调统一。

首先,青藏高原有特殊的植被资源,据记载,青藏高原计有藏药植物 191 科 692 属 2 085 种。此外,尚有动物药 57 科 111 属 159 种,矿物药 80 余种,丰富的藏药资源为藏药系列开发奠定了基础[①]。只有在特殊的雪域高原环境里,才能生长出冬虫夏草、藏红花、雪莲花等神奇的药用植物。这些资源有巨大的需求市场,但是由于缺乏有组织的规模化种植开发利用,导致人们无组织地乱挖滥采,既耗费了资源,又破坏了生态环境。在开发中应该加大这些资源的人工种植技术研究,组建种植开发企业集团,使无序的群体开发活动变成种植、运输、加工、销售经营一条龙的企业活动[②]。其次,青藏高原具有丰富的太阳能和风力能,尤其是具有丰富的水电资源。开发利用这些再生能源,既不会对草原生态环境造成较大的影响,又对牧区经济的发展具有积极的意义。这些能源的开发利用,属于基础性建设,可以重点借助于国家投资或寻求国际合

① 陈印军.2003.青藏高原特色农业发展的四大重点产业 [J].中国农业信息,(1):15.
② 胥树凡.2002.西部开发与环保产业 [J].中国环保产业,(3):55-58.

作。再次，青藏高原具有丰富的地下资源。这些资源的开发对发展牧区经济具有重要的带动作用，但应针对不同类别的资源采取不同的开发策略，对那些具有战略意义的资源应予战略储备、开发可能产生重大生态环境影响的不可再生资源，应暂时不开发，对那些国民经济建设急需的地下资源，应在开发时和开发后作好自然生态的保护、废物的处理、土地的复垦或植被的恢复，避免造成对地下资源的浪费和生态环境的破坏。

确立青藏高寒草原畜牧业发展中的设施保护生产方式的地位，走以内涵为主的扩大再生产的路子。

鉴于青藏高原畜牧业生产条件限制因素多、生产水平低的现状，要把改善生产条件、在草原和家畜生物量积累过程中给予充分的设施保护放在最突出的位置上。进行内涵扩大再生产的核心是加大草原和畜牧业基础设施投入和建设力度，提高草地生产能力和家畜个体生产能力，以便提高产出效率。青藏高原自然放养条件下牦牛、藏羊增膘时间不足 5 个月，而家畜掉膘期长达 7 个月以上。如果不创造一定的舍饲条件，改善冷季的生存条件并进行补饲，家畜在暖季采食饲草所积累的生物量到了冷季不仅要全部消耗掉，还要影响其繁育，既造成大量无谓的浪费，又造成遗传上畜种退化，个体生产能力一代代下降，最终使草原畜牧业走向衰败。

生产方式的保护不光局限于生产过程本身，要建立一个与国民经济现代化发展相适应，具有一定专业化、社会化、商品化水平的草原畜牧业生产部门，充分发挥依靠天然草原发展放牧畜牧业的优势，健全完善草原的科学管理利用、饲料生产加工、畜禽良种繁育、疫病防治等技术服务和产品销售等各项生产体系，不断改进生产条件，使专业化生产水平进一步提高，从而使畜牧业逐步摆脱"靠天养畜"局面，结合禁牧和休牧制度，有条件的草原牧区实行划区轮牧，使其成为有较高经济效益的经济部门，真正承担起地区经济支柱的角色。

把对牦牛、藏羊等适应高原气候条件的土著畜种的保护作为草原畜牧业生产结构调整的基本方向。

青藏高原的家畜类型是在海拔高，气压低，高寒缺氧，太阳辐射强，冷季时间长等环境条件影响下，历经长期的选择和培育形成的，具有不可替代性。基于此，青藏高原畜牧业的良种化一定要坚定不移地贯彻本品种选育的方针。在高原上，除少数条件较好的低海拔谷地以外，绝大部分地区不能满足引进畜种的生存条件，不适合饲养外来良种。外来种只能用作短期的经济杂交，只有藏羊和牦牛才能作为长期饲养的主体畜种。

藏羊又称藏系羊，是我国三大原始绵羊品种之一，是青藏高原上的特有畜种。藏羊是一个古老品种，遗传保守性很强，千百年来多代亲族公、母混群近亲繁殖，导致等位基因结合，经过自然和人为的选择淘汰，性状纯化，优良个体被保留下来，稳定地传给后代。这个品种对高海拔、缺氧、严寒的生态环境有很强的适应能力，而对低海拔的湿热地区，则表现出明显的不适应。藏羊血液中，血红蛋白含量较高。藏羊怕热，耐寒，喜干燥而怕潮湿，它在炎暑的夏季，若放牧在滩地即停止采食。而在零下 25℃ 以上的大风雪环境下露天产羔，稍加护理，羔羊却很少因寒冷而冻死。藏羊神经敏锐、合群性强，管理较为方便。体质结实，肌肉、骨骼发达，游走采食速度快，善于攀登陡峻高山，对牧草选择严格，唇薄而灵活，对低矮牧草能充分利用，采食能力强，在缺草或雪冰覆盖草地后，可以啃食草根和扒开积雪采食，对当地常见毒草有识别能力。

牦牛，是以我国青藏高原为中心产区的特有家畜，是世界屋脊上的一个稀有品种，在喜马拉雅山四周的中国、印度、尼泊尔等 9 个国家中产有牦牛，其中我国最多，现有 1 000 多万头，占世界牦牛总数的 90%，占全国牛总数的1/6。牦牛具有适宜高寒缺氧环境，耐劳苦，耐粗放管理的特点，生活于严寒、高海拔、低气压环境中，终年放牧，其产品有乳、肉、皮、毛等，是高原地区重要的役用工具，素有"高原之舟"雅称，包括牛粪，亦为少数民族牧民不可缺少的生活燃料来源。牦牛是青藏高原不可代替的畜种之一，是当地少数民族重要的生产、生活资料。种群保护、复壮和生产性能的提高是一个长期而艰巨的任务，决定着青藏高原畜牧业的未来的命运。

要重视对野生动物种质资源的保护利用，充分认识到同源野生种对发展青藏高原高效特色草原畜牧业的价值。

青藏高原的野牦牛、野驴、盘羊、岩羊等野生动物为家畜畜群的改良和种群复壮提供了天然的优厚条件，当地畜牧部门已经在这些方面开展了一定的工作并收到了初步成效。家畜经过同源野生种的改良，既可以达到种群复壮的目的，又能以其他地区所没有的野生杂交后代的独特的畜产品占领市场，这对青藏高原草原畜牧业的发展和农牧民增收具有特殊的意义，潜力巨大。

9.2.2 保护性草原利用模式的基本思路

青藏高寒草原保护性草原利用模式是指在青藏高原的高海拔、高辐射、低气压、严寒缺氧以及雪灾和大风等自然灾害频发的恶劣环境下，以保护当地生态环境为前提，以保护和利用当地牦牛和藏羊等优良土著畜种为基础，以高标准畜舍建设和配套设施的完善为冷季的饲养保障，以野生近源畜种与家畜杂交为提高个体生产能力的突破口，通过提高生产的集约化程度，加强人工草场建设，充分发挥天然草原的暖季放牧优势，有效抵御自然灾害对畜牧业的危害和冲击，提高草原畜牧业专业化、集约化水平，从而构筑独具优势的高效、科学的草原畜牧业产业化体系，实现生态环境好转、农牧民收入增加、边疆社会稳定的总体目标。

保护性草原利用模式的前提是生态环境的保护。

要合理确定载畜量，适当地发展人工草地，提倡季节性草场利用方式，保护好江河源头。对于禁止开发区，必须禁牧，发展绿色循环经济；对于限制开发区，实现休牧制度，并严格执行草畜平衡制度，尤其是冬春季的草畜平衡。

保护性草原利用模式的核心是生产过程的保护。

没有生产过程的保护，生产者的利益就会受到损失，青藏高原的草原生态保护就会变为空谈，就是说，只有在牧民生产和生活确有保障的前提下，生态保护才能转变为具体的行动。所谓生产过程保护，即通过草原、棚圈、水源等设施建设，改善家畜的生长发育条件，减少自然灾害带来的损失，从而提高产出效率。

保护性草原利用模式的实施基础是土著畜种的保护。

应该坚定不移地坚持本品种选育的改良方针，借助野生同源种进行种群复壮，适当地引进高生产性能的外来种搞经济杂交，最终实现个体产出能力提高的目的，才能助推草原综合生产能力的提高，完成向效益型草原畜牧业的转变，夯实草原生态保护的基础。

保护性草原利用模式的前途在于品牌的打造和保护。

它应该是外向型的，面向国际国内市场，以绿色、天然、野生为特色，执行较高的卫生标准，倡导有机畜产品的健康消费潮流，创世界屋脊牛肉、羊肉品牌，通过优质优价获取效益，这是高寒草原畜牧业持续发展的生命线，也即草原持续利用的生命线。

保护性草原利用模式的实施保障是软环境的保护。

草原持续利用是一个完整的产业体系，国家及政府部门要为其创造软环境方面的政策条件。草原利用生产畜产品本身仅仅是一个表现形式，连续的持续利用即再生产就需要融资、信息、技术、营销等各方面服务配套，并有与之相适应的产业组织形式，否则就跳不出小农的生产方式，草原的持续利用就变得没有前途。

9.3　保护性草原畜牧业经营模式设计

9.3.1　家畜饲养成本与效益

通过藏羊和牦牛生产成本核算可知，每只藏羊的直接费用仅 23.52 元，其中的饲草费用仅仅 6.11 元/只，只有温性草原区的饲草费用的 1/3；每头牦牛的直接饲养费用为 71.20 元，其中的饲草费用仅为 26.75 元/头。牦牛和藏羊的投入水平均比较低，加之近年牛羊肉价格走高，所以，饲养藏羊和牦牛的成本利润率高达191.09％和229.24％（详见表 9-3）。饲养成本支出表明，青藏高原牛羊饲养业的投入水平很低，仍以天然草原的自由放牧经营为主，处于传统的畜牧业阶段，草原保护与建设投资水平低。表 9-3 显示，西藏的牦牛饲养业的成本利润率更是高达 452.42％，一方面说明具有比较优势，另一方面，说明西藏草原和牲畜饲养的投入水平更低。因此，青藏高寒草原的保护性措施采用困难会很多，任务也很艰巨。

表 9-3 2009 年青藏高原牛羊饲养业成本收益情况

| 项　　目 | 单位 | 藏羊 | 牦　牛 | | |
			平均	甘肃	青海	西藏
每百头（只）						
产品畜数量	头	38.00	18.66	23.74	16.41	19.00
毛（绒）产量	千克	101.50	70.77	155.08	33.53	44.60
产值合计	元	18 351.18	56 341.53	69 464.76	50 544.36	77 688.50
产品畜产值	元	16 053.21	50 347.18	63 250.25	44 647.27	69 850.00
毛（绒）产值	元	1 116.50	1 173.34	3 392.60	192.98	1 512.62
副产品产值	元	1 181.47	4 821.01	2 821.91	5 704.11	6 325.88
总成本	元	6 304.22	17 112.45	24 253.25	13 957.95	14 063.29
生产成本	元	6 304.22	16 293.74	24 172.77	12 813.13	14 063.29
物质与服务费用	元	3 006.32	8 378.00	14 667.52	5 599.63	5 273.89
人工成本	元	3 297.90	7 915.74	9 505.25	7 213.50	8 789.40
家庭用工折价	元	2 796.30	6 913.69	8 487.85	6 218.23	8 173.80
雇工费用	元	501.60	1 002.05	1 017.40	995.27	615.60
土地成本	元		818.71	80.48	1 144.82	
净利润	元	12 046.96	39 229.08	45 211.51	36 586.41	63 625.21
成本利润率	％	191.09	229.24	186.41	262.12	452.42
每50千克						
产品畜（活重）平均出售价格	元	508.98	582.30	690.52	546.77	732.33
产品畜（活重）总成本	元	174.85	176.86	241.09	150.99	132.57
毛（绒）平均出售价格	元	550.00	828.98	1 093.82	287.77	1 695.76
毛（绒）总成本	元	188.94	251.78	381.90	79.47	306.97

（续）

项　目	单位	藏羊	牦　牛			
			平均	甘肃	青海	西藏
每头（只）产品畜（活重）售价	元	422.45	2 698.13	2 664.29	2 720.74	3 676.32
每头（只）产品畜（活重）总成本	元	145.13	819.50	930.22	751.34	665.49
附：						
每头产品畜平均活重	千克	41.50	231.68	192.92	248.80	251.00
每百头出栏畜数量	头	12.86	11.16	14.74	9.58	11.97
每百头出栏畜产值	元	5 434.00	32 116.40	45 407.97	26 244.87	44 014.26

资料来源：国家发展和改革委员会，全国农产品成本收益资料汇编，中国统计出版社，2010.

9.3.2　畜牧业发展方向的选择

藏羊包括藏山羊和藏绵羊，是青藏高原数量最多的牲畜，其分布范围广，肉品味好，皮毛质量高，其中山羊绒细长而柔软，富有光泽，是传统的出口物资，在国际上颇具竞争力。牦牛因长期生活在无污染的天然高寒地带，其毛、皮、血、肉、乳、内脏、骨、角都有深度的开发价值，可以说牦牛全身都是宝。据上所述和经济效益分析，青藏高寒草原区的主要畜种理所当然地要以牦牛和藏羊为首选。实行本品种选育，提高牲畜生产性能；藏羊要向毛肉兼用型的方向发展，牦牛向奶肉兼用型方向发展。同时，有条件的地方可以适当的发展山羊，主要向裘皮羊和白绒山羊方向发展。上述畜种都可以利用外地优良品种及当地野生种源进行经济杂交，以提高畜种质量和产出效率。

几十年来，青海和西藏先后从国内外引进了一些优良品种，对当地畜种进行杂交改良，杂交一代的生长发育和生产性能均高于当地土著畜种，显现出了杂交优势。"西藏黄牛"杂交一代的成年公、母牛体高、体重指标，与当地成年黄牛（土种牛）比较，公牛的体高、体重分别提高26％和97％，母牛的体高、体重分别提高16.3％和26.3％，其日产奶量比当地黄母牛提高110％。但由于在低海拔地区的良种引入高海拔地区后不能进行纯繁，因而无法满足开展大规模杂交改良的需要，但利用冷冻精液配种进行经济杂交是可行的。西藏畜牧科技工作者在1979年引入生物技术——"冻配"，经过四年试验成功和18年的研究与推广应用，克服了西藏历史上畜牧引种不能适应高原生态条件的重大技术难题，同时也突破了畜牧引种的国内外海拔最高界限。目前黄牛改良冻配技术推广面达70％以上，"冻配"平均受胎率达到80％以上，犊牛成活率达90％以上。这说明了利用经济杂交在青藏高原畜牧业中是可行的。近几年青海、甘肃省的畜牧科技工作者，曾采用野牦牛及其杂种，与牦牛进行杂交的试验，以期望改善牦牛的生产性能，也获得了良好效果。

　　要达到既能适应高原环境，又有效益，同时又能减轻草场压力的目的，就必须依托当地的优良土著畜种，以经济杂交为手段，实行暖季饲养，冷季出栏，加快周转，在畜种选择上走出一条新路来。畜牧部门应加大投入力度，积极探索，进行技术攻关，把外地优良畜种的经济杂交和利用野生种源进行家畜复壮作为一项长期的工作来进行。

9.3.3　经营规模确定

　　牧户的经营规模受诸多因素的影响和限制，包括草场载畜能力、生产要素尤其是资金的投入水平、生产方式以及畜产品市场等因素。青藏高寒草原区的保护性草原畜牧业由于特殊的自然条件和区位条件，决定了必须走内涵扩大再生产的路子，所以在规模上应该以最佳效益规模为目标，把个体生产能力和产出效率放在第一位，摒弃传统的数量畜牧业的观念。下面我们就从现实情况出发对牧户经营规模进行初步分析。

9.3.3.1　户均经营规模与草场载畜量现状

　　（1）青藏高寒草原区牧户平均经营规模。 我们的研究范围不仅包括青海和西藏两省（区），还涉及到甘肃、四川和云南的部分地区（如甘南、甘孜、阿坝等地区），由于统计资料的原因，我们以青海和西藏两省（区）的合计数据进行说明，作为青藏高原的主体组成部分，基本上能够说明这一地区的总体情况。

表 9-4　青藏高寒草甸及高寒草原畜牧业经营规模

项　目	青海		西藏		青藏总计		青藏牧区
	牧区	半牧区	牧区	半牧区	牧区	半牧区	半牧区总计
牧业人口（万人）	79.3	4.4	24.0	46.1	103.3	50.5	153.8
牧户数（户）	182 169	10 129	51 078	52 647	233 247	62 776	296 023
大畜饲养量（万头）	411.1	27.2	284.1	317.9	695.2	345.1	1 040.3
羊饲养量（万只）	1 130.1	121.2	377.3	683.5	1 507.4	804.7	2 312.1
户均大畜（头）	23	27	56	60	30	55	35
户均小畜（只）	62	120	74	130	65	128	78
人均纯收入（元）	3 080.7	3 831.2	3 011.2	2 206.0	3 064.6	2 347.6	2 829.1

　　注：“青藏总计”及“青藏牧区半牧区总计”中“人均纯收入”按牧业人口加权平均计算；
　　　西藏“半牧区”为2007年数据，其余均为2009年数据。

表9-4是按2009年和2007年的中国畜牧业统计数据列出的，通过数据对比，可以发现两个方面的问题：其一，如果按户进行经营规模的划分，青藏高原的牧户平均饲养规模大体是35头牛和80只羊，人均纯收入在2 829元左右，而同期全国牧区半牧区平均水平为4 194元。在现有生产方式和现有规模之下，青藏高原的草原畜牧业人均收入水平明显低于同期全国平均水平，与2002年的差距相比，显著拉大。其二，如果1头大畜按5个羊单位折算，半牧区的饲养规模为400个羊单位，高于牧区的215个羊单位，但人均纯收入2 348元，比纯牧区人均纯收入低710元。牧区禁牧范围扩大，牲畜的饲养量减少，出现半牧区牲畜饲养量高于牧区的局面；牧区主要靠放牧，饲草料费用低，而半牧区的饲养成本远高于纯牧区，导致半牧区的纯收入下降。

(2) 青藏高寒草原区草场载畜量现状。 据统计资料表明，2009年西藏大小牲畜存栏达2 372万头（只），比西藏和平解放初期的1951年的974万头（只）增加了1 398万头（只），草地畜牧业产值近年来占全区农业总产值的50%左右。但是，由于长期以来的粗放经营，家畜存栏数过多，天然草地严重退化，相伴随的是家畜家禽品种退化。全自治区牧业县与半牧业县冷季草地年均超载约40%，少数纯牧业县草地超载200%。西藏牧区草地退化面积已经占草地总面积的50%，沙化草地面积约占全区土地面积的17%。退化草地牧草覆盖率为20%～70%，与和平解放初期相比，牧草高度降低20%～60%，产量一般减少20%～50%。草地资源数量和质量的下降，不仅直接影响到草原生态系统紊乱和生态环境恶化，而且严重制约了畜牧业经济效益的提高和农牧民收入的增加。

青海省与西藏的情况非常类似，全省天然草场理论载畜量冬春季节为2 374万羊单位，夏秋季节为4 763万羊单位，而目前实际载畜量为冬春季节3 900万羊单位，夏秋季节为4 700万羊单位。夏秋季节基本持平而冬春季节严重超载。20世纪90年代以来，青海草地退化面积逐年增加，退化程度日益严重。退化草地中以干旱、半干旱气候类型的各春季草场最为严重。高寒多灾也加剧了畜牧业生产的脆弱性和不稳定性，实现草畜平衡刻不容缓。

9.3.3.2 内涵型生产方式及适宜规模

(1) 正确处理保护与发展的矛盾。 根据青藏高寒草原生态恶化的现实，以及当前规模下牧民低收入与提高收入水平的迫切要求之间的不适应，草原畜牧业面临着既要保护生态，又要加快发展的矛盾。解决这个矛盾的唯一途径，就是转变生产方式，以对生产过程的保护为手段，加强基础设施建设，推行高效的标准化饲养，提高畜牧业生产的科技含量，用效益的提高取代数量上的扩张。草原畜牧业的增长过程，实质上是草业、畜牧业生产要素通过一定的分配、投入、组合和使用，转化为人类所需的各种畜产品的过程。其途径无非以下两种：一是增加生产要素的数量，力求用更多的生产要素获得更多的畜产品；二是提高生产要素的生产效率，力求用单位生产要素获得更多的畜产品。前者是依靠生产要素数量的扩张来实现畜牧业的增长，是一种粗放型增长，又称外延增长，后者则是通过生产要素质量的提高来达到畜牧业的增长，是一种集约型增长，又称为内涵增长。通过转变生产方式，青藏高寒草原畜牧业完全可以在畜群规模不扩大的情况下，靠不断提高生产要素的质量，如合理组合畜牧业生产要素，不断提高科学技术水平和管理水平，提高劳动力素质，优化生产结构，采用优良的畜禽品种，改进饲养方法，发展适度规模经营，进行企业化经营等来提高单位生产要素的生产效率，以此达到使畜产品产量增加、经济效益提高之目的，最终实现畜牧业高效、优质、持续发展。

（2）**适宜规模及牧户的标准化经营。**在前面的分析中我们已经知道，青藏高寒草原区现有的载畜量暖季基本饱和，冷季严重超载。要实现畜牧业发展、牧民增收、生态保护三者相统一的目标，关键是通过牧草和饲料开发消化冷季超载家畜数量，同时用经济杂交的办法缩短饲养周期，加强基础设施建设，实行季节性舍饲，暖季育肥，冷季出栏，提质增效。按照这个思路，牧户必须实行标准化饲养经营模式，这种模式兼顾了生态效益、社会效益和经济效益，一石三鸟。如果大部分牧户实现了模式的转换，则保持当前畜群规模就是青藏草原畜牧业适宜规模的最佳选择。牧户的标准化饲养经营模式包括草牧场建设的标准化、棚圈设施的标准化、饲草料种植加工的标准化、饲养管理标准化和畜种改良标准化五个方面的基本内容。牧户的标准化饲养经营模式是一项复杂的系统工程，它既包含了设施畜牧业的内容，又要有配套的良种繁育体系、质量与品牌建设体系、生产——加工——销售一体化的产业化体系等等。

9.3.4 保护性草原利用模式的保障措施

（1）**执行国家"主体功能区"规划，坚持草原保护与建设并举。**国家"主体功能区"规划提出"优化开发、重点开发、限制开发和禁止开发"四类主体功能区，其中，作为我国典型的生态环境脆弱地区，青藏高原被列为限制开发和禁止开发区的范围广泛，它们的主体功能是提供全国或区域性的生态功能区。全国限制开发区域共22个，青藏高原占了6个，包括藏东南高原边缘森林生态功能区、青海三江源草原草甸湿地生态功能区、藏西北羌塘高原荒漠生态功能区、四川若尔盖高原湿地生态功能区、甘南黄河重要水源补给生态功能区和川滇森林及生物多样性功能区。这些限制开发区要坚持保护优先、适度开发、点状发展，因地制宜发展资源环境可承载的特色产业，加强生态修复和环境保护，引导超载人口逐步有序转移，逐步成为全国或区域性的重要生态功能区[①]。青藏高原还有大量的各级各类自然保护区，其自然保护区面积占全国自然保护区面积的 56.7%，国家级自然保护区面积占全国国家级自然保护区面积的 73.4%，其核心区属于禁止开发区域。这些禁止开发区必须实行强制性保护，控制人为因素对自然生态的干扰，严禁不符合主体功能定位的开发活动。①健全草原生态环境质量负责制和生态保护综合决策机制；②加强生态保护资金引入机制；③依法保护和治理草原生态环境；④增强全民的生态环境意识。

(2) 发展草产业，突破草畜矛盾瓶颈，为草原的保护性利用提供保障。选择水热条件较好的地段，采取综合技术措施，在年降水量大于 350 毫米的地区推广旱作人工草地，在年降水量小于 350 毫米但有灌溉条件的地区，发展人工、半人工草地，建立稳固的饲草料基地，开展饲料加工，贮备冷季的饲草料。在组织运作过程中，鼓励牧户与企业通过建立合理的利益联结机制，调动牧民种草的积极性，逐步实现"企业＋基地＋牧户"的产业化发展模式。为了保障草产业的发展，要加大种子试验、驯化、繁育、推广为一体的牧草种子基地建设，解决目前青藏高原牧草种子基地布局零星、规模偏小、种子产量较低等问题。除普及适用技术外，要有相应的扶持政策，如给予牧草良种补贴、生产资料直补等，使农牧民得到实惠，促进草业发展。在中部农区，严格执行退耕还草工程，恢复草地植被，结合牲畜育肥基地和越冬基地的建设，大力发展农田种草，提高农区牲畜饲草料保障程度，努力扩大舍饲牲畜数量的比例，延长舍饲时间，与天然草原采取划区轮牧等科学利用方式相协调，实现草原的合理利用。

(3) 高寒退化草原采用不同的治理方式，逐步恢复草原生态。不同的退化草地需要不同的恢复治理策略，因地制宜，综合治理。周华坤等[②]从江河源区退化草地综合治理条件下的恢复演替分析中也得出，各个治理策略对退化草地的恢复都有不同大小的贡献。对于轻度退化草地，应以保护为主，通过减轻放牧压力，降低放牧强度的措施，即可以防止其进一步退化，向原生草甸植被方向演替。对于中度退化草地，应采取补播、施肥等措施，提高土壤肥力，同时

---

① 鲍文．2009．青藏高原草地资源发展面临的问题及战略选择［J］．农业现代化研究，（1）20-23.

② 周华坤等．2003．江河源区"黑土滩"型退化草场的形成过程与综合治理［J］．生态学杂志，22（5）：51-55.

消灭鼠害、围栏封育，将会有效遏制草场继续退化，并取得较好的经济效益。对于重度退化和极度退化草地，恢复治理难度较大，应综合采取上述治理措施，建立人工、半人工草地，恢复植被，重建或改建生态系统，进而达到一种新的生态平衡。

（4）转变草原畜牧业发展模式。①在家畜个体生产性能和整体生产能力方面，通过引进和选育改良畜种，改进饲养放牧方式，如暖季进行放牧，枯草期舍饲、半舍饲，合理调配营养，提高母畜比重、繁殖成活率和出栏率，实施成本核算，加速畜群周转，增加畜产品产量，提高群体经济效益；②在生产手段上，运用先进的科学技术、生产设备和工艺，把生产过程的重体力劳动和复杂劳动转移到依靠以机械化、自动化为主的操作上来，并实现与之相适应的科学管理，以提高劳动生产率，提高产品附加值；③在投入方面，针对草原畜牧业生产过程中的重点流程和主要环节，因地制宜地把科技、资金、人才等因素组装配套，集中投放、使用，重点突破，使单项生产力、潜在生产力变为综合生产力和现实生产力；④在经营机制方面，打破封闭自守、小而全、分散经营的格局，按照产业化的要求，走牧业社会化服务＋牧户企业化经营的路子，促进草原畜牧业市场机制的形成。

（5）开发特色草地旅游业。青藏高原以特定的地理区位，由雪峰、冰川、高山、湖泊、温泉、森林、草原、化石、野生动植物等地貌、地势、生物构筑的自然景观，以深厚民族历史与特色文化的寺庙、民居、民俗，节庆、桥梁、古文化遗址等组成的人文景观，组合成奇异风光和色彩斑斓、丰富多样的旅游资源。旅游资源的富集是青藏高原的优势资源之一，发展旅游产业有利于保护草原生态资源和发挥劳动力资源优势，带动其他相关产业的发展。青藏高原旅游业的发展，要作好整体的旅游业发展规划，要重点发展草原生态旅游和民族风情文化旅游，形成自己的特色旅游。同时要抓好为旅游服务的各种基础设施的建设，加强管理，提高旅游服务人员的素质和服务质量，发展精品旅游。还要加强对青藏高原旅游资源的宣传，扩大在全球的影响力，一定要坚持"受益者付费"的原则，旅游者与旅游公司都应该为旅游资源的建设和保护出力，从旅游门票和旅游公司的经营收入中收取一定比例的费用或收税的形式，专门用于旅游资源的保护和恢复。要加强对旅游资源开发和保护的法制化管理，要引入市场机制，把旅游景点保护和建设的好坏与经营管理者的经济利益挂钩。对旅游资源进行掠夺性开发、不注重旅游资源保护的，应给予经济和行政的处罚，造成严重损失的给予刑事处罚。

（6）建立草原生态补偿机制。草原的生态补偿不可能像森林、矿产资源或者流域那样有相对明确的生态资源的生产者与受益消费者，可以在消费者与受益者之间补偿①。而且青藏高寒草原在我国占地面积大，国家财力有限，草原的退化是由于过度放牧等不合理的利用方式引起的，如果不改变对草地的掠夺式利用的方式，补偿不仅不能起到保护草原生态环境的作用，而且可能招致牧民扩大牲畜的规模，造成更大的草原生态破坏。一是草原生态补偿与草地的利用方式的改变相结合。改变过去无条件的单纯经济补偿为有要求有约束有导向的补偿，以促进对草地利用方式改变为核心，以补促改，以补促建，引导牧民把生产发展、生活富裕和生态文明有机结合起来。二是增强自我补偿能力。为了草原的永续利用，减轻草原的承载量，给草原以休养生息的机会是近年来的牧区的主要政策目标，发展舍饲牧业、实行禁牧、休牧、轮牧是近年来为达到目标采取的普遍手段，但却由于大多牧民经济上没有投资能力，解决不了制约牧业发展的根本问题——草料与饲料的缺乏，这些政策在现实中不但无法得到牧民真正的配合，相反还会遭到牧民的消极抵抗，如牧民偷牧等，因而这种单靠行政命令的手段已经很难实行，推行草原循环经济模式，在条件相对优势的地区发展饲料种植业、饲料加工业、技术服务业等以牧业为核心的相关配套产业，形成以农养牧、以牧带工、以工补农的自我补偿的循环经济模式。三是改无偿补偿为无偿投资，注重发挥市场机制的造血功能。吸取退耕还林还草只补贴，救急救济不救贫，一旦停止补贴容易出现复耕复牧的生态反弹的教训，在草原生态补偿上应立足于经济脱贫与生态建设同步，统筹兼顾，谋求建立草原经济社会发展与生态建设的长效机制。

---

① 延军平等.2008.草原牧区生态与经济互动途径研究 [J]，旱区资源与环境（4）：71.

10 草原畜牧业规模化经营路径

10.1 草原畜牧业经营规模现状

全国 264 个牧区和半牧区县草原总面积 19 227 万公顷，占全国草原总面积的 67.6%；我国 20% 的牛肉、1/3 的羊肉、1/4 的牛奶、1/2 的绵羊毛和山羊绒是牧区和半牧区县提供的。然而，与草原畜牧业发达国家国家相比，差距甚大。中国草原和北美草原处于同一纬度，水热条件和草原生产力基本相似，而每公顷草原生产力仅为 10.7 个畜产品单位，其单位面积草原产肉量为世界平均的 30%，单位面积草原产值只相当于澳大利亚的 1/10，相当于美国的 1/20，荷兰的 1/50[①]。除草原退化等导致草原承载力下降外，由于牧户的草原畜牧业经营规模小，以及进一步引发的专业化程度低、草地合理利用困难等等问题，导致草地资源的优化配置困难，草地综合生产能力不高，牧民收入增长速度比较缓慢，经济效益与生态效益冲突加剧等等。

目前，全国牧区和半牧区县牧户平均拥有可利用草原面积仅 50 公顷，其中，西藏牧户平均草原面积 750 公顷，新疆和青海户均近 200 公顷，内蒙古为 70 公顷，甘肃和四川仅为 40 公顷。与规模小并存的是兼业经营为主，专业化程度低。从 2008—2009 年平均水平来看，我国牧区县户均牛的饲养量为 16.6 头，绵羊 32.6 只，山羊 14.8 只。导致畜牧业经营规模偏小的主要原因是户均草原面积小，同时并存分工协作弱、产业化程度低。

"规模经济"是指在既定的生产技术条件下，随着资源投入的变化，若产品的长期平均成本递减，就可以说规模经济；若长期平均成本呈上升趋势，则规模不经济。尽管国外对农业经营规模是否存在规模经济的问题一直争论不休，但针对我国小规模牧户经营为主的草原畜牧业经济而言，绝大多数牧户的草地经营规模小于合理的规模，需要扩大经营规模，即通过整合牧户的草地资源来提高畜牧业的经营效率，以实现规模效益是必然的选择。

[①] 张立中，辛国昌．2008．澳大利亚、新西兰畜牧业发展经验借鉴［J］．世界农业（4）：22－24．

观察草原畜牧业发达国家牧场规模的演变轨迹，亦是牧场数量在减少、平均占有的草原面积在增加，即经营规模不断扩大，专业分工越来越细。与草原畜牧业发达国家相比，我国草原畜牧业生产规模明显偏小[①]。加拿大牧场主的经营规模非常大，一般饲养 300 头基础母畜，草场面积可达 10 万～20 万亩。有的超大规模的育肥公司，年出栏育肥牛 25 万多头。随着规模的不断扩大，从事畜牧业生产的人员越来越少，劳动生产率愈来愈高，规模效益显著。目前，畜牧业已成为英国农业的重要产业，牧场面积接近全国总面积的一半。为了发挥规模效益，引导规模经营，20 世纪 50 年代英国政府就制定了鼓励农牧场向大型化、规模化发展的政策，并提倡每个农场以 100 公顷土地（包括耕地、草地、林地、水面等）为适宜规模，对愿意合并的小农场，政府提供 50％的所需费用；对愿意放弃经营的小农牧场主，可获得政府的补贴，或领取终身养老金。法国规模化生产方面与英国相似，政府鼓励农牧业经营方式从家庭的小农经济模式向现代化的公司式经营模式转变。目前，农牧场总数已由 1979 年的 99.3 万个减少到 68 万个，减少了 46％。

借鉴欧美发达国家的经验，草地的规模经济是存在的，主要表现为：①草地规模扩大，牲畜饲养增加，固定成本的分摊就会降低；②各生产要素间相互联系的不可分性，使得大规模生产更有利于进行分工协作，从而提高劳动效率[②]；③规模增大时，购买的原材料数量和产出数量巨大，增强了讨价还价能力，可以以较低的价格购买到原材料，较高的价格出售产品。一个牧户的内部规模经济是随着产出量的增加而发生的单位成本下降实现的。肯尼·阿罗认为：任何一个理性的生产者，经营经济的过程中，存在"边干边学"效应，会自动追求内部规模经济。

根据数量经济学中的量本利分析法可知，生产经营规模过小，单位成本太大，无法取得规模效益；相反，生产经营规模超过一定限度，反而会引起成本上升和收益减少，出现规模不经济，因此经营规模要适度。草原畜牧业经营规模是否适度，是相对于一定的经济目标和限制条件而言的。适度的经营规模，是在一定的条件下，通过草地、劳动力、资金和物质装备等生产要素的优化组合和有效利用，可以获得最佳经营效益的规模。

---

① 现代畜牧业课题组.2006.我国建设现代畜牧业的基本思路、发展目标、战略重点与举措[J].中国畜牧杂志，(22)：24-27.

② 何晓红，马月辉.2007.由美国、澳大利亚、荷兰养殖业发展看我国畜牧业规模化养殖[J].中国畜牧兽医，(4)：149-152.

10.2　适度规模经营的形式选择

尽管美欧市场经济发达国家农户家庭经营的数量大量减少，大型工商业集团投资于畜牧业生产、加工、销售而形成的"大公司农场"在迅速增加，畜牧业经营形式结构由单一化向多样化方向发展，但农户家庭经营仍占重要地位，有些发达国家仍占主体地位，至于在某些经济落后国家，农户家庭经营几乎成为惟一的经营形式。激烈的市场竞争使得家庭经营不断地分化、重组，但它作为一种经营形式为何能在市场竞争中长期存在下来，究其根源，大致有三点：农业生产力的质决定了农牧业宜于农户家庭经营，并且为农业中的一种主要经营形式。首先，家庭经营适应性强，表现在规模可小可大，生产水平可低可高，既可种养兼营，也可专业经营，既可独户经营，也可合作经营，从而能够容纳不同的农牧业生产水平。其次，与其他经营形式相比，家庭经营的产权关系更简单、更明确、更清晰，在家庭内部主体与成员之间权责利一致，收入分配号解决，这就有利于增强家庭内部各成员之间的凝聚力，从而对家庭经营形式巩固和发展作用。再次，家庭经营的效率也是相当高的。这是因为，农民是追求利润最大化的自主经营人，他们的进取精神和对利润的追求并不逊色于大公司老板，他们对资源分配中经营风险与边际报酬的反映也相当敏感，其经济效率也是在市场竞争中随着家庭经营规模扩大，科技推广和社会化服务的加强，家庭经营的资源配置效率在提高[①]。作为一种经营方式，家庭经营也存在着某些缺陷，无论发展中国家还是发达国家，其中占第一位的是市场竞争弱，风险意识差；占第二位是投入资金严重不足。对于我国的农牧业生产力水平而言，农牧户的家庭经营是最主要的经营形式。

10.2.1　家庭牧场经营形式

这种形式主要以草原牧区的畜牧业经营大户为基础，通过草地流转和资源、生产要素集聚，不断扩大牧户的草地规模和畜牧业经营规模，最后形成家庭牧场。顾名思义，家庭牧场是家庭经营的畜牧业大户，这是获取内部规模效益的最主要形式；畜牧业大户还存在雇主经营制的牧场大户、合伙经营制和股份公司制的企业大户等形式。

尽管世界各国家庭经营的发展状况差别相当大，但从欧美等发达国家和部分发展中国家采取的措施看，家庭经营形式有两个共同的趋势：一个是诱导农

---

① 史志诚.2000.国外畜产经营［M］.北京：中国农业出版社，10-11.

户扩大家庭经营规模；另一个是诱导农户走合作经营或联合经营的道路①。这两个趋势，归根到底都是为了实现规模经济，一个是为了获取内部规模经济，另一个是为了获取外部规模经济。家庭经营不排斥规模经济，更不等于小规模，只是我国发展农业规模经营的障碍比较大罢了。

发展家庭牧场经营，要以草地资源成规模为基础，在草地承载力范围内和草畜平衡的前提下，不断扩大饲养牲畜饲养，走专业化、集约化经营生产之路。草原畜牧业的适度规模经营是建立在第一性生产——天然草地生产基础上的第二性生产，与种植业规模经营的显著区别是，草地规模不但是草原畜牧业规模经营的基础，而且，牧户牲畜的饲养量必须以草地合理载畜量为限，绝不能超载过牧，否则，将会引起草地的退化；另外，与农作物不同，牲畜的游走，与草地使用权固定的冲突非常明显，家庭牧场可以通过草地围栏建设，避免草地利用权属的纠纷，也有利于划区轮牧等科学合理地利用草地。目前，广大牧户基本上是兼营经营，除养殖传统外，还可以满足家庭消费的需要，还能规避一定的市场风险，但劳动生产率低，畜产品质量和产量的提高比较困难，分工与协作效益远未发挥，制约了经营规模的扩大。因此，为了实现家庭牧场的规模经营，第一步是饲养的畜种应该专业化；具备技术、经济等条件等，走产品专业化之路，如肉牛业，可以选择纯种牛生产（核心群生产）、商品牛生产（母牛和犊牛群生产）、架子牛生产（前期育肥牛）或育肥牛生产任何一种专业化生产体系。

草原畜牧业家庭牧场属于土地集约型的养殖场，面积规模一般都比较大，而资金集约型的养殖场的面积规模相对较小；专业牧场往往比兼业牧场的面积规模要大②。所以，家庭牧场的发展，草地的集约比劳动集约和资金集约优先；草地实现规模化经营以后，再提高资本、技术集约程度，在草原畜牧业生产中充分地运用现代化生产手段和科学技术。同时，家庭牧场经营要逐步改变传统的管理方式，通过借鉴现代企业管理经验，做好市场调查和预测、成本核算、食品安全控制、产供销衔接、利益连接及风险防范等机制，克服规模经营过程中遇到的问题。

10.2.2　股份合作经营形式

股份合作制经营形式是根据股份制公司的经验，鼓励牧民以草场的承包经营权入股，牧区集体将草场所有权、集体生产资料等折算成股份，共同组建牧业股份合作制公司，对草场进行集中连片经营。这种形式以市场为导向，按照

---

① 史志诚.2000.国外畜产经营［M］.北京：中国农业出版社，12－13.
② 何秀荣.2010.比较农业经济学［M］.北京：中国农业大学出版社，165－179.

公司制的要求进行运作，把畜牧业划分为不同部门，由相应人员从事部门化、专业化的草原畜牧业生产，经营利润按股分配；股权也可以进行流转，集体股可以在集体之间进行转让，个人股也可以继承、转让和抵押。

股份合作制经营实现了草地资源所有权、经营权和使用权的彻底分离，建立了一种草地资源权益由集体、牧民共享的新型的富有生机活力的产权机制。这种形式最重要的特点就是搞活经营权，对草场经营权的股份化，牧民可以凭借股权获得收益的分配，从而为牧民离土又离乡和草原的集中连片经营解决了后顾之忧。是实现草原畜牧业的外部规模经济重要形式之一。从长远来看，随着牧区经济的不断发展，牧民素质的日益提高，这种形式会成为未来草原牧区市场经济发展中的一种主要经济实体。

10.2.3 牧民专业合作组织经营形式

牧民专业合作组织是牧民自愿结成的互助性经济组织，主要形式是合作社。2006年10月通过的《中华人民共和国农民专业合作社法》第二条规定："农民专业合作社是在农村家庭承包经营基础上，同类农产品的生产经营者或者同类农业生产经营服务的提供者、利用者，自愿联合、民主管理的互助性经济组织。"可见，牧民专业合作社最重要的作用是为牧民提供各种生产销售方面的服务。通过集中使用资金进行集体采购和市场开拓等，可以提高生产力，提升价格谈判上的强势地位和扩大市场份额，增加牧民收入。

从规模经济的定义及其原因我们可以发现，牧民专业合作社的建立正好产生了导致规模经济的诸如专业化、谈判优势、采购运输经济性等原因，从而是草原畜牧业规模经营的重要形式，就是说，牧民专业合作组织经营形式，可以实现草原畜牧业的外部规模经济。

从世界范围看，牧民专业合作组织不但存在于发展中国家，在发达国家中也普遍地存在着。因此，在我国发展牧民专业合作组织不仅符合世界上大多数国家畜牧业发展的历史趋势，更是我国加快推进畜牧业现代化的现实选择。但是，发展牧民专业合作组织受到产品特性因素（畜产品生产周期长、季节性明显、不便贮存和运输、商品率高、市场风险大等）、生产集群因素（区域内生产相对集中、生产历史悠久等）、组织成员因素（关键成员的创业精神、普通成员的合作精神）及制度环境因素（宏观体制、法律法规、行政介入、文化影响等）等制约，因此，牧民专业合作组织存在的问题主要有：一是专业合作组织尚处在发展的初始阶段，数量少、覆盖率低；二是专业合作组织实力弱，自我积累和服务于民的能力较差，辐射面不够宽；三是大多数内部管理不规范，组织比较松散，发育不太完善，内部管理制度薄弱，管理人员素质有待于进一步提高；四是相当一部分合作组织仅有生产环节或技术方面的简单合作，没有真正解决把牧民组织起来进入市场的问题①。不过，广大牧民的游牧历史，赋予他们很强的合作精神，只要措施得力，牧民合作经济组织的会得到长足发展。

草原牧区在草地资源和牲畜实行承包以后，在一些地区根据草原畜牧业生产发展的需要，逐渐涌现出若干承包牧户自愿联合起来建立的草原畜牧业合作经济组织。主要有两种形式：一种是草场相邻的若干个承包牧户把分散的草场合并在一起，集中连片利用，从事畜牧业的生产。年终进行统一核算，按照承包草场份额、劳动力人数等进行劳动产品的分配。它的优势在于利用了草原牧区中分组、分片、分散承包经营集体草原的特点，由同一组牧户把在同一区域内承包草场连接起来，进行统一生产和经营管理，这种形式比较简便易行。另一种是牧民自愿用草地、资金、劳动力等生产要素入股，建立紧密型、具有合伙性质的生产合作经济组织，进行统一经营、统一核算、统一分配②。这种带有合作经济性质所经营的草地资源来源有三：一是牧户把自己承包到的草场加入其中，通过互换连接起来，实现草地资源的集中连片；二是有合作组织承包原先由集体经济组织承包经营的草场；三是租赁其他牧民的草场，形成规模。

随着草原牧区经济的发展，牧民合作经济组织发展潜力强劲。如 2008 年内蒙古牧区拥有的各类牧民合作经济组织的数量达到了 500 多个，大约是 2004 年合作经济组织数量的 3 倍；平均每年新增合作经济组织 90 个，相当于前 10 年每年新增数量的 4.5 倍。在草地资源整合方面，集体统一经营的草场比较容易实行轮牧，但承包到户后，实行小范围的游牧则比较困难。其中既有草场承包政策的压力，又受牧民分散经营习惯的影响，也与牧民拥有的草场数量和质量差异相关，草场数量多、投入大的牧户一般不愿与草场数量少、质量差的牧户合作。草场流转往往造成过度放牧，草场越流转，退化越严重，不利于草原生态保护。牧民合作经济组织运用股份对每个社员进行约束，避免了过高的监督成本和逆向选择，实现了牧户之间在土地、资金、技术等方面上的互补互济和优化配置，大大降低草业和畜牧业生产成本，增强了抵御自然灾害和市场风险的能力，取得了比较好的规模效益。

---

① 杨国玉，郝秀英.2005. 关于农业规模经营的理论思考.《经济问题》，(12) 42-45.
② 巴嘎那.2007. 积极发展农村牧区合作经济组织［J］. 实践（理论思想版），(Z1)（11-12）：52-53.

10.2.4　畜牧业产业化下的规模经营形式

产业化经营形式也有利于发挥草原畜牧业的外部规模效益[①]。总结草原牧区的产业化实践模式，产业化初始模式以"公司＋牧户"为主，目前，演变为"公司＋基地＋牧户"；"公司＋农业专业合作社＋牧户"为主。其中，后两种的规模效益比较显著。

"公司＋基地＋农户"的模式，公司通过建立各种畜产品生产基地，实现对生产过程的控制，从而稳定货源，并可通过对基地的统一有效管理提高效率。这种模式下，公司需要集中大规模的草地，使得基地牧民从事同一畜产品的生产，从而外在的实现了草原畜牧业的规模经营。"公司＋牧民专业合作社＋牧民"的模式下，公司不用花费大笔资金建设基地，对生产的标准化的实现也可通过合作社进行，合作社能较好地实现对牧户的约束，而且节省了交易费用；而牧民通过合作社能提高谈判能力获得更好的权益保障。因此，这种模式与牧民专业合作组织经营形式有机结合，成为实现草原畜牧业规模化经营的优秀范例。

实践中一些发展起来的实力雄厚的专业合作社自身向产业化迈进，集生产、加工、销售于一体，但这需要有强大的资金、技术支持，对于大多数只收取一点会员费起家的专业合作社来讲是难以达到的[②]。

10.3　适度规模经营的关键环节

10.3.1　草原牧区剩余劳动力转移是适度规模经营的前提

任何生态系统的承载能力都是有阈限的，草原生态系统也不例外。草原区虽然草地资源丰富，但干旱少雨、水资源相对匮乏、生态环境脆弱，因此，草原畜牧业的经营规模很大程度上受草原环境承载能力限制。区域环境人口承载能力，不仅是草原区域维系生态平衡的关键问题，更是影响草原区域经济、社会可持续发展的一个至关重要因素。由于中国内地的人口密度高，于是便出现了数次向边疆地区的机械式的大量移民，使草原牧区人口也超过其生态环境资源的承纳量。截至目前，草原牧区人口增长率在12.81%～40.9%之间，远远高于其他地区。按照联合国人口承载力标准，森林草原区人口承载力为10～

---

① 张冬平，魏仲生.2006.粮食安全与主产区农民增收问题［M］.北京：中国农业出版社，191。

② 伍崇利.2011.论农业适度规模经营之模式选择.特区经济，(3)：184-186.

12 人/平方公里，典型草原区为 5～7 人/平方公里，荒漠草原区为 2～2.5 人/平方公里。我国北方干旱草原区人口密度已是国际公认的干旱草原区容量的 2.3 倍，远远超出草原人口承载力。只有控制和转移草原区人口，才能实现草原生态平衡，进而促进草原畜牧业的规模经营。

草原牧区劳动力的转移其实质是牧区劳动力的非牧化过程。从产业结构调整的角度来说，草原牧区剩余劳动力的转移就是实现产业之间的转移，包括从事非牧产业人口的增加、牧民职业的转换等。牧区剩余劳动力的产生是经济发展到一定阶段的必然产物，即由传统畜牧业向现代畜牧业过渡的必然阶段。欧美发达国家的农牧业发展都经历了这个阶段，英国的劳动力转移开始于产业革命，采取的是的一种强制转移的模式，通过"圈地运动"迫使原来的农业生产者放弃原来的产业的进入到新的产业领域，这个过程大约持续了 4 个世纪。这个痛苦的"原始资本"积累过程满足了当时英国的工业生产，也为英国以后的经济起飞奠定了基础；美国的劳动力转移开始于 19 世纪 20 年代，一直持续到 20 世纪 70 年代。19 世纪美国工业化浪潮的兴起，美国大量的农村劳动力开始自发地向工业领域转移。大量劳动力的转移，解决了工业领域劳动力短缺的局面，促进了工业产值的快速增长，加快了工业现代化进程。工业现代化实现的同时也促进了美国农业的现代化，逐步形成了农业的规模经营；日本经济的发展也经历了这个过程，从 20 世纪初到 20 世纪末，日本农民逐步向大城市转移，在整个转移过程中，日本的政府采取了"跳跃式转移"和"农业工业有序转移"相结合的措施，实现了经济腾飞。

从国外的畜牧业发展实践看，牧户家庭扩大经营规模，不是走牧户合并的道路，而是走牧户减少的道路，走发展工业和服务业的道路。因此，草原畜牧业规模经营问题超越了畜牧产业领域，需要在国民经济视野中加以谋划和运作[①]。

从 1984 年开始，草原牧区开始实行"草畜双承包"的制度，草场承包到户并进行围栏，形成了一户一户的小规模经营单位。这种制度的推行对于促进牧区经济发展、提高牧民收入起到了积极作用。但是，随着市场经济体制改革的深入，牧户的小规模经营进一步限制了投资规模、融资渠道；禁牧、休牧、划区轮牧困难，草地生产能力下降，畜产品成本仍然偏高，导致劳动的边际收益递减，甚至出现边际负收益；也导致了牧民的封闭性，降低了牧民进入市场

---

① 林善浪 . 2005. 农户土地规模经营的意愿和行为特征—基于福建省和江西省 224 个农户问卷调查的分析 [J]. 福建师范大学学报（哲学社会科学版），(3).

的能力；畜牧业生产资料的价格和畜产品的销售成本难以下降，阻碍了草原畜牧业的进一步发展。信息闭塞，工业经济发展滞后，再加上牧民自身的素质尤其是技术素质偏低，牧民剩余劳动力不能够及时转移，牧民隐性失业严重。这一方面影响牧民人均收入水平的提高，另一方面也增加了草产品和畜产品的生产成本，延缓了草原畜牧业的发展进程。

劳动力是促进经济增长的重要要素之一，存在剩余劳动力就说明人力资源没有很好的开发，浪费人力资源将抑制经济进一步发展。根据内蒙古统计局提供的资料，近年来，内蒙古农村牧区劳动力大量涌向城市，其中绝大部分完全脱离农牧业生产。1997—2006 年的十年中，内蒙古农村牧区外出从业劳动力增加了 48 万，年均增长 4.8%，2006 年，外出从业劳动力达 75 万人，占农村牧区总劳动力资源的 6.1%。这种转移促进了内蒙古经济发展，1997—2006年，内蒙古非农业生产总值由 831 亿元增长到 4142 亿元，涨幅较大，剔除物价因素，非农业生产总值增长了 4.2 倍。根据模型测算，内蒙古地区劳动力投入每增加一个百分点会引起农业部门增加值下降 0.696%，说明劳动力的投入对经济增长有拉下的作用，农业劳动力过剩。因而不难得出结论：草原牧区剩余劳动力转移势在必行。在目前的制度安排下，实现规模经营仍有很大难度，只有转移牧区的剩余劳动力，形成草地资源的自由合理流动，才能有效推进草原畜牧业的规模经营。

10.3.2 草地流转市场化是保障规模经营的基础

党的十七届三中全会通过的《中共中央关于推进农村改革发展若干重大问题的决定》明确指出，要按照依法、自愿、有偿原则，允许农民以转包、出租、互换、转让、股份合作等形式流转土地承包经营权，发展多种形式的适度规模经营。同时指出，土地承包经营权流转不得改变土地集体所有性质、不得改变土地用途、不得损害农民土地承包权益。这为土地的流转提供了强有力的政策支撑。

承包经营权是在我国制度环境下所有权派生出来的权利。不同于所有权，因为每个牧民没有自由买卖草地资源的权利；又无限趋近于所有权，因为牧民在国家制度环境下所赋予的权利范围之内有部分的处置权，比如可以流转，这就引发了关于承包经营权是债权还是物权的讨论。从我国土地包括草地资源政策的演变过程来看，承包经营权逐渐开始向物权过渡。如 1986 年《土地管理法》第十一条将土地的使用权规定为用益物权，进行了不同权利的配置。土地承包经营权证的发放更证实了这一点，说明了物权的公示性。《物权法》专门把承包经营权放到了用益物权的章节进行说明，已经证实了这一点。再从我国草地的承包期限来看，从 15 年不变到 30 年不变，再到 50 年不变，最后成为长久不变，稳定了农草原牧区基本经营制度的同时，也就预示着承包经营权"完全"赋予了牧民。因此，承包经营权其实就是在所有权的权利范围内排除土地所有属性，放大了土地的使用属性，在牧民的经营能力范围内进行合理配置生产要素的权力。尽管现在的牧区实行的草场制度带动了牧区经济的增长，但草地资源的产权界定不明晰，相关法规滞后，制约草牧场的流转①②。现有承包经营责任制，对草场所有权、使用权的内容和范围缺乏明确划分③。国家、地方政府和牧民都是草地的主体，又都不是，牧民面临着抉择的双重困难。

另外，游牧和草地承包制未全部落实严重影响着草地的流转。截至 2009年，在我国六大草原牧区当中，内蒙古草原区 98.2% 的牧户实现了定居，是最高的；青海、甘肃和四川草原牧区的定居牧户达到 80% 以上；西藏和新疆草原区定居牧户仅占 37.2% 和 37.5%，就是说，西藏和新疆草原畜牧业仍以游牧为主。落实和完善草原承包制，是实现草地流转的前提，也是调动广大牧民自觉保护草原和建设草原积极性的根本措施。截至 2009 年，新疆、内蒙古、青海、四川的累计草原承包面积占可利用草原面积的 90% 以上，草原"双权"基本落实；而甘肃和西藏分别为 76% 和 51.1%，落实草原承包经营制度任务艰巨。

因此，草地资源的充分承包经营权赋予给牧民，就将成为牧民排他最有利的工具，从而促进规模经营。

10.3.3 培育新型牧民是规模经营的根本

舒尔茨（1864）在《改造传统农业》一书中，分析各国历史资料证实："农民的技能和知识水平与其耕地的生产效率之间存在正相关关系"，提出了要增加对农业人力资本的投资。日本经济学家 Uzawa（1965）在其文章"经济增长总量模型中的最优技术变化"中，以人力资本为核心对经济增长进行了解释。得出结论：技术进步的速度取决于现有技术水平和教育部门的资源配置水平，生产函数则表示产出是有形要素投入和由教育部门所带来的技术进步的函数。宫泽模型由于引入了教育部门，所以被称作是最早的人力资本模型。Lu-

---

① 根锁，杜富林，鬼木俊次等.2009.东北亚干旱地区可持续农牧业系统开发研究 [M].呼和浩特：内蒙古科学技术出版社，(2).

② 敖仁其，胡尔查.2007.内蒙古草原牧区现行放牧制度评价与模式选择 [J].内蒙古社会科学，(5).

③ 徐斌.2009."三牧问题"的出路：私人承包与规模经营 [J].江西农大学报，(3).

cas（1988）在1988年发表的"经济发展的机制"文章中，把人力资本纳入经济增长的内生力量。把每个生产者时间分为两部分，即从事生产的时间 u 和从事人力资本生产时间（1－u）。人力资本是需要专门花时间来生产的；现有人力资本水平和人力资本生产时间长短决定了技术进步的速度及经济增长速度。

　　草原畜牧业规模化经营不是简单的牧场面积的扩大，牲畜数量的增加，而是一个系统工程。在这个系统工程里面，牧民基本经营素质将扮演重要角色，科学技术将起到决定性的作用。如果牧民只是一味地以牧场面积和牲畜数量以及加大的投资来衡量规模经营，那么这种粗放式的经营模式往往会给牧民带来更大的损失[1][2]。根据第二次内蒙古农牧业普查主要数据公报，农村牧区劳动力资源中，文盲66.1万人，占7.4％；小学文化程度294.7万人，占33.0％；初中文化程度432.2万人，占48.4％；高中文化程度87.5万人，占9.8％；大专及以上文化程度12.5万人，占1.4％。而外出从业劳动力中，文盲占1.7％；小学文化程度占19.2％；初中文化程度占66.5％；高中文化程度占9.3％；大专及以上文化程度占3.2％。这就造成了牧区另一个发展困境，草原区面临的现实是较高素质的牧民转移出去了，而留在牧区牧民需要更多的培训[3]。而在新牧区建设的重要阶段，有文化、懂技术、会经营的新型牧民是草原畜牧业规模经营的必然要求。培育新型牧民有助于规模经营的实现，能够提高自身的生存能力和适应能力，进而加快牧区经济社会的发展。

10.3.4　建立健全社会化服务体系和社会保障体系是规模经营的重要保证

草地资源形成规模会促使牧民不断地扩大畜牧业养殖规模，畜牧业养殖规模的扩大使得牧民面临更大的经营风险，草原畜牧业社会化服务体系就成为畜牧业规模经营的重要条件和社会保障，也是草地规模化、畜牧业生产规模化、专业化、商品化的客观要求。现在牧区分散的家庭生产经营与日益发展的大市场的矛盾越来越突出。在激烈的市场竞争情况下，草原牧区的社会化服务能力比较弱、体系不完善，使草原畜牧业的规模经营受到严重掣肘。

　　草原畜牧业的社会化服务体系可以划分为两类：一类是草原畜牧业生产的服务体系，包括优良品种的引进和改良、草原和畜牧业投资保险（特别是金

---

　　① 于立,于左,徐斌.2009 "三牧" 问题的成因与出路——兼论中国草场的资源整合［J］.农业经济问题（5）.

　　② 海山,斯琴.2000.内蒙古草原牧区可持续发展问题初探［J］.区域开发,（2）：113.

　　③ 王国钟,李宏莉.2002.内蒙古草原生态和牧区经济情况的调查与思考［J］.内蒙古草业（2）.

融）服务以及动植物病害的防治等；另一类就是保障草产品和畜产品的销售，促进牧民增收的服务体系，包括市场供求等信息的提供、建立健全流通体系以及牧民合作代理组织等。草原区牧户居住比较分散，基础设施建设滞后，信息传递困难，流通体系不健全，势必影响畜牧业的规模化效益。

加强草原牧区社会保障体系建设，弱化草地和家畜的社会保障功能。首先，实行农村合作医疗保险对牧民的全覆盖，彻底解决牧民看病难、看病贵的问题；其次，尽快将牧民子女享受义务教育的年限延长到高中阶段。解决因居住分散而导致的牧民子女上学难的问题。再次，建立牧民养老金制度。以社会保障解除牧民的后顾之忧，给牧民吃了一颗长效"定心丸"，为建立草地退出机制、推动草地流转创造条件。

10.4 促进草原畜牧业适度规模经营的措施

草地的适度规模经营是草原畜牧业适度规模经营的前提条件，是以生产资料有序系统积聚而出现的经营方式。草地适度规模经营是草原畜牧业发展至高级阶段的必然需求，但不同草原类型区、不同的市场环境和科学技术条件下，其所要求的草地面积并非是固定的，而是动态变化的，必须创造良好的条件，充分考虑草原区历史性、民族性、边疆性、欠发达性的现实和广大牧民的需求，在条件具备的地区先行先试，切忌行政手段强制推进，采用循序渐进方式推进草原畜牧业的适度规模经营，它的真正实现需要漫长的过程和多方面的条件。

从宏观的层面上讲，草原畜牧业的适度规模经营应从以下几个方面提供强有力的保障：

10.4.1 加快草原区人口和剩余劳动力转移

从某种意义上说，农牧民劳动力占社会劳动力比例的多少，不仅是衡量一个国家的农业生产力水平的一个标志，也是衡量国家现代化水平的一个标志。也就是说，要实现草原畜牧业的现代化，进而实现社会的现代化，我们就要解放牧民、转移牧民、减少牧民。加快剩余劳动力转移是草原畜牧业规模经营的必然要求。牧区剩余劳动力的转移，有利于加快草场流转，草地资源向规模大户集中，解决目前的小规模分散经营所面临的困境。一方面，严格控制草原区人口自然增长和机械增长，尤其是要控制草原区人口的机械增长；另一方面，根据草原生态环境把草原区的人口和剩余劳动力转移出来。对于草原生态环境脆弱和草原严重恶化区，牧民生存困难，要实施生态移民；推进草原区交通比较便利、商贸较发达的区域的城镇化建设，实现草原区人口的集聚；加强牧民的语言培训和专业技能的培训，推动劳务输出的同时，必须改善牧民外出务工环境，为草原区劳动力长期稳定转移创造条件；与此同时，规范和做好向邻国的劳务输出工作；完善牧民从事非农产业的优惠政策和措施，大力边境贸易等发展第三产业，提升草原区人口就地转移的水平等等。要构筑强有力的社会保障制度体系，才能确保转移出来的人口老有所医、老有所养，使转移出来的人口转的出、稳的住、不回流。

10.4.2　健全草地资源流转管理服务制度，完善流转程序

目前在草地流转过程，流入方和流出方面临着信息不对称、搜寻成本高等问题，比如流转的时空分布不均衡，流转的价格不明确，流转程序不规范等等。为此，应充分发挥政府或集体组织在草地流转市场化中的服务职能和监督管理职能，建立健全草地资源流转的管理服务制度，成立草地资源流转管理服务中心，为草地资源规范流转搭建平台，实行挂牌流转。流转管理服务中心主要负责流转信息的收集与发布、草地价值评估等；通过组织协调，提供流转信息和场所，扩大草地流转的范围，协调供需双方关系，加强对土地流转各个环节的管理指导，促进草地流转顺利进行；开展草地流转咨询、登记、变更、仲裁、法律援助等服务，尊重牧户在草地使用权流转中的意愿，严格按照法定程序操作，充分体现有偿使用原则，不搞强迫命令等违反牧民意愿的硬性流转，减少草地流转纠纷；牧区草地合理流转，要有利于实现牧区草地资源的优化配置，有利于促进现代草原畜牧业的发展，并做好土地流转后经营状况监测，确保草地不退化和牧民利益不受损失。

10.4.3　建立草地适度规模经营的激励机制

符合牧区的草地适度规模经营是实现家庭承包经营与现代草原畜牧业顺利对接的关键。因此，只有不断完善草地适度规模经营的政策机理内容，才可为实现草原畜牧业的适度规模经营提供更为有效地保障①。

为了发挥规模效益，引导规模经营，20世纪50年代英国政府就制定了鼓励农牧场向大型化、规模化发展的政策，并提倡每个农场以100公顷土地（包括耕地、草地、林地、水面等）为适宜规模，对愿意合并的小农场，政府提供50%的所需费用；对愿意放弃经营的小农牧场主，可获得政府的补贴，或领取

---

① 刘兆军.2009.土地适度规模经营的政策解析与完善.中南财经政法大学研究生学报，（6）：14-17.

终身养老金。法国规模化生产方面与英国相似，政府鼓励农牧业经营方式从家庭的小农经济模式向现代化的公司式经营模式转变。可见，改善小规模经营机制，向适度规模经营靠拢，仅靠市场单方面的力量是难以完成的，政府必须鼓励和支持，并建立草地规模经营的激励机制。重点用于改善基础设施建设，扶持牧民专业合作组织、家庭牧场的发展；对龙头企业办的生产基地、草原畜牧业示范区和种质基地带动牧户效益明显的，在规模经营达到一定水平的，给予补助；深化牧技特派员制度，探索牧技人员与龙头企业、养殖大户建立服务与利益挂钩的新机制；畜牧、牧机部门优先提供适用牧机具、优良品种和技术服务、信息咨询；农资部门要千方百计满足养殖大户对农资的需求，优先供应，保证质量；完善牧民从事非农产业的优惠政策和措施，退出草原区的牧民在非牧领域创办实体或接纳牧民的数量达到一定比例的企业，要给予优惠和税收减免，提升草原区人口持续转移的能力等，以推进草原畜牧业适度规模经营的发展。

10.4.4　深化各项配套制度改革

完善草业牧区社会保障体系，逐步将牧区的社会保障由依靠承包的草场转变为依靠社会保障制度，还草场以正常生产要素的性质，尽可能发挥草场的经济功能。一是要切实加大户籍制度改革力度。十六届三中全会认为"我国已进入着力破除城乡二元结构、形成城乡社会经济发展一体化的重要时期"，全会提出"必须按照统筹城乡发展的要求，抓紧在农村体制改革关键环节上取得突破，……，强化农村发展的制度保障。"打破城乡分割、区域封闭，建立按居住地和身份证管理的户籍登记制度。在改革思路上，不仅是要取消原有户籍登记管理办法，关键的是要积极探索如何剔除附加在户籍上的劳动、用工、住房、教育等不合理制度约束，平等对待新进城落户居民与原城镇居民的权利和义务，建立起城乡一体的户籍管理制度。二是切实保障进程务工人员权益，认真解决务工人员子女教育问题，使广大外出务工农牧民及其子女与城里人一样享受平等待遇，解除民工后顾之忧，让具备城市生活能力又有愿望留在城市的牧民都能顺畅的实现产业转换和人口的空间转移。三是尽快建立适合进城务工牧民和牧区留守人口的社会保障制度。当前，各地城市要在根据国家有关法规要求认真落实和完善进城务工农民工伤、医疗、失业和养老"四大保险"的同时，继续探索农民工医疗保险、养老保险的异地转移接续问题，积极探索为已经进城落户并出让承包土地的农民工提供最低生活保障；各地牧区，应本着"草场置换出一点、政府出一点、个人出一点"原则，尽快建立起"低起步、广覆盖"的牧区社会养老保障制度，逐步剥离草场的社会保障功能。政府应在财政、税收、信贷、畜牧业保险等方面给予养殖大户更多的支持，特别是资金信贷和畜牧业保险。没有必要的资金支持，作强难；没有多样化的保险支持，化解自然风险、市场风险难，要扭转我国农业保险近几年大幅滑落和绝大部分保险公司都已停止了农业保险业务的态势。

10.4.5 加快草原牧区社会化服务体系建设步伐

一要加快畜牧业基础设施建设，为规模经营提供必要的基础设施条件。除交通、电力等硬件建设外，要加快草原牧区的信息化建设。信息化建设是发展现代草原畜牧业的必由之路，加强草产品和畜产品市场价格、供求、技术等各类信息的采集、处理、发布，疏通信息传播渠道，依靠信息体系的支撑，广泛应用计算机、网络技术，可以增强广大牧户和企业获取信息与应用信息的能力，以市场为导向调整优化生产结构，避免生产经营的盲目性和趋同性，进而提高经济效益，促进牧民增收。二要强化公益性畜牧业技术服务体系建设，解决生产中的科学饲养、疫病防治等难题，提高技术服务水平和效率，为草原畜牧业的适度规模经营提供有效的公益性服务。三要推动牧民专业合作组织的发展和草原畜牧业产业化经营，并通过"公司＋合作社＋牧户"的形式，实现二者的有机融合，提高草原畜牧业生产的组织化程度，降低进入市场的交易成本，改变分散牧户所处的弱势地位，实现规模经济。四要支持中介服务组织的发展，在草原畜牧业产业链的各个环节进行分工，成立繁育公司、防疫公司、农机服务公司、畜产品销售公司等农业中介服务组织，为适度规模经营提供产供销、运储加等各环节的专业化服务，形成草原畜牧业规模效益。

11　草业产业化发展方略

20世纪50年代美国哈佛大学的 JohnM. Davis 和 RoyA. Goldberg 出版的著作开创了农业产业化研究，但是，当时他们提出的概念是 Agribusiness，我国翻译为农业综合企业，简称农工综合体，其最初的含义是农业的生产、加工、运销三方面的有机结合或综合①。另外还有一个词语 Agroindustrialization，指全球粮食和纤维体系的快速转型过程，尽管国外学术界对其没有统一见解，但是，大家都一致同意 Reardon 和 Barrett（2000）对该过程的定义：①农业加工、流通和农业投入的非农供给三方面的增长；②农业食品企业和农业之间制度及组织的变化，比如垂直协作的明显增加；③农业部门的相应改变，如产品构成、技术、部门和市场结构的变化②。

农业产业化的实质是农业的纵向一体化，它是当今世界农业的发展趋势，是现代农业的重要特征和竞争农业的必然选择。农业纵向一体化过程中产业组织的建构及其相互关系的处理是农业产业化经营的关键。

11.1　草业产业化现实和理论基础

11.1.1　草业产业化现实基础

我国农业产业化最早是1993年在山东潍坊提出来的。它是指在农民家庭经营的基础上，以市场为导向，以经济效益为中心，通过各种类型的龙头组织的带动，围绕主导产业和产品，实行区域化布局、专业化生产、规模化建设、系列化加工、社会化服务、企业化管理，形成市场牵龙头、龙头带基地、基地连农户，种养加、产供销、内外贸、农工商一体化，农业产前、产中、产后各环节用利益机制联结成一体的一种生产经营方式和产业组织形式。预计"十一五"末，全国各类农业产业化组织总数约25万个，带动农户1.07亿户，农户参与产业化经营年户均增收2 100多元，分别比"十五"末增长84%、23%和

---

① 牛若峰. 2000. 农业产业化经营的组织方式和运行机制［M］. 北京：北京大学出版社.

② Reardon，T.，Barrett，C. B.，2000. Agroindustrialization，globalization，and international development：an overview of issues，patterns，and determinants. Agric. Econ. 23.

59％。目前，农业产业化发展逐步由数量扩张向质量提升转变，由松散型利益联结向紧密型利益联结转变，由单个龙头企业带动向龙头企业集群带动转变。

与此同时，我国草业产业化得到了快速发展，已经初步形成了草畜产品生产、加工及经营一体化的发展框架。从总体而言，草业的产业化整体格局已经基本形成，然而却仍处于初始阶段。草业产业化的具体进展情况主要体现在以下几个方面：

第一，草业产业化链条初步形成。我国草原牧区的肉、乳、绒毛等主导产业以及区域性的特色产业已经形成，饲草料产业得到长足发展，并且在部分地区正初步形成主导产业，绿色品牌成为目前草产业发展的一大优势。2009年，内蒙古销售收入100万元以上饲草饲料加工企业达到131家，带动农牧户32.9万户，实现销售收入104.6亿元。其中，规模以上企业107家，实现销售收入103.9亿元，带动农牧户31万户。并拥有快速高温烘干加工优质苜草粉等国家级和自治区级龙头企业，在龙头企业的带动下，使得内蒙古拥有高质量的草块、草颗粒及草粉等产品，并销往上海、广州等地，部分产品甚至远销日本、韩国等地。2009年草产品加工企业生产量占全国的27.6％。目前，新疆国家级、自治区级畜牧业产业化重点龙头企业有30家，饲料加工企业达到267家，年生产配合饲料137万吨。青海在浅山和半浅山地区发展优质牧草种子和青稞产业，产业优势正在显现。2009年，甘肃牧草种子田面积8.5万ha，牧草种子产量近3万吨，仅商品紫花苜蓿产量就达到64万吨，苜蓿年加工生产能力10万吨以上的企业有7家，推动了全国苜蓿产业的发展。甘肃草产品加工企业生产量占全国的19.0％。

第二，利益联结机制逐步完善，带动农牧民增收效果显现。草原牧区许多地区利用"公司＋牧户"、"企业＋基地＋牧户"、"企业＋合作社＋牧户"、"生产＋服务＋销售"的"一条龙"草业产业化经营方式，通过自由买卖与合同式资本主导型方式，将企业与养殖户之间的利益联系起来，进而联结成利益共同体，更好地形成产业链条，能够更好地解决一家一户因分散经营产生的与大市场间的衔接问题，有力地促使了各类优势草畜产品基地形成产业化经营的格局。并且，产业化经营方式的发展趋势呈现多样化。目前，新疆农业产业化经营组织达到6883家，农业产业化重点龙头企业429家，其中，农业产业化国家重点龙头企业23家，自治区重点龙头企业161家。资产总额上亿元的企业有65家。各级各类产业化经营组织累计带动农牧户251.4万户，带动农民增收9.7亿元，户均增收近400元；2009年，内蒙古规模以上饲草饲料加工企业带动农牧户31万户；截止到2009年6月青海省农牧业产业化重点龙头企业达192家，其中，国家级和省级产业化重点龙头企业61家，带动了近100个非农产业专业村和 11.8 万农牧民从事"一村一品"生产，专业村农民从发展"一村一品"中获得的纯收入，占家庭经营收入的 40% 以上。

第三，草业产业化基础正在夯实。我国草产品的生产基地主要是以草种生产基地和饲草生产基地为主。在国家草原建设项目的示范带动下，内蒙古、新疆和青海草原围栏建设成效显著，2001 年三省区的为 1 393.5 万公顷，2009 年已发展到 4 588 万公顷，比 2001 年增长了 2.3 倍，其中，内蒙古草原围栏增长 10 倍以上；全国牧区和半牧区县打贮草 2 200 万吨；截止 2009 年，六大牧区种草保留面积达 1 280 万公顷，占全国种草面积的 3/4 以上；优质牧草产量为 8 150 多万吨；青贮饲料达到 3 840 多万吨，其中，内蒙古占六大牧区青贮量的 3/4。就草种繁育基地建设而言，六大牧区以紫花苜蓿、燕麦、柠条、沙打旺等草种基地为主，总面积达 18 万公顷，为草业产业化发展奠定了良好的基础。

尽管草业产业化已经取得了长足发展，产业化雏形已经形成，然而，我国草业产业化仍处于初始阶段。目前，草原退化、沙化现象较为严重，草业生产基地的规模小、龙头企业少而且带动能力不足，牧草种植、饲草料加工、产品加工转化与商品流通还没有形成完整的产业链。利益联结机制不健全，在龙头、基地、农牧户三者之间尚未建立起科学合理的"利益共享、风险共担"机制，合作组织发展滞后等等。同时，多年来形成的草业投资主要依赖国家的格局未打破，多元化投资机制远未形成。此外，草业理论研究与草业发展的实践之间脱节较严重，理论研究相对滞后，一定程度上迫切要求我们系统研究草业产业化理论，以此为我国草产业实践提供理论指导。

11.1.2 草业产业化理论基础

农业产业化的支撑理论主要涉及新制度经济学有关理论如交易费用理论、制度变迁理论、现代契约理论；政治经济学的有关理论如社会分工协作理论、比较效益理论、平均利润理论、再生产理论；以及其他理论如规模经济理论、利益引力理论等。它们共同回答了农业为什么要进行产业化发展、进行产业化发展存在的合理性、带来的好处，从多个角度对农业产业化发展进行了论释。

(1) 交易费用理论。交易费用的概念最早是科斯在《企业的性质》一文中提出来的。他认为企业的存在是为了节约市场交易费用，即费用较低的企业内交易替代费用较高的市场交易；企业的规模被决定在企业内交易的边际费用等于市场交易的边际费用或等于其他企业的内部交易的边际费用那一点上。是选择市场还是选择企业，取决于两种形式交易费的高低[①]。科斯把交易费用定义

---

① 雷俊忠 . 2004. 中国农业产业化经营的理论与实践 [D] . 四川：西南财经大学，25 - 42.

为运用市场机制的费用，包括人们在市场上搜寻有关的价格信息、为了达成交易进行谈判和签约，以及监督合约执行等活动所花费的费用。由于农业生产的季节性和时间专用性强以及农产品的弱需求弹性，市场风险大，交易费用高。特别是在小规模分散生产与供给的情况下，不仅难以发挥生产流通中的规模经济，而且小生产盲目竞争增加了市场机制运行的代价①。农户进入市场交易要付出较大的代价，大致包括为签订契约、规定交易双方的权利与责任等花费的费用（如信息成本、评估成本、交易合约签订成本），以及签订契约后，为解决契约本身所存在的问题，改变条款到退出契约所花费的费用（交易履行成本和交易欺诈损失成本），由此导致了交易费用的增加。单个农户生产经营规模虽小，但交易频率高，相应的交易成本就很高。农民为了降低交易成本，企业为了实现规模经营，为了避免原料来源不稳以及降低市场交易费用，他们相互结合，走向农业产业化②。正是由于相对固定了交易对象及交易关系，节省了企业和农户双方在市场中寻找交易伙伴和确定交易关系而注定要发生的交易费用，才得以说明农业产业化的兴起。

（2）制度变迁理论。制度创新是农业产业化发展过程中的必然要求，新技术的运用、各类型组织利益的重新组合以及法律约束因素的规范等，其原始动力均在于有关农业产业化制度的不断创新。从制度变迁角度看，农业产业化经营是一种更合乎经济发展规律的制度创新。实践证明，农业产业化经营作为诱致性制度变迁的产物，其发展特点充分表现了历史过程的渐进性。也就是说，由点到面、由起步到普及，要经历相当长的渐进演化过程。从顺序看，先是在市场化程度高和附加值高的产品或部门中兴起，以其高效益增强农业自我积累、自我调节、自立发展能力，支持种养生产并带动其走向产业化；市场化程度越低和低价值产品，其产业化进程排序就会越靠后。这是诱致性制度创新所引致的产业进步与强制性制度变迁所引致的急促变革的一大区别。深刻理解和把握这一区别，对于规范政府在推进农业产业化经营中的角色和作用具有重要意义。

（3）现代契约理论。目前现代契约理论，尤其是不完全契约理论在分析农业产业化经营组织方面已经取得了丰硕的成果。周立群以现代契约理论为基础分析了"公司＋农户"中的商品契约、要素契约效果，也指出了"公司＋农户＋基地"的"准一体化合约"的各种现实约束条件，具有高能激励和降低交

---

① 阮文彪，杨名远．1998．关于农业产业化若干理论问题的思考［J］．当代财经，（5）：46-48．
② 于冷，马成林．2001．农业产业化的理论依据探讨［J］．农业系统科学与综合研究，17（1）：9-12．

易成本双重优势。欧阳昌民指出，"公司＋农户"中的契约的不稳定性原因是其中利益分配机制不完善，决定契约价格的主要因素是农户参与项目的机会成本和组织化程度。黄祖辉分析在不完全合约条件下会产生敲竹杠问题，这种"敲竹杠"会影响农业专用性资产投入。

(4) 社会分工与协作理论。亚当·斯密认为，分工和专业化的发展是经济增长的源泉，分工的好处在于能够获得分工经济和专业化经济，从而得到生产效率的提高。将其这一理论分析农业产业化，可以看到，在分散经营的状况下，农户不仅要关心产品的生产，而且还要关心原料的购买，产品的销售等，这样由于精力、时间和能力的所限，势必在各方面都难以有大的提高。而在产业化生产方式下，农户的目标单一多了，只关心产品的生产过程，全部精力放在了降低生产成本和提高产品质量上，其余的事情如原料购买、技术服务、产品销售全部由公司来承担起来，这样公司和农户双方都能从中获益[①]。马克思认为社会分工与协作是现代生产组织不可分割的两面。他在考察社会分工时，认为它能产生出新的生产力。对于协作的社会功能，马克思指出："这里的问题不仅是通过协作提高了个人生产力，而且创造了一种生产力，这种生产力本身必然是集体力"。国内许多学者已经把社会分工看成农业产业化经营条件，牛若峰、夏英认为农业产业化经营是社会分工演进的过程，即专业化、社会化、一体化相辅相成，共同促进农业与关联产业逐渐走上一体化的转型过程。林毅夫在强调农业产业化与专业化时指出，农业生产必须采取专业化方式，农户实行专业化经营之后，规模经济越来越大，生产成本就越来越小，农业产业化就在一些发达地区发展起来[②]。

(5) 再生产理论。农业产业化经营既是一种产业组织形式，又是一种新型的农业生产经营方式，它是市场经济条件下，马克思社会再生产理论的基本原理在农业部门的运用和体现。根据马克思的再生产理论，农业产业化经营不是简单的产供销相加，而是使生产加工销售在重新整合中实现增产、低耗优质和高效。通过流通对生产的反作用，把市场需求迅速反馈给农业生产者，在生产与流通之间架起沟通的桥梁，建立起二者利益兼顾的调价机制，消除生产的盲目性和流通的自发性，使初级产品能按照市场需求组织生产并力争做到均衡上市，从而推动农业生产持续稳定发展。

(6) 利益引力理论。利益驱动是农业产业化的动力源泉，是由计划农业向

---

① 刘卫锋，徐恩波.1995.略论农业产业化的理论基础及运行机制 [J].农业经济 (8)：6-9.

② 张明林.2006.农业产业化进程中产业链成长机制研究 [D].江西：南昌大学：15-18.

市场农业转化，由传统农业向现代农业过渡的基本价值取向和转变的重要特征。马克思就曾明确指出："人们奋斗所争取的一切，都是同他们的利益有关。"农业产业化本身包括多个利益主体，他们之所以会组织起来进行一体化生产经营，关键在于他们都是以追求利益最大化为其经济活动的目标，在于利益引力所至①。农户通过产业化可弥补市场销售、技术等方面的不足，公司参加产业化生产也有自己的利益要求，正是利益吸引是产业化群体各方联合的契机和保证。利益引力越大，其联系程度就越牢固，步调就越一致。根据这一理论，在发展产业化过程中必须坚持自愿互利的原则，切实考虑各方的利益要求。

11.2 草业产业化的 SWOT 分析

11.2.1 优势

（1）**资源优势**。我国是草资源大国，草地资源丰富。草原面积 4 亿公顷，占国土总面积的 41.7% 以上，是耕地面积的 3.2 倍，森林面积的 2.3 倍。天然草原鲜草总产量 9 亿吨以上，折合干草近 3 亿吨。2009 年，我国保留种草面积 2 000 多万公顷，其中紫花苜蓿种植保留面积达 367 万公顷。种植的牧草（干草）年总产量 16 400 万吨（多年生牧草产量占 50%），青贮量（鲜重）6 200 多万吨（多年生牧草青贮占 7%）；2009 年，全国商品草种植面积 190 万公顷，是 2001 年的 10.5 倍，年均增长 34.1%，销售量达 1 100 多万吨。

草种生产是牧草生产的保障。2009 年，全国种子田总面积达 22.6 万公顷，生产牧草种子近 15 万吨，分别为 2001 年的 1.4 倍和 1.2 倍，年均递增速度为 4.6% 和 2.3%。其中，紫花苜蓿种子田面积为 9.9 万公顷，占种子田面积的 43.8%。甘肃、内蒙古、青海和新疆种子田面积占全国种子田总面积的 72.4%。广袤的草原和牧草生产为草产业发展提供了有利条件。

（2）**产品优势**。从内蒙古高原，到天山山脉，再到世界屋脊，辽阔的天然草原拥有最洁净的环境，是一方难得的"净土"，是绿色食品资源宝库，是水能资源的富矿区，也是名、优、稀、特资源密集地区，天然牧草的绿色无污染，生产了人们消费"放心"的肉、奶、绒毛。同时，我国的草原牧区由于历史、交通、气候等原因，第二产业发展滞后，空气、水源、土壤等很少受到污染，生态环境质量较好，像青藏高原被联合国教科文组织认定为"世界四大无

---

① 高煦照.2007.论农业产业化的理论渊源及特征 [J].沿海企业与科技（10）：24-25.

公害超净区"之一①，是我国发展特色农牧业、绿色农牧业的理想基地，为品牌草产业的发展奠定了坚实基础。

(3) 政策优势。为贯彻落实国家西部大开发战略，农业部提出了《关于加快发展西部地区农业和农村经济的意见》，确定了西部开发的重点，即草原生态环境建设、特色农业、畜牧业、退耕还林还草、节水农业和农业基础设施建设6个大方面。并明确将草产业、畜牧业确立为草原牧区实施西部大开发的优势产业和支柱产业，草原牧区也将草产业发展作为优化农业结构和增加农民收入的关键措施，从征地、信贷、用水、税收等多方面制定了优惠政策，加大了扶持力度，与国家对少数民族地区的扶持政策形成合力，为草产业开发创造了良好的政策环境。草业产业化与草原生态建设密切相关，退耕还林还草、退牧还草、休牧、禁牧、划区轮牧、水土保持、三北防护林等生态保护建设工程，尤其是2010年启动的草原生态保护补助奖励机制，国家对草原区的投资力度明显加大。并对政策支持进行了系统的界定，对所涉及的技术标准、补贴标准、补贴数量等进行了细化。为草业产业化提供了良好的外部政策环境，为发展草产业奠定了良好的基础。

(4) 龙头组织发展壮大。我国草产品加工业发展虽然起步晚，但发展速度快，企业总设计生产能力超过500万吨，产业化格局雏形已初步形成。据不完全统计，2009年，我国草产品加工企业400家左右，且90%以上是在近10年内组建的，主要分布在北方省区，而且90%以上为民营企业，实际生产加工量占设计生产能力的45%左右。紫花苜蓿的加工量占生产量的8%左右。2009年，全国草产品加工企业生产量240多万吨，是2004年的2.3倍，年均增长率为18.1%，其中，内蒙古、甘肃、青海三省区草产品加工企业的生产量占全国的56.5%。在六大牧区，同时诞生了一批辐射强、带动作用明显的国家级畜产品加工龙头企业，如伊利、蒙牛等数十家，延长了草产业链，同时，草原区牧民合作经济组织蓬勃发展，已成为草业产业化推进剂，加速了草业和草原畜牧业的产业化进程。

草业逐步从"平面式"向"立体式"发展，即从草原畜牧业生产为主，逐步向保护、生产、加工、经营、保障服务等综合发展，从畜产品为主向生态产品、草产品、畜产品以及其他功能性产品发展，初步形成了多层次、多功能、多领域的产业体系。

---

① 蔡守琴.2010.基于产业化经营的青海特色农牧业发展研究［J］.资源开发与市场，26（11）：1005-1008.

11.2.2 劣势

(1) 草原退化严重,草地再生能力减弱。 根据农业部监测,从主要草原牧区的生态治理效果看,我国草原生态的总体形势已发生了积极变化,全国草原生态环境加速恶化的势头得到有效遏制,局部地区生态环境明显改善。但与20世纪60年代相比,全国草原生态环境整体仍在恶化,生态形势依然十分严峻。我国95%以上的荒漠化土地集中在草原区,新疆荒漠化土地面积最多,其次是内蒙古,再次为西藏、甘肃、青海。目前,在北方牧区22400万公顷可利用的草原中,有1 300多万公顷退化为沙漠,并以每年130万~200万公顷的速度在不断扩大。草原生产力较之50年代普遍下降了30%~50%,鼠害、虫害严重,毒草、不可食牧草比例增大,草地生产力持续下降。为此,在加强草原保护和建设的同时,必须遏制超载过牧,实现草畜平衡,并转变草地资源的利用方式,逐步恢复和提高草原的生产力和草地承载力。

(2) 草产业规模总体偏小。 草业是个大产业,相对于其他农牧业产业、草产业自身而言,草产业规模总体偏小,还没有做大做强。近年来,我国草业产业化水平有了很大地提高,有的已初具规模,并取得了良好的经济效益,但总体而言仍处于摸索起步的初级阶段,草业产业化的总体水平不高,产业化组织竞争力弱。我国的草原牧区,也是少数民族聚居地,经济文化相对落后,受资金、技术和高原气候等条件的制约,先进的设施农业、高产栽培技术在草产业上还没有得到很好的推广应用,草产品经营分散、产业规模小,加之技术落后,营销渠道狭窄,产品附加没有得到有效提升,表现出大资源小产业、大市场小生产、大产品小商品的缺陷。具体表现在以下几个方面:一是龙头企业整体规模小,产业化程度低,带动辐射能力弱。草业生产的规模化发展依赖产业化程度的提高,而产业化的关键应该是龙头企业的带动。如新疆维吾尔自治区区级以上龙头企业中,年销售收入10亿元以上的只有3家,仅占1.9%,近70%的龙头企业从事农产品初加工,带动农牧户10万户以上的企业只有2家,仅占1.3%。二是原料生产基地建设规模小。草产品基地缺乏合理规划,饲草种植基地规模小,种植分散,专业化程度低;牧草种子种植规模小,种子合格率不高,肥沃的种子田偏少,优良牧草种子生产不能满足草原建设的需求。三是牧草种植、饲草料加工、产品加工转化与商品流通还没有形成完整的产业链。由于草产业产、加、销之间缺乏完善的联结机制,生产、加工、储运、销售未形成规模,产前、产中、产后诸环节存在脱节,互动能力不强。多数草产品停留在销售初级产品上,加工转化的增值不大,整体效益也低。四是农牧民参与程度低,经济效益不明显。目前,多数龙头企业与基地农牧户之间联结松散，利益联结关系不够紧密，产业组织形式有待完善。如内蒙古以出口草捆为主的饲草企业中，实行订单契约形式、有稳定原料供应的企业 18 家，占规模以上企业的 16.8%，其余的企业仍以市场交易为主。另外，农牧民的组织化程度低，部分牧区专业合作社和专业协会发展不规范，经营多，服务少，甚至有的只注重自身利益，忽视合作服务的根本职能，严重挫伤了农牧民参与的积极性。"公司＋基地（或合作社）＋农牧户"的产业化协同发展格局远未实现，产业难以调优，行业难以作大，企业难以做强。

（3）基础设施建设薄弱，抵御自然灾害能力不强。近年来，国家和各级地方政府不断加大对草业和畜牧业基础设施的投入，草业以及畜牧业生产设施条件也得到了很大改善。然而，仍不能满足草业及畜牧业发展的要求。尤其是在遭遇草原干旱、雪灾、鼠虫害时，广大牧户束手无策，基础设施建设薄弱彰显无疑。

（4）草业科技创新水平低，支撑能力不强。草业产业化的发展最终依赖于科技的创新和发展，但我国目前现有的草业研究实力弱、创新水平不高和成果转化机制不健全，严重制约了优良品种、先进技术的研究和推广。从横向看，新开发产品少，草产品专用程度和品质不能满足加工业的需求。从纵向看，草产品加工深度不够，初加工多、精加工少，加工转化和增值率较低。此外，由于龙头企业与科技人员之间缺乏有效沟通，加之企业科技力量较为薄弱，真正拥有知名草业品牌的屈指可数，结果是草产品缺乏竞争力，难以占有更大市场份额。

11.2.3　机遇

（1）我国加入 WTO 后，由于农产品受国际市场的冲击，致使谷物卖难已经成为制约农村经济发展的严重障碍，然而草产品在国内外市场上却供不应求[①]。其中优质牧草每亩纯收益达 350 元以上，比粮食种植增收 100～200 元，并且种草具有投入低，稳产、省水，适应性强等诸多优势。同时，随着经济社会的发展和人民生活水平的提高，除草产品外，草坪业、草原旅游业等必将长足发展，同时推动牧草种子产业快速增长，为草产业提供了发展空间。

（2）草产品国际市场前景广阔。国外草市场主要为亚洲地区，以苜蓿品种为主。就日本和东南亚而言，年需求量分别达 300 万吨和 250 万吨。从草产品的国际竞争力角度来看，一方面，我国优质牧草的生产成本较美国和加拿大要低，在国际主要草产品需求的亚洲市场上具有较强竞争力；另一方面我国的肉

---

① 郭庆宏，安宁 .2006. 草业发展现状与趋势 ［J］. 中国牧业通讯，（7）：15 - 16.

类价格低于国际市场价格；此外，近几年由于疯牛病、口蹄疫等传播疾病的蔓延，使得一些国家的畜牧业遭受了严重损失，许多国家也纷纷禁止动物源性饲料的使用，转向使用植物饲料，国际市场年需牧草缺口在 1 000 万吨左右。

（3）从国内草产品需求来看，草产业拥有十分广阔的市场前景。 许多发达国家，例如新西兰、澳大利亚、美国的肉食主要来源于草食动物，三国的肉食中由草转化而来的分别占总肉食量的 100％、90％和 73％，而我国目前由草转化而来的肉食占总肉食量仅为 8％，92％的肉食是由粮食等转换而来的[①]。发展节粮型畜牧业，改变膳食结构的根本性策略是尽快填补草产品的巨大缺口。据测算，我国每年蛋白饲料需求量 4 500 万吨，缺口 2 400 万吨，绿色饲草年需求量 1 亿吨，国内商品化草产品市场需求量 1 000 万吨，然而生产能力只有200 万吨[②]。可见，全国饲草料缺口非常大，其中，海南、广东、上海、四川、甘肃等地苜蓿草粉缺口达 200 万吨以上，全国苜蓿草产品缺口达 300 万～500万吨，实际上，目前草产品在全国的缺口达 1 500 万吨，甚至更多。并且，随着我国畜禽业的发展，草产品的供需缺口还将继续拉大；我国对草坪种植面积及草种、草皮的需求，每年以超过 20％的速度增长。就是说，整个草产品市场是有市但产品严重缺乏的市场，草产品市场不是潜力有待挖掘的问题，而是急切需要填补巨大市场空缺的问题。

（4）发展草产业是西部大开发的需要。 继续推进的西部大开发战略，特别是退耕还林还草、草地生态治理工程、牧民定居工程、草原生态保护补助奖励机制，以及建立新的草业基地的战略，均为我国的草产业发展提供了空前的政策机遇。

11.2.4 挑战

我国加入 WTO 以后，国外的草业跨国公司不断进入我国，这些跨国公司大多经济实力雄厚并在科研实力以及市场、管理等方面的拥有较强的优势，势必对我国的草业企业构成更为严峻的挑战，迫使我们不得不思考这样一个问题："如何大力推进中国草业产业化发展，如何在竞争立于不败之地"。正因如此，不断优化我国草业产业化组织势在必行。

在草产业发展中，对草产品的知名度、美誉度、忠诚度重视程度不够，未能体现其应有的价值和市场竞争实力。尽管也在努力培育一些草产品品牌，但由于品牌建设滞后，缺少能带动整个产业发展、在国内外市场叫得响的驰名品

---

① 马玲玲 . 2009. 新疆草业产业化的 SWOT 分析［J］. 新疆社会科学（3）：30 - 34.

② 韩建国 . 草产业发展前景广阔［J］. 中国畜牧报（1）. 2008 - 05 - 01.

牌，靠品牌开拓市场的力度远远不够。另外，企业和农牧户均面临资金紧缺这个"瓶颈"，企业融资难、农牧户经济实力弱，国家对产业化经营的资金投入大多采用直接补助方式，资金补助分散，尚未形成合力，致使草产业发展阻力增大。草产品流通环节多、费用大、供需信息不畅，某个环节都对草业产业化形成挑战。

同时，草产品贸易面临绿色壁垒的严峻挑战。具体表现形式有绿色关税和市场准入、绿色标准和法规、成本内在化要求和绿色补贴限制、绿色包装制度、环境标志和绿色卫生检疫制度等。草产品从原料收购、到加工、再到运输、贮存和销售，都必须执行严格的标准，必须杜绝有害物质超标，保证绿色无污染，攻破绿色贸易壁垒。

11.3 草业产业化经营方式选择及利益主体的权责界定

规范的草业产业化运行机制，可以保护农牧民利益，增强草业适应市场的能力。同时，能更好地协调经济发展与生态建设的关系，有效地促进资源集中与整合，使资源优势转化为产品优势、竞争优势。

11.3.1 现有草业产业化经营方式评价

（1）"政府＋农牧户＋企业"型。这种经营方式是由政府牵引，并提供一定的公共品及政策和实物支持，同时辅助广大农牧户为企业发展提供原料及劳动力等资本，进而推动企业不断发展壮大，最终带动地区的整个草产业利益主体，这种经营方式的利益主体包括政府、农牧户和企业。

这种经营方式的特点是：①主要适合于草业产业化不完善或草业起步阶段，龙头企业在数量及规模上尚未达到一定标准，"辐射力"不强；②该经营方式需政府对草业发展投入巨大的人力、物力，进而引导企业和农牧户的发展，一定程度上降低农牧户风险，有利于扶持幼稚产业的发展；③适合于经济实力相对薄弱且地理环境不适合遵循传统放牧方式的地区；④风险相对集中，产业发展对企业依赖过高，农牧户生产相对受到限制，不仅生产中的风险没有被分散，产品在销售中也常面临企业转嫁的风险，利润分配失衡；⑤草产业发展初期，尚未形成及时、准确的市场信息，同时由于市场中不确定因素的存在，使得企业和农牧户二者在发展过程中更加被动；⑥企业自身规模有限，尚未形成完备的产业供销链和规模的原料基地；⑦农牧民得到一定的利益，总体效益水平比较低。这种经营方式的典型代表如伊利集团初期的发展方式。

（2）"公司＋农牧户"型。这种模式下公司以市场为导向，与农牧户签订收购合同，农牧户自主生产，到农产品收获时卖给公司。这种模式下公司的大规模需求使得大量农民从事同一农产品的生产，为了实现生产标准化，公司往往向农民提供统一的种子、化肥、农药、技术等，从而外在的实现了农业的规模经营。但这种模式最大的问题是违约风险的存在。公司与农牧户间以债权性质的合同联接，违约责任是约束双方的机制。当市场价格波动使双方合同无利可图时，违约行为大量发生，由于农牧户众多、分散，他们违约后，公司要追究责任成本很高，且其损失通常是违约金无法弥补的，因为公司不能保障稳定的原材料供应就无法完成对客户的订单，这威胁到公司的生存。同时，公司不景气，无钱履行合同的情况也大量发生。为了克服公司＋农牧户的上述缺点，许多公司转向了公司＋基地＋农牧户的模式，该模式下公司通过建立各种农产品生产基地，实现对生产过程的控制，从而稳定货源，并可通过对基地的统一有效管理提高效率。

（3）"公司＋基地＋农牧户"型。这种经营方式是指依靠市场促产业，产业带基地，基地连农牧户，最终形成产供销、贸工农为一体的生产体系[①]。一方面，从事草产业的企业开始兴建较为完整的原料供应基地、产品生产及销售一体化的实体；另一方面，农牧户分工走向精细化，可与企业相脱离进而成为一个独立的经营实体，企业则可选择在原料主产区与农牧民建立稳固的关系，相互之间联合经营，建设生产基地，培育和建立稳定的原材料基地，形成一体化经营——"风险共担，利益共享"的经济共同体；与此同时政府发挥辅助作用，而农牧户和企业则成为利益主体。该经营经营方式的运行见图 11－1。

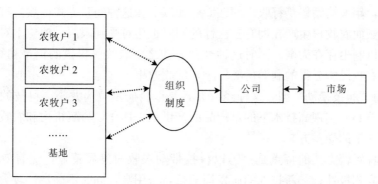

图 11－1　"公司＋基地＋农牧户"经营方式示意图

这种经营方式的优点是：①公司具备一定实力，有完整的市场体系，有良

---

① 蔡志强 . 2001. 农业产业化经营龙头企业组织机理和运营模式研究［D］. 河北农业大学 .

好的市场信息；②农牧户具备一定的技能和实力，成为相对独立的经营实体，能单独从事原材料的供应活动；③可以形成稳定的原材料供应体系，保障企业发展的需要。内蒙古敖汉旗草产业的发展是这种经营方式的典型代表。

内蒙古敖汉旗依托其拥有的富足的人工和天然牧草，采取"龙头＋基地＋农牧户"的经营方式，大力开展牧草深加工，培育了一大批草产业龙头企业，就其中的黄羊洼草业公司而言，年生产加工草产品达 10 万吨，牧草播种、收获、加工全程机械化，所产出的草粉、草颗粒、草块等优质产品大多出口东南亚国家及地区。每年以高于市场价格的订单形式直接收购农牧民的牧草，种草户人均增收 500 多元。公司年出售草产品 1.5 万吨以上，实现出口 6 000 吨，创产值 1 500 万元，实现效益 150 多万元。2005 年黄羊洼草业公司被国家认定为国家级扶贫龙头企业，成为内蒙古东部最大的草产业开发企业。在黄羊洼草业公司的引导下，敖汉旗 150 万亩人工牧草经营实现了根本转型，改变了以往单一的秋季收获干草和种子的模式，而是自 6 月 10 日左右在牧草的盛花期开始收割，年收割 3 次，农牧民卖鲜草的收入每亩达 270 元。此外，芳原草业公司等 25 户牧草加工企业，均成为草产业的龙头。全旗每年有 2 万余吨草产品销往国内外，实现效益 2 亿元以上[①]。目前，敖汉旗已形成了以紫花苜蓿、锦鸡儿、沙打旺三大优质牧草为主的草产品基地，年产优质牧草 3 亿千克，实现效益 1.7 亿元，牧草种子 150 万千克，收入 900 万元，牧草产业直接效益 1.79 亿元，全旗 50 万农牧业人口人均增收 360 元。人工牧草保存面积 10 万亩以上的大乡 10 个，万亩草业村 10 个，萨力巴、古鲁板篙、木头营子等草产业大乡，年人均销售草籽收入均在 500 元以上。这种经营方式虽然具有多方面优势，然而农牧户生产在拥有独立性的同时也相对受到限制，地位不对等，利润分配机制也存在失衡。同时这种经营方式之下农牧民提供的仍是初级产品，决定了农牧民所分得的利润份额较小，增收效果欠佳。

(4)"科技带动"型。这种经营方式是以科研单位为龙头，科技的推广和应用为核心，实现高技术下的草产品的产供销一体化，科研机构和农牧户为该经营方式下的受益方。

这种经营方式的特点是：①以科技带动农牧户发展草业，能有效节约成本，提高积极性；②新技术的研发周期长，费用高，同时不确定性较大，风险较高；③因农牧民自身素质原因，新技术的推广及应用存在一定问题；④因草原牧区科研机构自身的研发能力有限，故而需要与外界进行广泛的交流与合作，一定程度上加大了新技术的研发与推广难度。

---

① 中国农业信息网．http：//www.agri.gov.cn/ztzl/xnc/zjnmsr/t20060822_671747.htm.

内蒙古宇航人高技术产业有限责任公司的草业产业化在该经营方式的实施下取得了巨大成效，不仅在和林县建成了 300 亩的 7 年育苗 1 000 万株的现代化种苗基地及良种采穗圃。此外在锡林郭勒盟正蓝旗也已建成 2 000 亩沙棘育苗基地，并在通辽市库仑旗、赤峰市敖汉旗建设了大面积的沙棘资源基地。目前宇航人集团已签订了 3.8 万亩的种植合同。其所建设的 50 万亩沙棘生态林，使得农牧民年获销售收入 3.1 亿元，带动养殖收入 5 000 万元，有力促进了农村牧区产业结构的调整及当地经济发展①。

(5)"公司＋合作经济组织＋农牧户"型。该经营方式是作经济组织与公司签订合同，并为组织成员提供信息、资金、技术以及经营等服务。其中合作组织各成员按自愿互利、民主协商的原则实行"民办、民管、民受益"，专业合作组织对外参与市场竞争与企业集团合作，对内提供服务，带有明显的群众性、互利性、专业性及互助性。这种模式下，公司不用花费大笔资金建设基地，对生产的标准化的实现也可通过合作社进行，合作社作为农民自愿参加，民主管理的组织，能较好地实现对农牧户的约束，特别是按交易量计分配的方式有利于调动劳动积极性，克服基地模式的弊端。通过合作社实现农民的组织化，公司不用一对一地与农牧户签订合同，节省了交易费用；而农民通过合作社能提高谈判能力获得更好的权益保障。因此，这种模式也成为实现农业规模化经营的优秀范例。

实践中一些发展起来的实力雄厚的专业合作社自身向产业化迈进，集生产、加工、销售于一体，但这需要有强大的资金、技术支持，对于大多数只收取一点会员费起家的专业合作社来讲是难以达到的。

11.3.2 草业产业化经营方式选择

(1) 草业产业化原则。产业化的经营内容、参与主体成分、管理技术、专业程度以及规模大小等共同决定了适合一个地区草业产业化经营方式。具体采取哪一经营方式，要看农牧户与"龙头"企业之间产业化经营的交易成本。即"龙头"企业与农牧户之间谈判和签订合同以及监督合同履行等花费的时间、精力以及费用。当利益共同体的参与主体付出的成本小于其各自进行市场交易的费用时，产业化经营系统便得以稳固。此外，之所以进行产业化经营，目的是使各参与主体能够分享到合理的利润，形成"风险共担，利益共享"的利益共同体，没有形成利益共同体的任何产业化组织都将是空壳，产业化经营的目的将无法达到。所以产业化经营方式的选择应该坚持以下原则：①有利于产业

---

① 宇航人沙棘产业与新农村建设．http：//post.baidu.com/f？kz=107895249．

化经营各参与主体的利益；②有利于草业可持续发展；③有利于生产力发展。

(2) 国外农业产业化经营模式。①美国的农业产业化经营。其经营模式主要有三种：一是农工商综合企业（又叫做农业公司）。该模式是以工业和商业等企业为核心，形成的包括农业产前、产中、产后各个环节在内的农工商综合体。其主要特点是独资经营，各生产单元之间存在紧密的依存关系。由于工商业企业的实力比较强大，这种综合体的生产技术水平一般比较先进，经营规模也比较大。二是合同制经济联合体。农场根据产前、产中和产后的需要，与有关企业签订物资供应、产中服务和农产品销售合同，确定各种交易活动的时间、地点、内容、数量、质量、价格等。从而把农场与有关企业联系在一起，形成经济联合体，以便降低市场风险和交易成本，提高经济效益。农场与各有关企业都是独立的经济实体，独立进行生产经营活动，分别核算，自负盈亏。这种模式在美国农业中一直占有较大比重。三是合作社的一体化经营。随着农场专业化水平的提高，合作社得到了进一步发展。同时，由于农业公司的迅速发展，使大批中、小农场濒临破产，中、小农场为了增强竞争力，避免被大公司吞并和破产，在政府的扶持下组成各种类型农业合作社。以上三种不同类型的农业产业化模式交织在一起，共同形成农工商、供产销一体化的农业现代化生产体系。②欧盟的农业产业化经营。欧盟各主要成员国的农业经济制度和发展水平相近，20世纪60年代以来各成员国一直推行共同农业政策，使欧盟各国的农业产业化经营具有很多共同特征。从组织网络上看，可分为三种一体化经营模式：一是纵向一体化。主要是指农业的产前、产中和产后各环节之间建立起稳定的一体化经营关系，形成一条农、工、商产业链条，使农业生产更好地满足市场的需要。20世纪60年代以来，原来处于农业产前、产中和产后的独立经营企业，纷纷通过期货购销合同、参股控股、直接投资等方法，建立相对稳定的原材料供应和产品销售渠道，以便降低交易费用，抵制市场风险，形成纵向一体化经营体系。二是横向一体化。是指某一行业或某一生产领域的相关企业联合起来，在产品的数量、品质、结构和时间等方面，有计划地协调生产供给，以提高规模效益，抵制市场风险，增强市场竞争力。比如农场之间组成的合作社就是横向一体化的代表。三是网络一体化。是指把纵向一体化与横向一体化交错在一起，把大批农场纳入一体化的经营体系，突破简单的纵向一体化和横向一体化，形成纵向和横向相交叉的超大型农业集团公司。③日本的农协产业化经营。日本农协全称为"日本农业协同组合"，其前身是1900年建立的"产业组合"。日本农协以"提高农业生产力，提高农民的社会经济地位，实现国民经济的发展"为目的，是法制化的农民自主的合作组织。农协是农民自己的组织，有着"民办、民管、民受益"的特点。农协采用一人一票制的管理方式，以便充分发挥成员的民主权利。日本农户是农协的成员，每个村都有农协的基层组织，几乎把每个村庄的所有农户都组织起来，目前，全国有99％以上的农户参加了农协，农协已成为一个强有力的代表农民利益的社会经济团体。农协主要有五项职能，即：农副产品的销售、农业生产资料和物资的采购、农业金融服务、农业保险服务以及农业管理。这五项职能，基本包括了农业生产领域的产前、产中、产后的所有与农业有关的各项服务。① 欧美模式的特点是合作社自身向农业的上下游延伸。当然，这种模式也存在不足之处，主要是合作社的内部治理结构会比较复杂，管理成本较高。亚洲模式的特点是合作社不向产业下游延伸，尤其是不向深加工领域延伸，而是起着连接、服务农户（社员）的中介作用，作为农户（社员）的代表，与下游龙头企业建立长期稳定的交易关系。亚洲模式实际上就是"公司＋合作社＋农户"的农业产业化经营模式，这一模式对于农民合作组织还处在发展初级阶段的中国来说，是比较适合的②。

(3) 草业产业化经营方式选择。20 世纪 90 年代以来，最具主导性的"公司＋农户"，或者说是"龙头企业带动农户"的产业化组织模式，由于村集体经济普遍弱化与虚化③，同时由于农民合作组织空缺，农业产业组织的发展明显滞后于农业产业化发展的要求，这种模式对于解决农户农产品"卖难"问题，对于中国农业产业化经营的发展，发挥了重要的作用，但仍然不能说是一种非常理想的农业产业化经营模式。其主要的局限性，一是龙头企业与众多分散农户打交道的交易成本非常高；二是在这种模式下，龙头企业与农户仍称不上是真正的利益共同体，而是两个利益主体，因而两者的关系比较脆弱，一旦政策与市场环境发生不利变化，两者很容易出现分离或不合作行为。

结合我国草业产业化现状并结合各种经营方式的特点，借鉴国际经验，"公司＋合作社＋农牧户"与"公司＋基地＋农牧户"结合型是适合我国草业产业化发展的经营方式。因为是：一是牧草产业化经营中面对的农牧户多，如果由企业直接而对农牧户，交易成本较高；二是这种结合农牧户利益有所保障，同时克服了合作社市场拓展能力低的问题；三是企业负担有所减轻，可将主要精力投入到市场开拓上；四是具备可以担当草业产业化龙头企业的经营主体和草业生产基地。

---

① 陈继红，杨淑波 . 2010. 国外农业产业化经营模式与经验借鉴［J］. 哈尔滨商业大学学报，(4)：73－74.

② 黄祖辉 . 2008. 中国农民合作组织发展的若干理论与实践问题 . 中国农村经济，(11)：4－7.

③ 黄祖辉 . 2008. 中国农民合作组织发展的若干理论与实践问题 . 中国农村经济，(11)：4－7.

11.3.3　草业产业化不同利益主体的权责

产业化经营的高效运作，要求产业化的各个利益主体在产业化过程中分工明确。只有分工明确，才能有效降低交易费用，实现产业化的高效率，经济共同体也才会因此而越稳固[①]。结合草产业发展现状，"公司＋合作社＋农牧户"与"公司＋基地＋农牧户"结合型的产业化经营方式中，利益主体主要包括：龙头企业、合作社、农牧户、政府以及农技服务中心，同时各利益主体在产业化经营中要有严格明确的分工。

首先，作为整个草产业化经营核心的龙头企业，其责任主要有以下三个方面：一是进行广泛的市场信息搜集、加工以及整理；二是努力为合作社与农牧户提供资金和设备支持；三是负责产品的销售和市场的开拓。其次，合作社是农牧民利益的代表，其主要责任包括：一是充分发挥代表的作用，代表农牧户与龙头企业之间进行谈判；二是依据与龙头企业之间的合同，为农牧户制定切合实际的生产计划[②]；三是为农牧户提供资金支持并与农技服务中心一起组织技术服务。再次，农牧户作为牧草产业化的生产主体，主要职责是依据合作社所分配的任务进行生产。最后，农业技术服务中心依赖其从龙头企业所获得的资金，更好地代表龙头企业为农牧户提供各项详尽的技术指导。政府则要努力为龙头企业的发展提供更为良好的市场环境和资金支持，同时为合作社的建立和运作提供指导并为农牧户提供法律等各项培训。

11.4　草业产业化的核心环节

11.4.1　强化草业基地建设

基地是发展草业产业化的基础，没有稳固的牧草生产基地，产业化就会成为无源之水。我国幅员辽阔，草原区的情况千差万别，各地要根据资源条件和地方优势，培育和建设优势产业基地，发展特色产品，创立名牌。首先，建立草种基地。以市场需求为导向，结合退耕还草工程，高标准，严管理，建立优良草种基地；科技人员要深入草原，与农牧户一起研究，确定优良草地作为草种采集基地，并封闭管理。其次，在现有发育较成熟的产业基础上，按照区域化布局、专业化生产的原则，创建天然草原、人工草地、青贮饲料、饲草加工等草业生产基地，作为龙头企业和农牧户经营的重要依托。在饲草产品基地的

---

①　包俊臣 . 2005. 如何加快农牧业产业化进程［J］. 北方经济（1）：24 - 27.

②　池泽新等 . 2004. 关于农业中介组织若干问题的探讨［J］. 农业经济问题（5）.

建设上，根据草产品供给基地建设布局，利用天然草原绿色品牌，加大对天然草场的培育，建设天然草产品加工产业带，使其成为草原畜牧业持续发展的后盾。再次，建立草原景观生态旅游区。基地的建设要统筹规划，与畜牧业、加工业、旅游业等下游产业有机衔接，依靠科技进步，完善技术推广与服务体系，提高草产业的机械化水平，形成基地建设与资源特点相适应、与市场需求相衔接、与龙头企业相配套的现代化草业基地。

从发展角度说，龙头企业自建规模性原料基地有必然性和合理性。但从我国人多地少的国情看，龙头企业自建原料基地绝不是越多越好、越大越好，否则，将支付昂贵的建设成本和管理成本。所以，要适度发展，更要处理好自建规模原料基地与原料采购基地、本地农牧户的利益关系。自建原料基地不能采取行政推进手段。要保护好农牧户利益，要引导龙头企业以入股或其他组合的形式和农牧户共享建立规模草产业基地的利益。

11.4.2 壮大龙头企业

龙头企业在草业产业化经营中居于核心地位，起着至关重要的作用，是草业产业化经营系统的组织者、带动者、市场开拓者以及技术创新的主体。其增值能力、管理水平、市场竞争力以及创新能力，直接关系草业产业化经营的方向、进度乃至成败，是市场经济中联结农牧户与市场的纽带。按照草业产业化的经营理念，以培育和壮大草业龙头作为切入点，不断实现草业企业的机制转换和产业升级，更好地促进我国草业经济由传统向现代的转变。

针对我国草业企业总体规模偏小和竞争力弱的特点，依托草种业、饲草种植业、饲草加工业、草原畜牧业等主导产业和绿色品牌，全方位提升企业综合竞争力，培育和壮大龙头企业。草业产业化发展的重点方向是按草业产业化经营区域形成主导产业优势产区，培育扶持龙头企业，切实把草产业做大做强，使草原区成为我国主要的绿色草畜产品生产基地。一是打破所有制界限，只要与农民有比较稳定合理的利益联结，建立生产基地，能够带动农牧户，使农民真正得到实惠，要一视同仁地给予扶持。逐步把目前由政府和部门建的示范基地转变成在政府规划引导下由龙头企业作为运作主体实施的草产品基地。二是制定不同的扶持标准，充分考虑不同地区、草产业不同发展阶段的特点和实际，实行分类指导、重点扶持。三是提高龙头企业参与国际竞争能力。应对我国加入 WTO，引导草产业龙头企业通过商会、协会等途径组建行业协会，实行行业自律，提高参与国际国内市场竞争的组织化程度。四是国家和地方政府对骨干产业化龙头企业要实行动态管理，优胜劣汰，每年根据考核评价指标，对建立基地面积大、带动农牧户能力强、产品科技含量高、出口创汇能力强的农业龙头企业给予奖励①。同时，要引导、教育龙头企业牢牢树立社会责任意识。

"十二五"期间，要进一步研究制定配套政策，多形式支持龙头企业发展。同时帮助龙头企业拓宽投融资渠道，引导金融资本、社会资本和民间资本投向草业产业化经营领域。积极争各类基金及政策性银行贷款支持草业产业化发展。帮助规模大、效益好、产品市场占有率高的大型草业产业化龙头企业，通过发行债券、出让股权和争取股票上市等途径，扩大直接融资。

11.4.3 培育合作经济组织

草业合作经济组织是发展产业化经营的有机组成部分。针对草原区合作组织薄弱、农牧民组织化程度低、草产品交易成本过高的实际，这既是制约农牧民参与市场竞争的瓶颈，也是制约草业产业化发展的瓶颈，必须把大力发展草原区专业合作组织作为推进草业产业化和市场化的重要切入点来抓。从交易关系和制度安排的角度看，合作社与社员的关系既不是完全外包的市场交易关系，又不是完全内化的科层治理关系，而是介于两者之间，是一种科层与市场相结合的产业组织。因此，从理论上推论，与家庭式农业组织相比，农民合作组织的内部治理成本也许会高些，但市场交易成本却会比家庭式农业组织明显地低。与公司式农业组织或者科层式农业组织相比，农民合作组织的市场交易成本并非会提高，但内部治理成本会比公司式农业组织或者科层式农业组织明显地低②。鼓励根据草业产业化经营的需要，围绕草产品生产、加工、销售某个环节兴办各种类型的专业合作经济组织。引导草原保护建设及合理利用，草种业、饲草种植业、草畜产品加工业、特色产品生产等技术推广机构，龙头企业、乡村干部、专业大户、农村经纪人等兴办或领办专业合作经济组织，把发展专业合作经济与健全农业社会化服务体系结合起来。各级政府和有关部门要为农牧民草业合作经济组织的发展提供良好的外部环境③。

11.4.4 完善利益联结机制

利益联结机制是保证龙头企业健康发展、合作组织持续经营、农牧户受益

---

① 陈剑．2010．加快农业产业化经营发展模式及路径选择［J］．农业经济（1）：22-23．

② 黄祖辉．2008．中国农民合作组织发展的若干理论与实践问题［J］．中国农村经济（11）：4-7．

③ 高娃．2008．内蒙古草业产业化经营现状和发展思路［J］．中国草地学报（1）：102-106．

不断提高的基石。无论哪种利益联结机制，都要坚持农民和企业互利的原则，切不可强加干预。对于目前广泛采用的合同契约、订单农业、合同加服务、股份合作、资产入股等利益联结形式，都要注意总结经验，引导其向规范化的方向发展。

（1）选择合适的利益联结及分配方式。坚持"利益共享，风险共担"的经济共同体原则，进而实现"龙头"企业与"农牧户"二者间最有效的结合[1][2]。利益联结机制是保证龙头企业健康发展、合作组织持续经营、农牧户受益不断提高的基石。

就公司而言，主要从事草产品的加工与销售，同时享有这两环节的收益支配权，并承担可能产生的风险，同时负责组织草产业产加销一体化经营。加入基地的农牧户专门从事草业的种植与收割，并承担相应的成本投入，与此同时也承担种植过程中可能的自然风险以及因自己管理不善而产生的风险。①龙头企业要保护价收购农牧户的草产品。保护价的确定方式是：参照示范专业村的成本核算结果，并结合基地的调查统计，计算出单位产量的生产成本，在此基础上加一定比例利润，进而确定草产品的保护价，并以此作为收购草产品的最低价，于签订合同时予以确认，确保农牧户不亏本，以此来打消农牧户发展饲草业的顾虑。②建立二次决算制度，调节公司与农牧民之间的收益分配。每年年终，公司要核算其与农牧民间的收益分配平衡与否。若不平衡，则就将加工与销售环节所高出平均水平的利润按农牧民交售草产品的数量按比例返还给农牧民，以确保农牧民分享整个产业链的平均利润，提高农牧民参与的积极性，密切合作关系，建立持续发展的利益共同体。③多环节利润调配，高筑收购价格壁垒。公司与农牧户二者间合作的目的是农牧户向公司交售草产品，这一环节至关重要，同时也最容易出现问题，原因是违约常发生在这一环节。如果保护价高于市场价时，公司按保护价收购，一是信守承诺，取信于民；二是因公司是要降低成本，提高效益。相反，如果保护价低于市场价，公司就将利用一体化经营的优势，将公司为基地农牧户提供服务环节的利润补贴到收购环节上来，以此提高收购价格，反击收购竞争者，防止农牧户的机会主义行为，使公司与农牧户的联盟得以巩固。

（2）逐步健全约束机制和利益调节机制。建立"合同为指导，利益为手

①　郭红东 . 2006. 龙头企业与农牧户定单安排与履约理论的实证分析［J］. 农业经济问题（2）：36 - 42.

②　吴群，陈怡 . 2003. 龙头企业与农牧户利益连接的综合评价［J］. 贵州财经学院学报（3）：10 - 13.

段"的约束机制①②。通过签订合同，确定相关方的权责利，处理"龙头"企业与基地、农牧民及各服务组织间的利益关系。"龙头"企业可以通过预付定金、发放生产扶持金、提供贴息贷款等措施扶持农牧民发展草产业；同时"龙头"企业要适当扶持农牧民因自然灾害所造成严重损失。

(3) 建立跨区域的经济合作组织，促进基地与龙头企业的对接。目前我国草产业要围绕主导产业，成立省级和国家级草业经济合作组织，充分发挥其组织、协作、融资及服务功能，增强辐射能力。成立全国草业协会，为引进和挂靠大的草产业深加工企业创造条件，同时成立部分特色种养协会，为特色产品开拓市场做准备。

11.5 推进草业产业化的配套措施

农业部出台"创建国家农业产业化示范基地"意见，强调稳步推进农业产业化示范基地建设，充分发挥农民专业合作社的作用，创新农业产业化发展模式，进一步提升"十二五"时期农业产业化水平。明确农业产业化示范基地建设主要任务：一是引导龙头企业向优势产区聚集，大力发展农产品精深加工，培育壮大主导产业。二是强化上游产业链建设，发展规模化、标准化、集约化原料生产基地，推进高标准生产基地建设。三是依托资源和区位优势，推动龙头企业集群与专业市场和农产品产地批发市场对接，发展现代物流产业，完善农产品市场功能。四是推动龙头企业采取多种形式与合作社对接，鼓励龙头企业建立和完善为合作社服务的专门机构，提高辐射带动能力。五是集成示范区内龙头企业技术人才、实验设备等资源，建立公共科研开发推广服务平台，提升科技创新与推广能力。六是发挥区域内龙头企业品牌优势，整合品牌资源，打造区域品牌，提升品牌价值。该文件对于提升草业产业化水平具有前瞻性和指导性，要围绕文件精神，切实推进草业产业化进程。

第一，优化扶持政策，营造良好环境。政府在推进农业产业化经营过程中，要坚持支持、引导、协调、服务和规范的原则，充实完善扶持政策，多形式、多途径支持龙头企业和基地发展。支持，就是运用政策、立法、财政、金融等手段，支持投资加强基础设施建设，支持主导产业和特色产品开发，支持

---

① 庄丽娟.2000.我国农业产业化经营中利益分配的制度分析［J］.农业经济问题（4）：29 - 32.

② 雷玉明.2006.关于龙头企业与农户利益联结机制的研究［D］.华中农业大学.

科技创新，支持有发展前途的龙头企业和合作组织发展。引导，一方面要加强发展理念的引导，做到既积极又稳妥；另一方面要加强产业引导，坚持以市场需求为导向，根据各地实际，发挥比较优势，开创特色产品，创造优势品牌。协调，就是政府必须有一个权威的领导机构来加强协调，以克服因条条块块间的利益冲突而阻碍草业产业化经营的发展。规范，就是说草业产业化经营的构建和运作，尤其是龙头企业与农牧户和其他参与主体间的利益关系，必须建立在严肃的法律基础之上。根据形势发展制定法律法规和按照有关法律法规来规范龙头企业及其他参与主体的行为[1]。

第二，完善草业社会化服务体系。建立和完善诸如信息服务体系、科技推广服务体系、产品质量和标准检测体系、销售服务体系、物资供给服务体系等，在牧草的产前、产中、产后等各个关键环节开展技术、流通、信息以及贮运等全方位系列服务，同时不断拓宽销售渠道，逐步培育起不同层次并极具实力的草业服务组织，在此基础上，依靠健全的服务和销售网络，不断推动我国草业产业化的健康发展。政府要增大资金投入，金融机构要创新贷款形式，加大对草产品种植、加工的资金支持力度。通过政策引导、资金支持、环境治理等多种方式促进市场发育，推动草业产业化条件的不断成熟和完善。要积极推动各级财政逐步增大农业产业化专项扶持资金规模，重点在龙头企业的贷款贴息、出口补贴以及中介组织专项补贴等方面争取有所突破。

第三，加强基础设施建设，加快草业产业化发展步伐。目前，滞后的基础设施建设严重制约了草原牧区经济快速发展，进而影响了草业产业化发展水平。加快我国草业发展，从根本上而言，就是通过草原基础设施建设的不断完善，为草业的发展提供有利的前提条件。要积极开辟投资及融资渠道，坚持"谁投资、谁开发、谁受益"的原则，形成多元投资体系，调动全员力量，参与到基础设施建设当中。与此同时，基础设施的建设要与城镇化建设相结合，并遵循生态经济规律，在生态与经济社会和谐发展的前提下，借助草业产业化发展的进程来更好地促使城镇建设的生态化。

第四，发展地方特色经济和优势产业。按照区域化布局、专业化生产、规模化经营的思路，建设一批适应草原区资源特点的草畜产品生产基地。在基地建设上，充分利用环境污染较轻的资源条件，发挥优势，生产优质、绿色、无公害的农畜产品。

---

① 高传杰. 2010. 山东省农业产业化的现状分析与对策研究［J］. 山东农业大学学报（4）：13 - 16.

第五，加大草业科研开发和推广力度。要在高产栽培管理技术、机械化配套及粗加工技术、无公害、无污染生产管理技术等方面不断加大研究力度①，积极引进和推广优良品种及其配套生产技术，全面提高草产品的质量和市场竞争力。

第六，努力提高农牧民科技素质，增加草产品科技含量。广大农牧民自身的科学文化素质对我国草业产业化的发展也起着至关重要的作用，为更好适应草业科学性和技术性强的特点，努力做好各项相关培训工作，并通过培训及实施职业教育来提高广大农牧民的文化素质，进而形成农牧民"懂科技、学科技、促生产"的良好局面。通过农牧业技术的不断推广，解决草业发展过程中的科技"瓶颈"问题。此外，要努力促进产学研三者的结合，即利用先进的现代生物技术对初级草业产品进行技术改造，更好地发挥科技优势，不断提高草业产品的科技含量进而增加产品附加值，促使草产业与草原生态的持续发展。

---

① 李毓堂.2003.中国近现代草地管理开发科学技术的长期滞后与发展对策［J］.草业科学，20（10）：1-5.

12 草原牧区合作经济组织及其运行机制构建

改革开放以来，国家在草原牧区所实施的一系列的制度变迁，实质上，就是通过调整人与人之间、人与资源利用之间的利益联结机制，来实现经济增长、牧民增收的目的。在这一过程中，各种制度安排已经有意识或者无意识的触及了草原资源可持续利用问题。总体来看，牧区的制度变迁是趋向于草原资源可持续利用的，换句话说，草原牧区已经建立起了实现草地资源可持续利用的最基本的制度安排——家庭经营。农业生产的自然性、周期性以及空间的分散性，使得家庭经营成为农业生产最为有效的组织形式。但是，单个的家庭经营自身存在一定的局限性：一是它对经营规模扩张的局限；二是在市场竞争中，尤其是在农产品供给过剩的买方市场情况下，它缺乏市场谈判力和竞争力[①]。事实上，草原牧区的家庭经营已经遭受了来自各方面的挑战，导致牧区生产经营方式与草原生态系统之间的矛盾日益突出[②]。为了解决这些问题，人们开始将目光集中于草原牧区的合作经济组织重建，试图通过组织创新来克服家庭经营的缺陷，提高牧民的组织化程度，进而提升价格谈判上的强势地位和扩大市场份额，最终实现经济发展、牧民增收、草原可持续利用的目的。从另一个层面来讲，经济发展的实质是资源组合和配置的不断调整，而这又必然要通过制度变迁形成一系列新的制度安排，通过制度创新使新的制度安排有相应的组织载体[③]。也就是说，制度变迁本身就包含有组织创新的内容。基于以上两个方面的认识，研究草原的可持续利用就难以绕开合作化问题。牧民合作经济组织是草业、草原畜牧业产业化链条的核心节点，并且通过发展壮大及产业延伸，自身也可以实现产业化经营；牧民合作经济组织也是开启我国小规模草原畜牧业走向现代化的一把钥匙。

---

① 黄祖辉.2008. 中国农民合作组织发展的若干理论与实践问题. 中国农村经济（11）：4-7.

② 胡敬萍.2009-4-11. 内蒙古草原牧区合作经济组织发展现状及问题［EB/OL］.http：//www. brooks. ngo. cn/caoyuan/yjxz/070603. php.

③ 张晓山等.2002. 联接市场与农户——中国农民中介组织探究［M］. 北京：中国社会科学出版社，3-4.

12.1 草原牧区合作经济组织的发展历程及特征

12.1.1 合作经济组织的发展历程

新中国成立之后，伴随着草原牧区生产经营制度的不断调整，草原牧区合作经济组织的发展大致经历了合作化时期、人民公社时期和草畜双承包以来的三个阶段。

从 1947 年开始，随着我国少数民族地区草地产权制度的改革，激发了牧民的生产积极性，畜牧业生产得到了较快的发展。但是，随着生产的进一步发展，一家一户式的经营模式的弊端也逐渐显现，为了克服这一问题，牧民在生产中开始进行互助合作的实践。互助合作一般是以草地等生产资料私有制为前提，按照自愿互利的原则，在畜牧业生产过程中开展换工、生产工具共用以及共同投资购买生产资料、生产工具等活动。互助组的出现和发展，在很大程度上解决了传统畜牧业生产方式的不足，在克服自然灾害，提高畜牧业生产能力等方面表现出了极大的优越性，受到了牧民的广泛欢迎。然而，在全国农业合作化高潮的推动下，草原牧区的合作化运动受到了强烈的冲击，开始脱离了畜牧业发展的实际。进一步，由于人民公社化运动的到来，牧业合作化甚至于没有经过高级社阶段，直接进入了牧区人民公社时期。人民公社体制在牧区生产中的弊端和在农区中没有差别，低下的效率不但对牧业生产，而且对草地资源利用都造成了恶劣的后果。

适于 20 世纪 80 年代初开始的家庭经营制改革，在一定程度上明晰了（草场和牲畜）产权，确实调动了广大牧民的生产积极性和对自家草牧场建设、保护、合理利用的自觉性，使草原牧区的畜牧业生产出现了蓬勃发展的喜人景象。然而，随着市场经济的发展，市场竞争的加剧，以及制约草原畜牧业发展的各种因素影响，自 20 世纪 90 年代以来牧区开始出现了一些新的情况、问题和矛盾。牧民们根据本地区的实际情况，自发地组织起来，尝试进行经济组织制度的创新，以适应非平衡的草原生态系统特点和市场经济发展规律的客观要求①。

通过对草原牧区合作经济组织发展历程的考察，我们可以看出：①合作经济组织的确是顺应牧区经济发展的组织创新，在牧区具有较强的需求；②合作经济组织的发展要充分尊重牧民的意愿，否则的话，就会适得其反；③牧区合

---

① 胡敬萍 . 2007. 在希望的草原上——内蒙古自治区牧区的变迁与发展 [J]. 中国民族（8）：25 - 31.

作经济组织的产生和发展都是围绕着畜牧业生产而展开的，而很少针对草业的生产活动展开。这是由当时牧区经济发展阶段，以及整个社会发展阶段所决定的。制度变迁和组织创新都是具有路径依赖的特征，这些特殊的历史环境对牧区合作经济组织的影响，必将在合作经济组织后来的发展中有所体现。

12.1.2　合作经济组织的特征

虽然牧区合作经济组织的发展相对于农区合作经济组织来讲，发展相对滞后；而且相对于牧区经济的发展来说，也相对滞后，但是，牧区合作经济组织依然取得了不少的成就。通过对目前内蒙古、新疆、青海等牧区合作经济组织的现状考察，总体来说，牧区合作经济组织的发展特征表现在以下几个方面：

（1）**合作经济组织的数量增长速度不断提高，但是区域分布差异较大。** 农业部消息称，"十一五"末，我国农民专业合作社超过 35 万家，实有入社农户约 2 800 万，约占全国农户总数的 10％。牧区合作经济组织的增长出现了良好的增长势头，如 1996 年内蒙古第一个合作经济组织——获利保牧民协会成立到 2004 年 3 月，内蒙古全区共建了 183 个牧民合作经济组织，平均每年有 20 个左右的合作经济组织产生。可是到了 2006 年 3 月，内蒙古全区拥有的各类牧民合作经济组织的数量达到了 362 个，大约是 2004 年合作经济组织数量的 2 倍；截至 2009 年底，全区在工商部门登记注册的农牧民专业合作社有 5 919 个（含分支机构），比上年增加 4 500 多户，成员总数近 6 万户，入社成员占全区农牧业人口的 0.3％。但是，牧区合作经济组织的发展在区域之间呈现出不均衡的状态。其中，锡林郭勒盟的合作经济组织数量始终占全区合作经济组织数量的 40％以上，而且这一份额还在增加。

（2）**合作经济组织类型多样，但是发展程度有所差异。** 目前，草原牧区合作经济组织的类型大致可以归结为四种，即能人大户带动型、龙头企业带动型、村（嘎查）带动型、涉农部门带动型。这四种形式无论是从发起人、资金来源、人员组成以及内部组织结构等都存在差异，而且也都拥有各自的优点和不足。但是，需要明确的是这些形式之间是没有高下之分的，不同的经济、政策环境等外部条件对应不同的组织类型，没有一种类型能够在所有的情况下都适用。因此，合作经济组织类型的确定是经过对外部环境的仔细分析，对各种可选择形式进行全方位比较之后作出的选择。从牧区合作经济组织的现实来看，村（嘎查）带动型和能人大户带动型占有绝对的优势，这反映出，牧区合作经济组织的主要是内生于社区之中，是牧民的一种原生性需求，表达出牧民希望通过组织起来共同应对自然风险和市场风险的意愿。同时也反映出，外部力量（企业和地方政府）对牧区合作经济组织发展的帮助和支持还有待加强。

(3)合作经济组织围绕草业产业全面开花，但是主要集中在畜牧业生产方面。目前，在草业的横向和纵向产业链条上都存在着相应的合作经济组织。但是，如果将这些合作经济组织进一步分类，可以发现，畜牧业生产方面集中了绝大部分的合作经济组织。牧区合作经济组织在畜牧业生产方面开展的合作贯穿了畜牧业生产活动的产前、产中和产后。具体包括：畜种改良、资金支持、生产资料的购买、畜产品的销售、劳动力互助、生产设备互助等诸多内容。特别是，合作经济组织在畜产品销售方面更是发挥了最重要的作用，不但打通了畜产品的销售渠道，而且提高了牧民的畜牧业经营收入，为牧区经济发展作出了积极的贡献。

而其他诸如饲草生产、草产品加工、生态保护等方面的合作经济组织数量相对较少。这类合作经济组织以草地资源经营为核心，通过各种合作形式，试图实现草地资源的可持续利用。其具体的合作方式包括以下内容：共同建立人工草场提高草地产草效率，弥补天然草场的供草缺口，防止天然草场过度利用；为成员提供优质的草籽和人工种草技术；促进成员间共同使用打草机等设备，降低投资成本；延长放牧半径，实行划区轮牧和季节性轮牧，促进草原的恢复；以承包或租赁的方式，鼓励草场的产权流动，提高草场的利用效率，同时避免草场超载，合理利用和保护草原；提供草原利用的各种基础设施建设。牧区在草场利用方面的合作虽然取得了一些成效，但总的来说还处于探索和尝试阶段，有待于进一步发展。

(4)合作经济组织取得了较好的成效，但是仍存在诸多不利于草原可持续利用的问题。虽然牧区现有的合作经济组织对于牧区的畜牧业生产，草地资源保护等起到了很大的作用，但是，合作经济组织发展中存在的问题也日益显现。这些问题既包括合作经济组织自身的问题，也有合作经济组织发展的外部环境中的问题。

总体来看，牧区合作经济组织存在合作规模小、层次低、带动作用不强以及流于形式现象严重等问题。合作经济组织存在的这些问题，不但影响了合作经济组织自身的发展，而且给整个牧区的社会经济发展也产生了不利的后果。尤其是在对草场的合理利用，保护草原生态方面，有些合作甚至一定程度上走向了反面。如围封禁牧后，不是每个地方、每个合作经济组织都有条件并适合种植饲料地。在不适合开垦的地方种植饲料地，只会造成对草根的破坏，进而对草原生态产生不利的影响。此外，在什么地方种什么样的草、种植多大面积等，也同样需要认真考虑和评估对草原生态环境所带来的影响。在草场整合方面，如果集体有统一经营的草场，实行轮牧还比较容易，但在草场全部划分到户的情况下，打破户与户之间的界限，实行小范围的游牧也比较困难。其中既有草场承包政策的压力，又受牧民独家独户经营习惯的影响，也与不同牧民拥有的草场数量和质量不同有关，拥有草场数量较多且以前对草场投入多的牧户不愿意和草场数量少且质量差的牧户把草场合在一起。此外，草场的流转也需要考虑生态影响，目前的草场流转往往会造成过度放牧，对草原生态保护起了反向作用，草场越流转，退化越严重①。

12.2 草原牧区合作经济组织产生和发展的现实原因

在上一节中，我们考察了牧区合作经济组织的发展历程，分析了合作经济组织的主要特征。要对合作经济组织的未来发展有所把握，就需要对其得以形成和发展的原因进行探索，虽然我们强调组织创新过程中的路径依赖，但是，这仍然不足以说明问题。因此，我们还需要进一步探索合作经济组织产生和发展的现实原因。概括而言，牧区合作经济组织产生和发展的原因，与政策环境、牧区经济发展、自然条件以及草原文化保护等方面密切相关。

12.2.1 政策环境

牧区合作经济组织的产生和发展和两类国家政策紧密相关：一是保护草原生态环境的相关政策；二是鼓励发展合作经济组织的相关政策。随着家庭承包经营在草原的逐步推行，为了防止草原退化、保护草地生产力的各项政策也陆续出台，例如轮牧、休牧、禁牧、退牧（耕）还草等。在这两类政策的相互作用之下，牧区的合作经济组织便有了成长的空间。例如，禁牧、休牧等政策的实施，使得部分牧区的生产方式由自由放牧转变成舍饲或半舍饲养殖，牧草的需求量随之增加，人工种草便应运而生。为了节省投资，提高机器的利用效率，牧民们便联合起来购置打草机，共同使用。

另一方面，合作化与合作经济组织在促进传统农业向现代农业转型中的局部成功，使国家对合作经济组织的发展给予极大重视，出台了一系列的政策措施。例如，从 2004 年起，农业部开展农民专业合作组织示范项目；农业部农业标准化示范项目、畜牧养殖小区、阳光工程培训等项目建设中，都将农民专业合作社列入实施载体；出台《关于做好农民专业合作社金融服务工作的意见》、《关于开展农民专业合作社示范社建设行动的意见》、《关于农民专业合作社有关税收政策的通知》等改善农民专业合作社发展的外部环境；推进"农民

---

① 杨丽 . 2008. 内蒙古牧民合作与组织的现状与特征［J］. 北方经济，(5)：11－13.

专业合作社示范社建设行动"等等。虽然这些政策出台的目的主要是针对农业展开的，但是，国家政策的公共性特征，直接催生了牧区合作经济组织的产生和发展。除了国家的合作经济组织政策，地方政府也都出台了促进合作经济组织发展的优惠政策，并且还配套相应的项目经费。如内蒙古出台了在这些政策的作用之下，牧区合作经济组织迅猛发展。

12.2.2　牧区生产经营现实

　　牧区生产经营面临市场风险的同时，还要遭受各种自然灾害带来的风险。只有将牧民组织起来，建立风险共担机制，才能有效的应对这两种风险。家庭经营制的确立是牧民获得了经营自主权，极大地激发了牧民的生产积极性。但是，实力弱小的牧民在面对市场的汪洋大海时，表现出了极大地脆弱性和弱质性。一方面，由于交易费用过高，单个牧户难以获取全面准确的市场信息，从而造成了畜产品卖难问题；另一方面，单家独户式的生产方式，难以实现标准化、品牌化、专业化、规模化生产，造成产品成本高、质量差，缺乏市场竞争力。尤其是进入 21 世纪后，我国农牧业发展的外部市场环境更加严峻，既面临国外优质农畜产品的竞争挤压，也面临国内农牧业结构调整中出现的部分优质农畜产品"卖难"、价格波动剧烈、农产品质量安全水平要求提高、提高农牧业效益等挑战[①]。解决这些问题，就需要把牧民组织起来，通过在生产环节的联合，提高畜牧业生产的规模化、专业化程度，提高畜产品的市场竞争力；通过在销售环节的联合，形成代表自身利益的组织或者团体，改变在市场谈判中的弱势地位，保障自身的经济利益。

　　以放牧为主的草原畜牧业具有脆弱性的特点。干旱、寒潮、暴风雪、大风、急剧降温等灾害性天气，常会给畜牧业生产带来严重的危害[②]。而且相关研究表明，近年来随着气候变暖，内蒙古干旱、洪涝等灾害发生频率呈不断增加趋势[③]，鼠害等生物灾害也日益严重，畜牧业经营面对着高概率的自然灾害风险。分散的牧户遭受自然风险以后，不但遭受严重的经济损失，而且在短期内也很难迅速恢复生产，从而连全家的生计也难以为继。在这种情况下，如果牧民能够联合起来，在遭受灾害时共同防御，将灾害的风险降到最低水平；在灾害发生以后，通过彼此合作共渡难关。

　　① 于战平.2011.中国农民专业合作社发展问题的思考与建议 [J]. 经济研究导刊 (7)：53 - 55.

　　② 吴孝兵.2001.草原畜牧业与灾害性天气 [J]. 当代畜牧 (3)：22 - 24.

　　③ 兰玉坤.2007.内蒙古近 50 年来气候变化特征研究 [D]. 中国农业科学院研究生院硕士学位论文.

12.2.3 保护草原生态文化

草原是整个牧区生产、生活方式得以产生和发展的资源基础，在牧区的经济社会文化发展中具有难以替代的地位。草原文化是和草原生态融为一体的，草原兴则草原文化兴，草原竭则草原文化衰。在草原游牧时期，草原的生态环境都能得到较好的保护，其主要原因在于，草场之间轮牧的方式能够使草场得到休养生息，使草原的消耗和自然生长保持平衡，从而实现草原的可持续利用。而近代以来，中国的草原遭受到了极大的破坏，资源基础已经比较薄弱。改革开放以来的牧区家庭承包经营制改革，虽然通过明晰产权改善了微观经营机制，调动了生产积极性，但是，草地资源可持续利用的局面并没有如期而至。相反，中国的草原生态依然处于继续遭受破坏的境地，如何在促进牧区经济发展的同时，保护草原生态进而保护草原文化成为社会关注的焦点。社会上一部分有识之士，通过对历史的反思，提出让牧民联合起来，通过小范围的轮牧来实现保护草原生态的目的。

12.3 草原牧区合作经济组织内部运行机制设计

12.3.1 国内外经验借鉴

（1）经典合作社理论的启示。 随着国际合作社运动的深入发展，合作社理论也不断的演进。通过对100多年来合作社理论演进的考察，可以发现：成员入社自由、内部民主管理、组织的所有者和惠顾者同一、资本报酬有限以及按照惠顾额分配利润等，作为合作社的原则自罗虚戴尔公平社以来始终没有改变①。这些原则成为合作社区别于其他经济组织（主要是企业）的核心特征，是合作社的本质性规定。

与此同时，我们还可以看到另外一种趋势，那就是在坚持公平和效率原则的同时，非常注意原则的适应性。也就是说，合作社运行机制的设计具有很大的弹性，始终注意促进而不是束缚合作社的发展。首先，自愿和开放的原则扩大了合作社成员的来源范围，能够最大限度的获得来自社会各方面的资金和劳动的支持；其次，有条件的放弃了"一人一票"式的决策机制，提高了合作社的运作效率。再次，其他原则也都在用更为宽泛、弹性的规定，

---

① 徐旭初 . 2005. 中国农民专业合作经济组织的制度分析［M］. 北京：经济科学出版社：43-45.

强化合作社而不是限制约束合作社的发展。经典合作社理论的对合作社原则规定的"不变"与"变",为我们设计牧区合作经济组织运行机制提供了理论指导。

(2) 美国新一代合作社的启示。美国是世界上农业最发达的国家之一,美国农业的成功得益于很多因素,其中,合作社在农业生产中的广泛应用,对美国农业的发展起到了非常重要的积极作用。美国新一代农业合作社的内部运行机制和组织原则,对中国牧区合作经济组织的发展具有相当重要的借鉴及启示。与传统的合作社相比,美国新一代合作社是在全球经济一体化、信息化发展的情况下应运而生的,是对新形势、新变化的适应与调整。美国新一代合作社在坚持合作社核心原则的基础上,发展出了很多新的特征,这些新特征的引入,为美国新一代合作社的发展提供了强大的生命力。这些特征主要表现为:①初始投资依然由社员提供,但是由于产业链的延长,需要的投资额成倍增加,这就要求社员提供的初始投资额也有很大幅度的增加。这一点对牧区合作经济组织的启示是,从长远来看,产业链的延伸固然提高经营收入,但是,其初始投资也需要相应的增加,这对于资金短缺的牧区,经营规模小的牧民来讲是不现实的。②合作社的社员入社自由,退社自愿,但是退社不能退股,而只能将其股份进行转让,也就是说,在新一代合作社内部成员资格是封闭的。不能退股是对成员参与权的约束,但从另一方面讲,股份的转让又能保证退社成员的经济利益。③继续实行"一人一票",在此基础上还给予投资额相应的表决权。这一方式,既保证了公平性,又体现了资本的作用,兼顾了效率提高了积极性。④允许外部资金入股,但是这部分资金只可以分红,没有投票权;而且分红比例还有最高额限制。⑤采取专家管理方式。合作社的领导人通常是具有高级管理才能的人,那么,合作社就成为以专家顾问的建议为基础的代理机构,每一项重大事项都需要经过可行性研究才能够被实施①②③。在我国目前的牧民专业合作社中,类似于这样的合作社也不少,但与欧美国家的新型(新一代)合作组织相比,主要的差异在于:欧美国家的新型(新一代)合作组织是在传统合作组织的基础上发展起来的,是农民合作占主导、以股份为辅的股份合作制;而我国的新型(新一代)合作组织大多是在公司或农牧业龙头企业的基础上发展起来的,因而基本上是牧民合作不占主导,而是以企业(股份)控

---

① 王震江.2003.美国新一代合作社透视 [J].中国农村经济(11):72-78.

② 张木生.2006.美国新一代合作社的特征、绩效及问题分析 [J].现代农业装备(6):8-12.

③ 赵玻.2007.美国新一代合作社:组织特征、优势及绩效 [J].农业经济问题(11):99-103.

制为主①。

美国新一代合作社在内部组织方面进行的革新，不但为中国牧区合作经济组织的内部机制设计提供了思路上的指导，而且还提供了直接的实际操作方面的借鉴。

12.3.2 草原牧区合作经济组织内部运行机制设计的原则

具体来说，牧区合作经济组织内部运行机制设计需要遵循以下几个原则：

第一，坚持合作社的本质规定。牧区合作经济组织的基本性质是合作社，因此，其内部运行机制的设计不能背离合作社的本质规定。尤其是，合作经济组织的内部设计可以借鉴企业内部设计的优点，但是，需要特别注意和企业的区别，不能完全照搬企业的一些做法，否则的话，很可能就改变了合作经济组织的性质，从而导致合作经济组织在事实上的失败。

第二，坚持因地制宜的原则。内蒙古牧区地域广阔，牧区内部经济发展状况、经济发展方式、资源条件等千差万别，这些外部环境的差异，必然要求合作经济组织的内部设计不能整齐划一。强迫一刀切不但会形成运行机制的讲话，而且还会由于没有照顾到外部环境的差异而水土不服。国际合作社理论的演变以及美国新一代合作社的产生和发展都表明，在坚持合作社本质规定的基础上，因地制宜，相机抉择采取合适的具体操作方式才能够使合作经济组织更加具有生命力。

第三，坚持民办民有民为主的原则。牧区社会经济发展状况决定了合作经济组织的发展离不开外部力量的支持，尤其是地方政府在资金、技术、政策等方面的大力支持是合作经济组织发展的必要条件。但是，这里就需要防止政府主导合作经济组织发展的倾向。政府过多地介入合作经济组织的内部管理，一方面会由于其在信息方面的不完全性，难以对合作经济组织的日常发展做出准确的判断；另一方面政府自身的官僚作风被带入合作经济组织内部，将会导致合作经济组织的内部运行缺乏效率。因此，政府应该坚守合作经济组织发展看护人、扶持人的身份，不应该过多介入到合作经济组织的内部运行当中，使合作经济组织保持民办民为主的特性。

第四，机制运行的可操作性。从理论上讲，我们可以为牧区合作经济组织的内部运行进行完美的设计。但是，交易成本的存在使进行合作经济组织的完美设计成本过高，如果降低成本的话，又会造成形式的僵化单一化。因此，从

---

① 黄祖辉.2008.中国农民合作组织发展的若干理论与实践问题[J].中国农村经济(11)：4-7.

成本节约和可操作性的角度考虑，牧区合作经济组织的设计不可能追求完美，而往往是一种次优选择。

12.3.3　草原牧区合作经济组织的融资机制

目前，牧区合作经济组织面临的一个最大问题是资金问题，资金短缺不但导致了合作经济组织的产生不足，而且限制了合作经济组织的进一步发展。因此，优化合作经济组织的融资机制是促进牧区合作经济组织发展的当务之急。

（1）社员必须认购股份。从国内外的经验来看，社员认购股份是合作经济组织获得初始资金的主要方式之一。对于股金数量的多少，合作经济组织可以根据当地的具体情况做出决定。让社员认购股金不但有利于解决资金问题，而且可以强化合作经济组织的凝聚力。随意性的入社和退社的结果是弱化了社员的责任意识和权利意识，不利于合作经济组织的正常运作，难以取得合作的效益。而要求社员认购股金，可以使社员的入社和退社通过股金的转让有序进行，既体现了成员入社、退社自由，又保证了合作经济组织的正常运转。在牧区资金短缺的现实下，采取按照生产规模入股的方式无疑是一条不错的选择，在这样的安排下，无论是采取按股份分配还是按照惠顾额分配的方式，都能够实现惠顾者和投资者剩余索取权的统一，这样就较好的解决了会员的激励问题。不过，按照生产规模分配股份需要加入一定的限制，主要是限制股份的最高比例，以免出现一个或者几个股东控制的局面[①]。

（2）适当接纳外部投资资金进入。对于合作经济组织的发展来讲，除了生产者的初始投资以外，还应当允许一些投资资金存在。其原因在于：一是由于牧区资金短缺，社员均等的股金认购难以满足合作经济组织发展的需要，投资资金的介入可以解决这一问题；二是，与投资资金相伴随的往往是市场信息、销售网络、管理经验等等，这些对于牧区合作经济组织的发展显的更为重要，投资资金进入合作经济组织的同时，这些因素也会随之进入，那么，合作经济组织及具备了可持续发展的条件。但是，投资资金的进入首先损害的是社员之间的同一性，这又会损害到一般会员的利益，难以体现合作经济组织的设立目标，最终也会影响到合作经济组织的可持续发展，因此，需要对合作经济组织中投资资金的份额进行限制。一般来说，在牧区合作经济组织的成员中，牧民数量至少应当占成员总数的80%，牧民的股金总额也应保持这一比例。具体来说，合作经济组织的成员总数在20人以下的，可以有一个投资人（企业、

---

① 温娟．2009．内蒙古牧区专业合作经济组织发展研究——以锡林郭勒盟为例［D］．内蒙古农业大学硕士学位论文．

事业单位或者社会团体成员）；成员总数超过 20 人的，投资人总数不得超过成员总数的 5%。

（3）设立政府投资"虚拟法人"。地方政府一直是合作经济组织资金来源的主要提供者之一，但是，政府以前的无偿投入方式不利于改善牧户的收入状况，而且这种一次性投入的方式其使用效率也极为低下。因此，政府需要改变对合作经济组织资金扶持方式，改变以前的无偿投入为入股分红。具体来说，地方政府投入资金购买合作经济组织的股份，这部分股份在合作经济组织内部就形成了一个虚拟法人，可以参与合作经济组织的分红。但是，为了限制政府对合作经济组织的干预，可以规定"虚拟法人"不能够参与专业合作经济组织的决策。最后，"虚拟法人"获得分红以后可以将其在此分配给会员，这样不用增加政府投资的数量，只是改变其投资的方式，不但提高了普通牧民的收入，而且没有改变组织内部的剩余所有权和剩余控制权对等的结构，不会影响到合作经济组织的激励机制。可谓一举而两得。

12.3.4　草原牧区合作经济组织的组织机制

（1）限制会员资格。对会员资格进行限制是很多合作社保证成员成分的重要手段。一般来说，由于合作经济组织性质的不同对会员资格的限制也会有所差异：结构相对松散的专业协会，通常不会限制成员的资格，可以说是充分的"入社自由"；而对于结构紧密的合作经济组织，往往会设置一些严格的入社条件，例如生产经营规模、技术专业水平、入社资金上下限等。从牧区合作经济组织发展的现状来讲，对会员资格进行限制是有必要的，具体的限制手段则可以灵活采用。会员资格的限制不但可以保证会员成分的相对同一性，而且可以适当的提高会员入、退社的随意性，强化合作经济组织的凝聚力，提高组织收益。

（2）"三会"的设置。理论上来讲，牧区合作经济组织内部应该具有健全的"三会"——成员大会（或成员代表大会）、理事会和监事会——共同管理、相互制约的组织结构。其中，成员大会（或成员代表大会）是组织的最高权力机构，每年召开一次会议，决定组织的重大事项以及组织的发展方向。理事会是合作经济组织的日常管理机构，由成员大会选举产生，对会员大会负责，在成员大会休会期间执行合作经济组织的经营决策职能。理事会的各项决定必须与成员大会一致，不能违反成员大会的决议。监事会是合作经济组织的监督机构，主要职能是代表全体成员监督和检查理事会的各项工作。实践中，合作经济组织的实际运行并不一定必须健全"三会"。尤其是在组织的初创阶段，由于成员较少、业务单一，召开成员大会的成本非常低，而且容易组织，因此，建立理事会和监事会就显得多余了。随着组织的成长，成员和业务量的增加，召开成员大会的成本也开始上升；与此同时，经过前一阶段的锻炼，有一部分成员的经营能力也得以显现，那么设立理事会就可能显得必要也可行了。

12.3.5 草原牧区合作经济组织的决策机制

无论是从牧区合作经济组织的现实条件，还是国际上合作社发展的实践来看，"一人一票"制的决策机制都有进行适当调整的必要。

（1）**一人多票和多人一票相结合的决策模式。**这种机制既考虑了公平又体现了效率。具体做法是，合作经济组织根据会员的经营规模、股金多少、个人技能等多个指标，通过综合测评的方式来决定投票权利的大小。综合测评权利大的会员可以多分配票数，即一人多票，这样就能使对组织贡献大的会员获得较大的剩余控制权；综合测评权利不够一票的几个会员可以自由组合为一票，即多人一票，这样就可以避免普通会员因为股份、经营规模等较小而在决策时受到忽视的情形。与此同时，组织还可以通过设定最低和最高限额，防止某些会员的权利受损或某些会员对组织的控制。一人多票和多人一票相结合解决了"一人一票"中存在的缺点，也充分考虑了牧区合作经济组织的现实，因此，可以作为现阶段我国牧区专作组织的基本决策模式。

（2）**制定科学的决策程序和决策内容。**科学的、制度化的决策程序和决策内容不但能够降低决策中的随意性，提高决策的效率和质量，而且有助于防范决策中的机会主义行为。科学的决策程序大致可分为发现问题、确定目标、搜集资料、制定方案、评估和优选方案、贯彻实施、反馈及追踪检查等七个过程，在实际中，合作经济组织可以根据自身的情况进行筛选，确定几个过程作为本组织的决策程序。其中最关键的是确定的程序一定要明确下来，形成制度。针对合作经济组织的特征，其决策的内容应该包括以下几点：合作经济组织的融资方式和数额的确定以及社员退社时入股金的处理办法；投资项目如何选择以及投资后的项目合理运行；盈余分配和确定盈余公积的比例问题；社员资格制度，吸纳新社员的方式和周期，管理层薪酬，等等。

12.3.6 草原牧区合作经济组织的利益机制

（1）**利益联结方式。**按照横向一体化和纵向一体化的产业链条，牧区合作经济组织的利益联结方式包括以下五种：一是生产服务的联结。这种范式围绕着生产技术的交流和推广，将有相同科技服务需要的牧民联系起来。二是销售服务的联结。这种方式主要是利用组织发达的销售渠道以及较强的谈判地位，帮助成员销售其产品，通过解决牧民的销售难问题，提高牧民收入。三是生产销售的联结。合作经济组织的服务将贯穿于整个生产和销售环节，可以说是前面两种方式的有机结合。简单得说就是，将销售环节产生的利润按一定比例分成，二次返利给社员，解决会员增收问题。四是股份合作联结。这种方式纯粹是资本的联结。五是生产与资本的联结。合作经济组织的成员和龙头企业共同投入生产资料，生产出产品以后由龙头企业统一加工、销售，增值部分则按比例在合作经济组织和龙企业之间分成，从而实现利润均沾、风险共担。

（2）利益联结机制优化。事实上，利益机制在整个合作经济组织中处于核心的地位，利益机制的好坏直接激励或约束着参与主体的行为。因此，利益机制的设计也就显得较为重要了。就目前来讲，牧区合作经济组织的目标除了促进畜牧业发展以外，还要实现草地资源的可持续利用。按照经济学理论，只有使要素投入的边际收入相等，才能够激励该要素投入达到社会合意的水平。牧区合作经济组织中现存的利益联结方式，事实上就是为了提高牧民的各项要素投入的回报率而采取的努力。从结构来看，这些方式都在一定程度上实现了这一目标，提高了牧民收入。而且，随着合作环节从单纯的生产或者销售环节，向产销整个环节的深化，牧民还能获得二次返利，这就进一步提高了牧民的收入，可以说是较好的利益联结方式。因此，要继续扩大这种利益联结方式，按照《农民专业合作社法》在分配上按成员与本社的交易量（额）比例返还，返还总额不得低于可分配盈余的 60%，真正的将流通和加工增值部门的利润让利于普通社员[①]。

不过，以上的方式依然只是关注除了草地资源以外的要素回报问题，草地资源回报依然受到忽视。草地资源价格的扭曲的结果是，为了提高总收入，草地资源可能遭到更大强度的利用。因此，更为合理的利益联结机制应当是利润分配进一步向草地资源倾斜。在合作社和社员按照交易量返还利润之前提取一部分草原建设基金，按照社员草场面积进行补贴。而且，对草原质量改善进行评级，质量改善越多给予补贴越多，这样就相当于提高了草地资源的价格，促进牧民保护草原。

12.4　完善草原牧区合作经济组织的措施

第一，摒弃偏见、明确思路。牧区合作经济组织的发展主要为要畜牧业生产展开这是不争的事实，草业发展受到了合作化的忽视也是显而易见的。在未

---

① 孙浩杰.2008.农民专业合作经济组织生成与运行机制研究［D］.西北农林科技大学博士学位论文.

来的发展中，合作经济组织应该将其视野放到整个草原可持续发展这样一个大的战略选择之下，积极深入到草产业领域。从而为牧区合作经济组织的发展找到一个更大的舞台。

在这样的认识之下，要进一步明确牧区合作经济组织的发展思路。草畜平衡、草畜和谐是草原可持续发展追求的目标①，同时也是合作经济组织追求的目标。那么在未来的发展中，合作经济组织对这两者都不能偏废，而要使他们相得益彰，共同发展。

第二，加大宣传、扩大影响。牧区各级政府和涉牧部门应积极利用各种手段、各种途径在牧区宣传合作化和合作经济组织的作用和意义，提高广大牧民对其认识，从而激发他们参加合作经济组织的积极性。与此同时，还要注重对基层牧区干部的宣传和培训，使他们充分理解合作经济组织的重要价值、掌握发展合作经济组织的相关知识和技能，从而为引导和服务于合作经济组织做出贡献。

向社会各界宣传牧区合作经济组织发展的状况、意义等也是不可缺少的工作。通过这些活动，向牧区以外的那些关心牧区发展的人们即使传达牧区合作经济组织的发展成就，向他们通报合作经济组织发展中村存在障碍，有助于争取他们舆论上、资金上、技术上的支持，从而推动合作经济组织在牧区的大发展。

第三，积极引导、政策扶持。对于牧区合作经济组织的发展，社会各界投入了相当的精力，期望其能够在牧区生根发芽。但是，合作经济组织的发展又要尊重经济发展规律，要充分尊重当地牧民的意愿，不能采取强制的手段来实现。因此，社会各界要从历史和国际实践中汲取经验，采用各种手段引导牧民参加合作经济组织。

合作经济组织的发展离不开政府的大力支持，而宽松的政策环境是政府支持的核心内容。截止目前，从国家到县（旗）的各级政府已经为牧区合作经济组织的发展提供了一整套的扶持政策，但是，这些政策相对于合作经济组织的发展依然略显不足。今后政策扶持的方向应该是：一方面要继续加强政策扶持的力度，不能点到为止，要落到实处，尤其是要有实质性的资金和项目支持；另一方面，要注意政策的瞄准性，避免政策之间的扯皮和相互掣肘，并且要防止基层中出现的机会主义回应，消除政策执行过程中的漏出效应。

第四，多方投入，筹集资金。积极推动农村金融体制改革，建立完备新型农村合作金融体系。为牧区合作经济组织的发展，创造基本的融资环境。积极

---

① 贾幼陵.2005.关于草畜平衡的几个理论和实践问题［J］.草地学报，13（4）：265-268.

发展农村合作金融，通过牧民之间的互助合作从根本上解决牧区合作经济组织资金不足的问题。而且，适时在农村信用合作社中开展针对合作经济组织的新业务，提高其服务合作经济组织的业务水平和服务质量。要拓展农业发展银行的业务范围，把对牧区合作经济组织的支持作为其重要业务之一，建议农发行尽快制定出对牧区合作经济组织支持的相关领域，由县（旗）级农发行具体实施。鼓励农业银行，继续拓展其在畜牧业领域的业务，为专业合作经济的发展做出贡献。

总之，实现我国草原的可持续利用是一项庞大的综合的社会系统工程，除推广科学合理的经营模式、拥有良好的产业组织体系外，还需要完善国家的草原生态补偿机制、政府和金融部门的资金支持、严格的草原监控制度、完善的社会化服务体系等。

参 考 文 献

敖仁其，胡尔查．2007．内蒙古草原牧区现行放牧制度评价与模式选择［J］．内蒙古社会
　　科学，（3）：71-74．

暴庆五．2001．游牧蒙古人的生态观，游牧文明与生态文明［M］．呼和浩特：内蒙古大学
　　出版社．

包爱国等．2004．典型草原退化草场围封禁牧、切根、免耕松土改良措施对比实验研究
　　［J］．农村牧区机械化（1）：13-14．

包俊臣．2005．如何加快农牧业产业化进程［J］．北方经济（1）：24-27．

鲍文．2009．青藏高原草地资源发展面临的问题及战略选择［J］．农业现代化研究，（1）
　　20-23．

巴嘎那．2007．积极发展农村牧区合作经济组织［J］．实践（理论思想版）（Z1）（11-12）：
　　52-53．

蔡平．2005．经济与生态环境协调发展的模式选择［J］．齐鲁学刊（4）．

蔡守琴．2010．基于产业化经营的青海特色农牧业发展研究［J］．资源开发与市场，26
　　（11）：1005-1008．

蔡志强．2001．农业产业化经营龙头企业组织机理和运营模式研究［D］．河北农业人学．

常秉文．2006．合理利用草原发展草原畜牧业［J］．中国畜牧杂志（12）：23-25．

常凤容，李蕴华．1996．科尔沁草甸草原肉牛育肥优化模式系统研究［J］．内蒙古畜牧科
　　学（2）：4-8．

陈继红，杨淑波．2010．国外农业产业化经营模式与经验借鉴［J］．哈尔滨商业大学学报，
　　（4）：73-74．

陈丹丹，任保平．2007．西部地区经济与生态互动发展模式研究［J］．延安大学学报（社
　　会科学版）（1）．

陈洁．2007．典型国家的草地生态系统管理经验［J］．世界农业（5）：48-51．

陈佐忠．2008．走进草原［M］．北京：中国林业出版社．

陈韶华等．2009．浅谈锡林郭勒盟地区气候变化特征［J］．内蒙古科技与经济（12）：27．

陈敏等．1998．改良退化草地与建立人工草地的研究［M］．呼和浩特：内蒙古人民出版
　　社．

陈印军．2003．青藏高原特色农业发展的四大重点产业［J］．中国农业信息（1）：15．

陈剑．2010．加快农业产业化经营发展模式及路径选择［J］．农业经济（1）：22-23．

崔庆虎等．2007．青藏高原草地退化原因述评［J］．草原科学（5）．

池泽新等．2004．关于农业中介组织若干问题的探讨［J］．农业经济问题（5）．

丛英利，谈锐．2006．从农牧结合看现代畜牧业的发展［J］．新疆畜牧业（6）．

丁一汇，任国玉．2008，中国气候变化科学概论［M］．北京：气象出版社，71-72.

丁佩秋．2010．锡林郭勒草原保护存在的问题及对策研究［J］．内蒙古草业（3）：26-28.

杜小娟，程积民．2007．西藏当雄县草地退化成因分析及开发利用研究［J］．安徽农业科学：35

恩和．2009．内蒙古过度放牧发生原因及生态危机研究［J］．生态经济（6）．35（19）：5853-5855.

额尔敦布和．2001．游牧业的变迁及草原畜牧业的可持续发展［M］．呼和浩特：内蒙古大学出版社．

方凯，刘洁．2009．农业合作社发展的国际经验及对我国的启示［J］．广东农业科学（8）．

富志宏，孟慧君．2007．牧区新型合作经济发展问题研究［J］．北方经济（10）．

高娃．2008．内蒙古草业产业化经营现状和发展思路［J］．中国草地学报（1）：102-106.

高煦照．2007．论农业产业化的理论渊源及特征［J］．沿海企业与科技（10）：24-25.

高传杰．2010．山东省农业产业化的现状分析与对策研究［J］．山东农业大学学报（4）：13-16.

根锁，杜富林，鬼木俊次等．2009．东北亚干旱地区可持续农牧业系统开发研究［M］．呼和浩特：内蒙古科学技术出版社．

格根图等．2006．草地休牧、禁牧期家畜饲草供给模式探讨［J］．中国草地学报（3）：60-65.

郭旭红．2007．我国西部地区生态环境建设问题的制约因素及对策［J］．青海民族研究（1）．

郭庆宏，安宁．2006．草业发展现状与趋势［J］．中国牧业通讯（7）：15-16.

郭红东．2006．龙头企业与农牧户定单安排与履约理论的实证分析［J］．农业经济问题，（2）：36-42.

郭伟奇．2010．畜牧业适度规模经营及影响因素分析［J］．现代农业（1）．

郭淑琴等．2007．保护性利用退化草牧场发展可持续草原畜牧业［J］．内蒙古草业（4）．

关世英，齐沛钦，康师安等．1997．不同牧压强度对草原土壤养分含量的营养初析［A］．见：中国科学院内蒙古草原生态系统定位研究站编．草原生态系统研究［C］．第5集．北京：科学出版社，17～22.

耕地灌溉与水资源—近十年新疆耕地资源动态变化研究［EB/OL］．http：//www. sh-hua-wei. com/read_news. asp? id=497，2009年11月30日．

韩建国，孙洪仁．2008．怎样保护和利用好草原［M］．北京：中国农业大学出版社．

韩建国．草产业发展前景广阔．中国畜牧报（1）．2008-05-01.

郝益东．2002．国外畜牧业考察文集［M］．呼和浩特：内蒙古人民出版社．

何天明．2011．农牧结合—古代北方草原农业的突出特点［J］．内蒙古社会科学（汉文版）（1）：37-42.

何晓红，马月辉 . 2007. 由美国、澳大利亚、荷兰养殖业发展看我国畜牧业规模化养殖
　　［J］. 中国畜牧兽医，（4）：149 - 152.

何秀荣 . 2010. 比较农业经济学［M］. 北京：中国农业大学出版社，165 - 179.

何广礼 . 2010. 锡林郭勒典型草原生态系统服务功能的探讨［J］. 畜牧与饲料科学（3）.

贺有龙等 . 2008. 青藏高原高寒草地的退化及其恢复［J］. 草业与畜牧（11）：1 - 9.

海山，斯琴 . 2000. 内蒙古草原牧区可持续发展问题初探［J］. 区域开发（2）：113.

黄祖辉 . 2008. 中国农民合作组织发展的若干理论与实践问题［J］. 中国农村经济（11）：
　　4 - 7.

黄钦琳 . 2010. 新疆畜牧业生产中存在的草场问题分析［J］. 商业经济（5）：88 - 89.

胡敬萍 . 2009. 4. 11. 内蒙古草原牧区合作经济组织发展现状及问题［EB/OL］.

http：//www. brooks. ngo. cn/caoyuan/yjxz/070603. php.

胡敬萍 . 2007. 在希望的草原上——内蒙古自治区牧区的变迁与发展［J］. 中国民族（8）：
　　25 - 31.

侯向阳 . 2010. 发展草原生态畜牧业是解决草原退化困境的有效途径［J］. 中国草地学报
　　（7）.

贾幼陵 . 2005. 关于草畜平衡的几个理论和实践问题［J］. 草地学报 . 13（4）：265 - 268.

贾林蓉 . 2009. 对农业适度规模经营的内涵理解和实现途径初探［J］. 安徽农业科学
　　（36）.

课题组 . 2006. 内蒙古草业产业化发展战略研究，内部资料（12）：48 - 49.

刘爱军等 . 2003. 内蒙古 2003 年天然草原生产力监测及载畜能力测算［J］. 内蒙古草业
　　（4）：1 - 3.

刘爱军等 . 2003. 锡林郭勒盟草原禁牧休牧效果监测研究［J］. 内蒙古草业（3）：1 - 4.

刘加文 . 2009. 必须高度警惕新一轮草原大开垦［J］. 中国牧业通讯（2）.

刘兆军 . 2009. 土地适度规模经营的政策解析与完善 . 中南财经政法大学研究生学报（6）：
　　14 - 17.

刘卫锋，徐恩波 . 1995. 略论农业产业化的理论基础及运行机制［J］. 农业经济（8）：
　　6 - 9.

刘艳，方天堃 . 2006. 发展牧区合作经济组织推进畜牧业产业化经营［J］. 农村经营管理
　　（3）.

刘雨林 . 2007. 加强西藏生态环境保护与建设的建议和思考［J］. 西域发展论坛（2）.

刘永志等 . 2005. 内蒙古草业可持续发展战略［M］. 呼和浩特：内蒙古人民出
　　版社 . 3 - 22.

刘明智 . 2005. 试论草地在新疆生态环境建设中的作用［J］. 新疆大学学报（自然科学
　　版），22（1）：87 - 90.

刘新平 . 2005. 新疆绿洲土地资源可持续利用的经济学分析［M］. 北京：中国文史出版
　　社 .

李青丰 . 2005. 草畜平衡管理：理想与现实的冲突［J］. 内蒙古草业（2）：1 - 3.

李青丰.2005.草地畜牧业以及草原生态保护的调研及建议（1）—禁牧舍饲、季节性休牧和划区轮牧［J］.内蒙古草业（1）：25 - 28.

李青丰，胡春元，王明玖.2003.锡林郭勒草原生态环境劣化原因诊断及治理对策［J］.内蒙古大学学报（自然科学版）（2）：166 - 172。

李凌浩等.1998，内蒙古锡林河流域羊草草原生态系统碳素循环研究［J］.植物学报，40（10）：955 - 2961.

李晓兵等.2002.气候变化对中国北方荒漠草原植被的影响［J］.地球科学进展（4）：254 - 261.

李学森等.2009.新疆农区畜牧业与草产业协调发展［J］.草食家畜（4）：5 - 8.

李博.1997.中国北方草地退化及其防治对策［J］.中国农业科学，30（6）：1 - 9.

李学森等.2009.新疆农区畜牧业与草产业协调发展［J］.草食家畜（4）：5 - 8.

李毓堂.2003.中国近现代草地管理开发科学技术的长期滞后与发展对策［J］.草业科学（2）.

雷俊忠.2004.中国农业产业化经营的理论与实践［D］.四川：西南财经大学，25 - 42.

林善浪.2005.农户土地规模经营的意愿和行为特征—基于福建省和江西省224个农户问卷调查的分析［J］.福建师范大学学报（哲学社会科学版）（3）.

雷玉明.2006.关于龙头企业与农户利益联结机制的研究［D］.华中农业大学，20（10）：1 - 5.

兰玉坤.2007.内蒙古近50年来气候变化特征研究［D］.中国农业科学院研究生院硕士学位论文.

马玲玲.2009.新疆草业产业化的SWOT分析［J］.新疆社会科学（3）：30 - 34.

马德元.2010.我国畜牧业产业化发展的问题与对策［J］.阜阳师范学院学报（社会科学版）（4）.

牛若峰.2000.《农业产业化经营的组织方式和运行机制》［M］，北京：北京大学出版社.

内蒙古畜牧业发展史编委会.2000.内蒙古畜牧业发展史［M］.呼和浩特：内蒙古人民出版社.

农业部，2009年全国草原监测报告，第53 - 54页.

内蒙古草原勘查设计院.2005.内蒙古草原资源遥感调查与监测统计册，（12）

《内蒙古草地资源》编委会.1991内蒙古草地资源［M］.呼和浩特：内蒙古人民出版社，81 - 83.

潘建伟等.2009.中国牧区经济社会发展研究［M］.北京：中国经济出版社.

彭群.1999.国内外农业规模经济理论研究述评［J］.中国农村经济（1）.

钱拴等.2007.青藏高原载畜能力及草畜平衡状况研究［J］.自然资源学报（3）.

齐伯益.2002.锡林郭勒盟畜牧志［M］.呼和浩特：内蒙古人民出版社.

琼达.2010.西藏草业发展的制约因素及建议［J］.中国牧业通讯（3）：25.

任继周.2002.藏粮于草施行草地农业系统［J］.草业学报（1）：1 - 3.

任继周，林慧龙.2005.江河源区草地生态建设构想［J］.草业学报，14（2）：128.

任国玉, 徐铭志, 初子莹等. 2005, 近54年来中国地面气温变化 [J]. 气候与环境研究, 10 (4): 717 - 727.

阮文彪, 杨名远. 1998. 关于农业产业化若干理论问题的思考 [J]. 当代财经 (5): 46-48.

人民日报, 2010年2月21日, 第6版, "数"说草原.

苏和. 2005. 刘桂香, 何涛. 草原开垦及其危害 [J]. 中国草地 (6): 61 - 63.

史激光等. 2010. 锡林郭勒地区近50年气候变化分析 [J]. 中国农学通报, 26 (21): 318-323。

史志诚. 2000. 国外畜产经营 [M]. 北京: 中国农业出版社.

石瑞香, 唐华俊. 2006. 锡林郭勒盟牧草长势监测及其与气候的关系 [J]. 中国农业资源与区划 (1): 35 - 39.

施建军等. 2007. "黑土型" 退化草地上建植人工草地的经济效益分析 [J]. 草原与草坪 (1).

尚占环, 龙瑞军. 2005. 青藏高原 "黑土型" 退化草地成因与恢复 [J]. 生态学杂志 (6).

宋莉莉, 刘康华. 2009. 新疆农业产业化组织模式研究 [J]. 农村经济 (7).

孙彦. 曹建民. 2010. 新中国成立以来农民合作组织的比较研究 [J]. 管理现代化 (5).

孙浩杰. 2008. 农民专业合作经济组织生成与运行机制研究 [D]. 西北农林科技大学博士学位论文.

守红线 保安全 促稳定——新疆维吾尔自治区耕地保护十年纪略, 中国国土资源报, 2010—8—13.

陶仆. 2007. 关于西藏农收业产业化的思考 [J]. 西域发展论坛 (5).

唐文武, 刘川. 2007. 西藏草原生态环境保护浅析 [J]. 现代农业 (3).

田文平, 王霄龙. 2008. 内蒙古巴林右旗人工草地资源现状调查报告 [J]. 畜牧与饲料科学 (1): 25 - 26.

吐鲁番地区畜牧兽医局. 2010. 农牧结合种草养畜强力推进饲草种植加工工作新突破 [J]. 新疆畜牧业 (3).

王晓军, 王艳. 2007. 西部地区经济与生态互动的模式研究 [J]. 西北农林科技大学学报 (社会科学版) (3): 105.

王永利等. 2007. 内蒙古典型草原区植被格局变化及退化导因探讨 [J]. 干旱区资源与环境 (10): 144 - 149.

王海梅等. 2010. 锡林郭勒盟气候干燥度的时空变化规律 [J]. 生态学报, 30 (23): 6538 -6545.

王堃. 2004. 草地植被恢复与重建 [M]. 北京: 化学工业出版社, 52 - 68.

王艳芬, 汪诗平. 1999. 不同放牧率对内蒙古典型草原牧草地上现存量和净初级生产力及品质的影响 [J]. 草业学报 (1): 15 - 20.

王无怠. 2000. 青藏高原草地生产发展战略商榷 [J]. 科学·经济·社会, 18 (1): 12 -15.

王国钟，李宏莉．2002．内蒙古草原生态和牧区经济情况的调查与思考［J］．内蒙古草业
（2）．

王明利，张英俊，杨春．2010．打造精品草食畜牧业—草原畜牧业可持续发展的必然选择
［J］．中国畜牧杂志，46（14）：24-28．

王新忠．2004．从畜牧业发展状况探讨新疆优质牧草产业化［J］．草原科学（3）．

王永莉．2008．主体功能区划背景下青藏高原生态脆弱区的保护与重建［J］．西南民族大
学学报（4）．

王震江．2003．美国新一代合作社透视［J］．中国农村经济（11）：72-78．

汪诗平．2006．天然草原持续利用理论和实践的困惑—兼论中国草业发展战略［J］．草地
学报（2）：188-192．

汪诗平等．1999．内蒙古典型草原草畜系统适宜放牧率的研究：以牧草地上现存量和净初级
生产力为管理目标［J］．草地学报（3）：192-197

汪诗平．2003．青海省"三江源"地区植被退化原因及其保护策略［J］．草业学报，12
（6）：1-9．

魏学红．2009．关于西藏草原的几点思考［J］．畜牧与饲料科学，30（6）：161-162．

吴群，陈怡．2003．龙头企业与农牧户利益连接的综合评价［J］．贵州财经学院学报，
（3）：10-13．

吴孝兵．2001．草原畜牧业与灾害性天气［J］．当代畜牧（3）：22-24．

温娟．2009．内蒙古牧区专业合作经济组织发展研究——以锡林郭勒盟为例［D］．内蒙古
农业大学硕士学位论文．

伍崇利．2011．论农业适度规模经营之模式选择［J］．特区经济（3）：184-186．

武高林．2007．青藏高原退化高寒草地生态系统恢复和可持续发展探讨［J］．自然杂志，
（3）．

徐斌．2009．"三牧问题"的出路：私人承包与规模经营［J］．江西农大学学报，（3）．

徐丽君，孙启忠．2008．浅析中国草地退化的现状及其改良对策．牧区发展与草地资源可持
续利用［M］．呼和浩特：内蒙古人民出版社．

修长柏．2002．试论牧区草原畜牧业可持续发展——以内蒙古自治区为例［J］．农业经济
问题（7）：31-35．

徐铭志，任国玉．2004．40 年中国气候生长期的变化［J］．应用气象学报，15（3）：
306-312．

徐旭初．2005．中国农民专业合作经济组织的制度分析［M］．北京：经济科学出版
社，43-45．

邢旗，高娃．2008．内蒙古草原资源现状及其变化分析．牧区发展与草地资源可持续利用
［M］．呼和浩特：内蒙古人民出版社．

邢旗等．2005，内蒙古草原资源及可持续利用对策［J］．内蒙古草业（2）：4-6．

邢旗，双全等．2003．草原划区轮牧技术应用研究［J］．内蒙古草业（1）．

邢旗，刘永志，韩志敏．1994．内蒙古典型草原地上生物量及营养物质动态的研究［J］．

内蒙古草业 (2)：34 - 38.

邢廷铣．2002．我国南方草地资源开发利用模式的探讨 [J]．草业科学 (5)：1 - 5.

许中旗等．2008．禁牧对锡林郭勒典型草原物种多样性的影响 [J]．生态学杂志 (8)：
1307 - 1312.

胥树凡．2002．西部开发与环保产业 [J]．中国环保产业 (3)：55 - 58.

现代畜牧业课题组．2006．我国建设现代畜牧业的基本思路、发展目标、战略重点与举措
[J]．中国畜牧杂志 (22)：24 - 27.

新疆新增耕地 1 498 万亩，新疆日报，2010 - 7 - 25.

新疆维吾尔自治区畜牧厅．1993．新疆草地资源及其利用 [M]．乌鲁木齐：新疆科技卫生
出版社．

杨光梅，闵庆文等．2007．锡林郭勒草原退化的经济损失估算及启示 [J]．中国草地学报
(1)．

杨维军．2005．西部民族地区生态保护与经济建设协调发展的链接途径研究 [J]．甘肃联
合大学学报 (社会科学版) (2)．

杨汝荣．2002．我国西部草地退化原因及可持续发展分析 [J]．草业科学，19 (1)：
23 - 27.

杨汝荣．2003．西藏自治区草地生态环境安全与可持续发展研究 [J]．草业学报，12 (6)：
24 - 29

杨国玉，郝秀英．2005．关于农业规模经营的理论思考 [J]．经济问题 (12)：42 - 45.

杨丽．2008．内蒙古牧民合作与组织的现状与特征 [J]．北方经济 (5)：11 - 13.

杨国玉，郝秀英．2005．关于农业规模经营的理论思考 [J]．经济问题 (12)．

尹剑慧．卢欣石．2009．中国草原生态功能评价指标体系 [J]．生态学报，29
(5)：2622 - 2630.

延军平等．2008．草原牧区生态与经济互动途径研究 [J]．旱区资源与环境 (4)．

于淑秋，林学椿，徐祥得．2003．中国西北地区近 50 年降水和温度的变化 [J]．气候与环
境研究，8 (1)：9 - 18.

闫玉春等．2008．长期开垦与放牧对内蒙古典型草原地下碳截存的影响 [J]．环境科学．29
(5)：1388 - 1393.

云文丽等．2008．近 50 年气候变化对内蒙古典型草原净第一性生产力的影响 [J]．中国农
业气象 (3)：294 - 297.

延军平等．2008．草原牧区生态与经济互动途径研究 [J]．旱区资源与环境 (4)：71.

于立，于左，徐斌．2009．"三牧"问题的成因与出路——兼论中国草场的资源整合[J]．
农业经济问题 (5)．

于冷，马成林．2001．农业产业化的理论依据探讨 [J]．农业系统科学与综合研究，17
(1)：9 - 12.

于战平．2011．中国农民专业合作社发展问题的思考与建议 [J]．经济研究导刊 (7)：
53 - 55.

宇航人沙棘产业与新农村建设 . http://post.baidu.com/f? kz=107895249.

赵新全, 张耀生, 周兴民 . 2000. 高寒草甸畜牧业可持续发展理论与实践 [J] . 资源科学, 22 (4): 50-61.

赵云芬 . 2005. 浅谈中国经济与生态环境协调发展的模式选择 [J] . 商场现代化 (10) .

赵玻 . 2007. 美国新一代合作社: 组织特征、优势及绩效 [J] . 农业经济问题 (11): 99-103.

赵晓倩, 王济民, 王明利 . 2010. 基于草原生态保护视角的减畜补贴 [J] . 中国草地学报, 32 (1): 6-10.

赵雪雁 . 2007. 甘南高寒牧区牧民参与合作经济组织的意愿及影响因素 [J] . 山地学报 (4), (7): 63-68.

周华坤等 . 2003. 江河源区 "黑土滩" 型退化草场的形成过程与综合治理 [J] . 生态学杂志, 22 (5): 51-55.

周立志等 . 2002. 三江源自然保护区鼠害类型、现状和防治策略 [J] . 安徽大学学报, 26 (2): 87-96.

周华坤等 . 2005. 层次分析法在江河源区高寒草地退化研究中的应用 [J] . 资源科学 (4) .

翟秀 . 2009.8. 加快现代草原畜牧业建设, 促进牧区经济又好又快发展, 在 "现代化与牧区发展国际研讨会" 上的讲话 .

宗锦耀, 李维薇 . 2005. 转变畜牧业生产方式是草原生态保护建设的有效途径 [J] . 中国草地 (2) .

张晓山等 . 2002. 联接市场与农户——中国农民中介组织探究 [M] . 北京: 中国社会科学出版社, 3-4.

张连义等 . 2005. 锡林郭勒典型草原植被动态与植被恢复 [J] . 干旱区资源与环境 (5) .

张耀生, 赵新全 . 2001. 青海省生态环境治理面临的问题与草业科学的发展 中国草地, 23 (5): 68-74.

张冬平, 魏仲生 . 2006. 粮食安全与主产区农民增收问题 [M] . 北京: 中国农业出版社, 191。

张明林 . 2006. 农业产业化进程中产业链成长机制研究 [D] . 江西: 南昌大学, 15-18.

张木生 . 2006. 美国新一代合作社的特征、绩效及问题分析 [J] . 现代农业装备 (6): 8-12.

张军 . 2010. 甘肃省苜蓿草业产业化发展趋势 [J] . 畜牧兽医杂志 (2) .

张效莉等 . 2005. 经济发展与生态环境作用机制及其协调优化的理论模型 [J] . 生产力研究 (12): 16-18.

张英俊, 时坤 . 2004. 多功能草地牧场模式 [J] . 中国牧业通讯 (23): 36-39.

张英俊等 . 2005. 草地在我国西部生态和生产中的地位、作用及生态特点 [J] . 东北林业大学学报, 33 (8): 128-130.

张立中, 辛国昌 . 2008. 澳大利亚、新西兰畜牧业发展经验借鉴 [J] . 世界农业 (4):

22 - 24.

张立中，王云霞 . 2004. 中国草原畜牧业发展模式的国际经验借鉴 [J] . 内蒙古社会科学
（汉文版）（4）：119 - 123.

张立中 . 2003. 草原畜牧业生产成本核算中的几个问题 [J] . 中国农业会计（9）：18 - 19.

张立中 . 2008. 我草甸草原畜牧业发展方向及主导项目选择 [J] . 北方经济（9）：42 - 43.

张立中 . 2004. 中国草原畜牧业发展模式研究 [M] . 北京：中国农业出版社 .

珠兰，贾玉山等 . 2006. 巴林左旗禁牧、休牧期草食家畜饲草供给模式的研究 [J] . 内蒙
古草业（1）：9 - 12.

庄丽娟 . 2000. 我国农业产业化经营中利益分配的制度分析 [J] . 农业经济问题（4）：
29 - 32.

中华人民共和国农业部 . 2002. 中华人民共和国农业行业标准（NY/T 635—2002）—天然
草地合理载畜量的计算 .

中国农业信息网 . http：//www. agri. gov. cn/ztzl/xnc/zjnmsr/t20060822 _ 671747. htm.

Aguilar R ，kelly E F ，Heil R D. 1988 ，Effects of cultivation on soils in northern Great
Plains rangeland [J] . Soil Science Society of America Journal ，52 ：108121085.

Ding Yihui, Ren Guoyu, Zhao Zongci, 2007. et al. Detection, causes and projection of cli-
mate change over China：An overview of re-cent progress [J] . Adv Atmos Sci，24（6）：
954 - 971.

Davidson E A ，Ackerman I L. 1993Changes in soil carbon inventories following cultivation of
previously untilled soils [J] . Biogeochemistry ，20：1612193.

Lal R. 2002 ，Soil carbon dynamics in cropland and rangeland [J] . Environmental Pollution ，
116 ：3532362.

Reardon，T. ，Barrett，C. B. ，2000：Agroindustrialization，globalization，and internation-
al development：an overview of issues，patterns，and determinants. Agric. Econ. 23.

Saaty T L. 1980. The Analytic Hierarchy Process [M] . USA：McGraw -Hill Company，

Du M ，Shigeto K，Seiichiro et al. 2004. Mutual influence between human activities and cli-
mate change in the Tibetan Plateau during recent years [J] . Global and Planetary Change，
41 ：241 - 249.

后　记

　　我国是草资源大国，草原面积居世界第二位，草原面积占国土总面积的41.7％，是耕地面积的3.2倍，森林面积的2.3倍。草原涵养着大江大河的水源，承担着生态安全的重任的同时，还有储碳固氮、保持水土、清新空气、净化土壤以及维护生物多样性等多重功能。我国1.2亿少数民族人口中，70％以上集中生活在草原区。2009年，六大草原牧区牛羊肉总产量达到336.7万吨，奶类产量1 219.6万吨，均占到全国总产量的1/3。全国牧业及半牧业县（旗）人口约占全国3.6％，但生产的肉类占到全国8.5％、奶类占21.9％、羊毛占27.9％、羊绒占50.4％。牧区每年向农区提供育肥用牛羊达到3 000多万头（只），为我国畜牧业的发展做出了重要贡献。

　　然而，由于草原长期超载过牧、利用方式粗放、保护和建设滞后以及气候暖干化等众多因素的综合作用，导致我国90％的可利用天然草原不同程度退化，其中，覆盖度降低、沙化、盐碱化等中度以上明显退化的草原面积占50％，结果是产草量下降、优质牧草减少、荒漠化加剧。要从根本上遏制草原生态恶化势头，实现草原的持续利用，就必须转变粗放型草原畜牧业的发展方式，选择合理的草原利用经营模式，并优化产业组织形式、结构、运行机制，达到草原生态效益与经济效益的协调统一。可见，借助国家草原生态建设工程尤其是草原生态保护补助奖励机制的推动，探索既有利于实现草畜平衡、又能够增加农牧民收入，既能提高草地产出水平、又能与市场有效对接的生态效益型草原持续利用经营模式与产业组织形态，具有重要的理论意义和现实意义。

　　本书是"十一五"国家科技支撑计划项目"草业高效发展关键技术研究与示范（项目编号：2006BAD16B00）——草原畜牧业与生态建设协调发展综合技术集成研究（课题编号：2006BAD16B10）"的主要研究成果。课题通过草原利用现状、存在问题的客观分析和草原退化影响因子测度，本研究认为草原长期超载过牧等人为因素是导致草原退化的主要因子，气候暖干化等自然因素是次要因子；在此基础上，借鉴畜牧业发达国家草原资源持续利用的经验，结合市场需求，依据草产品和畜产品的比较优势，以及草原资源基础和产业基础，遵循经济效益、生态效益和社会效益协调统一的原则，按温性草甸草原、温性典型草原、温性荒漠草原、青藏高寒草原、新疆组合型草原等不同草原类型区，分别构建了包括草产业和草原畜牧业的发展方向、草原合理载畜量、牲畜的适度经营规模、草原合理利用方式、草原保护与建设、模式设计、保障措施等内容的草原持续利用经营模式；针对草产品和畜产品产业链中存在的主要问题，提出促进产业分工，调整产业组织规模结构，完善产业组织治理结构，协调产业组织运营，大力发展专业合作经济组织的机制与路径，并进行产业组织方式的优化。

在课题调研过程中，感谢内蒙古、青海、新疆、甘肃、黑龙江、吉林等省区的农林牧水、草原、气象、统计、财政、发改委、农村牧区调查队、政策研究室等党政部门、草原及畜牧研究所等的支持与协作，感谢中国农业大学、东北农业大学、内蒙古农业大学、甘肃农业大学、新疆农业大学、中国农科院草原研究所、青海省畜牧兽医科学院等大专院校和科研院所给予的帮助与支持。对内蒙古鄂尔多斯集团、内蒙古伊利实业集团、内蒙古科尔沁牛业股份有限公司等的鼎力支持深表谢意！

在项目实施过程中，感谢北京工商大学校长谭向勇教授、中国农业大学草地研究所张英俊教授、邓波教授、动物科技学院副院长王堃教授、经济管理学院何秀荣教授、田维明教授、李秉龙教授、肖海峰教授，中国社会科学院农村发展研究所所长李周教授、刘玉满研究员、中国农业科学院农业经济与发展研究所所长秦富教授、王济民研究员、王明利研究员、农业信息研究所梅方权研究员、聂凤英研究员、北京畜牧兽医研究所李向林研究员、北京林业大学林学院卢欣石教授、经济管理学院张卫民副教授、内蒙古农业大学校长李畅游教授、副校长侯晨曦教授、经济管理学院院长修长柏教授、党政办主任乔彪研究员、生态环境学院云锦凤教授、李青丰教授、韩国栋教授、卫智军教授、贾玉山教授、格根图副教授、东北农业大学动物科技学院崔国文教授、东北师范大学王德利教授等的支持与帮助。感谢北京林业大学科研处，北京物资学院科研处、财务处以及商学院同仁给予的多方面的支持与协作。

本书的出版，凝结了课题组全体成员的潜心研究和辛勤劳动，是大家共同取得的研究成果。北京物资学院潘建伟教授、王可山副教授、中国农科院科技局侯向阳研究员、北京畜牧兽医研究所韩雪松副研究员，农业部农业贸易促进中心吕向东副研究员、北京大学财务处温娟、内蒙古农业大学经济管理学院朱宏登博士、职业技术学院魏利平讲师、内蒙古烟草公司审计处康志英等参与了课题研究，为本书提供了价值的成果素材。在本书付梓之际，谨向参与课题研究的所有人员表示感谢。

作者在分析和论证过程中应用和借鉴了国内外许多学者的部分相关研究成果，这些研究成果对本书的形成起到了极大的支撑作用，在此表示衷心的感谢；中国农业出版社张欣编辑为本书的早日出版付出了辛勤的劳动，在此表示谢意。

　　显然，由于作者水平有限，有些问题的研究不够深入，许多问题需要继续研究。不妥之处定然不少，敬请同仁提出宝贵意见。

作者

2011 年 5 月

于北京林业大学

图书在版编目 (CIP) 数据

草原持续利用经营模式与产业组织优化研究/张立中，辛国昌，陈建成著.—北京：中国农业出版社，2011.5
ISBN 978-7-109-16230-3

Ⅰ.①草… Ⅱ.①张… ②辛…③陈… Ⅲ.①草原资源-资源利用-可持续性发展-研究-中国②草原-畜牧业经济-产业结构优化-研究-中国 Ⅳ.①S812.8②F326.3

中国版本图书馆 CIP 数据核字（2011）第 222696 号

中国农业出版社出版
（北京市朝阳区农展馆北路 2 号）
（邮政编码 100125）
责任编辑 张 欣

中国农业出版社印刷厂印刷 新华书店北京发行所发行
2011 年 5 月第 1 版 2011 年 5 月北京第 1 次印刷

开本：720mm×960mm 1/16 印张：14.75
字数：262 千字
定价：30.00 元
（凡本版图书出现印刷、装订错误，请向出版社发行部调换）